卓越工程师教育培养计算机类创新系列规划教材

Java 面向对象程序设计

苏守宝　刘　晶　徐华丽　吴　丽等　编著

科学出版社

北　京

内 容 简 介

本书是全国高校卓越工程师教育培养计算机类创新系列规划教材之一。全书以面向对象设计方法为主线，结合UML图例、采用实际案例贯穿，淡化语句语法描述、注重面向对象设计编程思想，简化知识点内容的解释、强化面向对象分析，体现实践工程规范，培养面向对象的编程能力。本书全面介绍面向对象程序设计(OOP)开发方法、Java程序设计基础、类和对象、Java的继承和多态、抽象类和接口、Java异常处理、I/O流与文件、Java GUI、Java多线程技术、Socket网络编程、Java数据库编程、集合类与泛型集合等，最后以综合性案例总结了面向对象分析、设计、实现的全过程。

本书结构清晰、实例丰富，各章节有配套习题、实验训练。配套教学课件、书中案例代码、习题解答等相关教学资源均提供下载。

本书可作为计算机科学与技术、软件工程、网络工程、物联网工程等计算机类相关专业教材，也可作为有关程序设计人员和自学者的参考书。

图书在版编目(CIP)数据

Java面向对象程序设计/苏守宝等编著. —北京：科学出版社，2016.6
卓越工程师教育培养计算机类创新系列规划教材
ISBN 978-7-03-049034-6

Ⅰ. ①J… Ⅱ. ①苏… Ⅲ. ①Java语言-程序设计-教材 Ⅳ. ①TP312

中国版本图书馆CIP数据核字(2016)第141880号

责任编辑：邹 杰 张丽花/责任校对：郭瑞芝
责任印制：张 伟/封面设计：迷底书装

科学出版社出版
北京东黄城根北街16号
邮政编码：100717
http://www.sciencep.com
北京虎彩文化传播有限公司印刷
科学出版社发行 各地新华书店经销

*

2016年6月第 一 版 开本：787×1092 1/16
2022年1月第八次印刷 印张：20
字数：474 000

定价：59.00元

(如有印装质量问题，我社负责调换)

前　言

面向对象程序设计（Oriented-Object Programming，OOP）及其相应的面向对象的问题求解是计算机技术发展的重要成果和趋势，“面向对象程序设计”课程是计算机科学与技术、软件工程、网络工程、物联网工程等计算机类专业的核心课程之一，实践性很强，其教学质量在很大程度上直接影响着学生实践技能的培养和后续课程的学习，所以面向对象程序设计是一门影响力大、受益面广、对多专业培养目标的实现起着关键作用的课程。面向对象程序设计课程常以 C++、C#或 Java 等作为背景语言来讲授。由于 Java 的纯面向对象、简单易学、结构中立性、可移植性、鲁棒性、安全性以及高性能的并发机制、丰富的类库、广泛的工程应用支持等优点，所以 Java 面向对象程序设计成为面向对象程序设计课程的广泛选择。

本书是全国高校卓越工程师教育培养计算机类创新系列规划教材之一。本书以面向对象设计（OOD）方法为主线，结合实际应用需求，从案例分析出发，以 Java 语言和 UML 图例为工具，尽量减少空泛、枯燥的语言解释，淡化语句语法描述、注重 OOP 编程思想，穿插引入问题、启发学生思考，重点阐述面向对象的 Java 编程方法，帮助读者建立面向对象的思维方式，深刻领会面向对象程序设计的思想和封装、继承、多态特征，掌握 Java 面向对象程序设计的各项技术。通过学习本书，可以进一步学习 EJB、JSP、JMS 及 RMI 等各种 Java 专项技术、构建面向对象软件系统以及网络应用系统开发打下坚实的程序设计基础。各章节有配套习题、实验训练，结合卓越工程师的培养目标，加强工程实践案例的面向对象分析和实验训练，强化面向对象的系统设计能力的培养，力求体现工程实践性和应用创新性。

全书内容共 13 章，主要包括：Java 面向对象开发方法及其核心概念、可视化面向对象建模语言 UML 及其应用，Java 程序设计基础、Java 各类程序的基本结构及 Java 开发环境的配置、常用开发工具 Eclipse 的使用，类和对象、封装、继承和多态与面向对象的设计原则，抽象类和接口，异常处理机制与异常类，I/O 流与文件及其应用，Java 图形用户界面设计、GUI 工具集 AWT 和 Swing、MVC 模式，Java 多线程技术、线程同步与互斥处理方法，Socket 网络编程，Java 数据库编程 JDBC，集合类泛型集合，综合应用实例等。

本书编著者苏守宝担任主编并进行总体设计、内容组织与写作、统稿、主审以及教材资源建设规划等，编著者刘晶、徐华丽、吴丽担任副主编，编著者张光桃、董军、徐雪松、严仍荣参与了各章内容写作、案例代码测试、PPT 制作等工作。本书编写过程中及教材资源建设中得到了省级教育教改研究课题（2015JSJG163, 2012JYXM433）、软件工程省级品牌专业建设工程（PPZY2015B140）、计算机科学与技术品牌专业建设（407150150）等项目资助。本书编写过程中还得到了科学出版社及有关方面的大力支持。配套教学 PPT、书中例子代码、习题解答及有关实验材料均可从出版社网站中下载。

下载说明：请访问 http://www.sciencereading.cn，选择“网上书店”，检索图书名称，在图书详情页“资源下载”栏目中获取本书配套资料。

由于编者水平所限，书中难免存在疏漏之处，恳请各位同行和读者不吝指教和帮助，非常感谢！

编　者

2016 年 3 月

目　录

第 1 章　Java 面向对象开发方法

面向对象开发方法不仅是一些具体的软件开发技术与策略，而且是一整套关于如何看待软件系统与现实世界的关系，用什么观点来研究问题并求解问题，以及如何进行软件系统构造的软件方法学。人们普遍认为面向对象开发方法是一种运用对象、类、继承、封装、聚合、关联、消息和多态性等概念和原则来构造系统的软件开发方法。

Java 面向对象开发方法使程序能够比较直观地反映客观世界的本来面目，并且使软件开发人员能够运用人类认识事物所采用的一般思维方法进行软件开发，是当今计算机领域中软件开发的主流技术。Java 面向对象开发方法支持对象、类、消息、用例、接口、协作、构件等诸多建模语言的概念，而这些概念是人们在进行软件开发、程序设计的过程中逐渐提出来的。

1.1　结构化软件开发和面向对象开发方法

结构化软件开发和面向对象软件开发都是目前比较常用的软件开发方法。结构化软件开发方法较为传统，其软件开发的过程是以功能为核心，采用自顶向下的设计方法，将系统功能划分为较小的功能模块，逐一实现。因为用户对软件功能需求具有多变性，使得结构化开发方法开发出来的软件，无法灵活地满足用户需求，降低了软件的可重用性。而面向对象的软件开发方法正好克服了结构化开发方法的缺陷，开发过程紧紧围绕对象数据这一核心，使得系统的结构更符合人们的常规思维，同时鉴于对象数据的稳定性和易扩展性，使得面向对象的系统具有更好的可重用性、易维护性和易扩展性。

下面分别对这两种软件开发方法的主要原则、思路和优缺点进行介绍。

1.1.1　结构化软件开发简介

结构化软件开发是结构化设计、结构化分析和结构化编程的总称，是最经典的软件开发方法，也是迄今为止应用于信息系统设计中最普遍、最成熟的一种方法，它引入了工程开发思想和结构化思想，提高了大型软件的开发和编程的效率。

1. 基本思想

结构化软件开发的核心思想主要体现在三个方面：①自顶向下，逐步求精。设计程序为一个逐步演化的过程，每一个系统与程序都是一层一层组成的。例如，图书管理系统可以划分为：图书借入借出、新书登记入库、旧书注销、毕业生注销等几个子系统，而每个子系统又划分为信息录入、实施处理、提供返回信息等部分。②模块化。将若干个系统设计成几个模块，每个模块完成特定的功能，最终由这些模块组成整个系统。各模块之间通过接口传递信息，模块最关键的特性是独立性，各模块之间还有上下层关系，上层模块通过调用下层模块来实现一些功能。③语句结构化。通常采用三种语句结构：顺序结构、分支结构、循环结构。

2. 基本原则

结构化软件开发遵循的基本原则体现为三个：①抽象原则。该原则是所有系统科学方法都必须遵循的基本原则，它着眼于系统的本质内容，而忽略与系统当前目标无关的次要内容，这是一种最基本的认知过程和思维方式。②分解原则。该原则是结构化方法中最核心的原则，具体思想是先总体后局部，在构建信息系统模型时，其采用自顶向下、逐层解决的方法。③模块化原则。结构化方法核心的分解原则的具体实施，主要体现在结构化设计阶段，其目标是逐步将系统分解成若干个具有特定功能的模块，最终实现系统指定的各项功能。

3. 结构化软件开发的优点与缺点

结构化软件开发的主要优点：在程序设计阶段，先从问题大的方面入手，确定主要目标方向后，再由浅入深，由表及里地深入到问题的核心细节，逐层解决问题，整个程序设计过程变得由模糊到清晰，由概括到具体。结构化方法着重强调功能抽象与模块化，采用分模块解决问题的方法，将一个比较复杂的问题逐步分解成若干个易处理的部分，从而降低了系统问题处理的难度。由于结构化方法有效地分解了复杂的问题，解题思路清晰，条理清楚，同时编写程序清晰明了，降低了编程人员的工作强度，而在阅读程序时也能够一气呵成，所以会给人明朗的感觉。

结构化软件开发的主要缺点：在描述问题本质性之前，逐层分解出的结论和需要处理的信息量越来越大，同时，要求系统分析人员具有掌控全局的能力，能够透过问题的表象直接捕捉到问题本质。若软件项目较小，且系统分析人员具有足够高的能力，结构化方法是一种最简洁、高效率的逻辑模型；但结构化方法针对复杂问题时，其能力有限，但它可以帮助使用面向分析方法的系统分析人员确认系统最初的高阶模型。

1.1.2 面向对象软件开发简介

面向对象软件开发是一整套关于如何看待软件系统与现实世界之间关系，用什么观点研究问题、分析问题并解决问题，以及如何构造软件系统的软件方法学。人们普遍认为面向对象软件开发是一种运用对象、类、封装、继承、多态、聚合、关联、消息和接口等概念和原则来构造系统的软件开发方法。

1. 基本思想

面向对象软件开发的核心思想主要体现在四个方面：①客观世界中存在的事物都是对象，对象与对象之间相互联系，并且复杂对象可化简为由若干简单对象构成。②类是对一组有相同数据和相同操作的对象的定义，对象是类的具体实例化。③类可以有其子类，类之间形成类层次结构，其中，子类不但继承父类的全部属性和操作，而且子类还可以有自己的属性和操作。④类具有封装性，可以屏蔽类内部的属性和一些操作，只有公共的操作对外是可见的，对象只可通过发送消息来请求其他对象的操作或自己的操作。⑤强调解决问题运用贴近人在日常逻辑思维中经常采用的思想方法与原则，如抽象、分类、组合、封装、继承、多态等。

2. 基本原则

面向对象软件开发遵循的基本原则：①抽象。这是化简现实世界复杂性的最基本方式，在面向对象软件开发方法中，它强调一个对象与其他对象相区别的本质特性，对于指定域所确定的抽象集是面向对象建模的核心要素之一。②封装。它是对抽象元素的划分过程进行抽象，由属性和操作组成，封装策略可以分离抽象的原始接口与它的执行。封装即是信息屏蔽，它将一个对象的外部特征和内部的执行细节隔离，对其他对象屏蔽了内部的执行过程。③模块化。对于一个给定的具体问题，确定正确的模块集与确定正确的抽象集一样困难，因此，要求每个模块应该足够简单，以便能够被全部理解。④层次。抽象集可构成若干个层次，层次是对抽象的归类与排序，其中有两种非常重要的层次：类型层次与结构型层次。确定抽象的层次有助于在对象的继承中发现抽象间的关系，理解问题的本质。

3. 面向对象软件开发的优点与缺点

面向对象软件开发的主要优点：其思维方式与人类思考问题的习惯相一致，使得使用者和维护人员都易于理解，方便用户使用，其软件可维护性较高，并且易于软件开发后期测试和调试。它的稳定性好，对软件的局部进行修改时，不会引起整体的变化；相对而言，局部修改易于实现；它的可重用性好，并且由于它是把大而复杂的问题分解成相互独立而简单的小问题来处理，降低了开发的技术难度，开发管理工作较容易，开发大型软件变得更加容易，成本也降低了。面向对象软件开发直接从问题入手来进行系统建模，不但降低了使用成本，而且让用户在使用一个新的软件时，能够以最短的时间熟悉使用方法，正确地使用软件。

面向对象软件开发的主要缺点：其总是试图抽象出更多公用的类，因此要求系统分析员具有抽象事物和把握最初分析方向的能力，系统分析员常常难以控制抽象对象的层次、粒度，甚至抽象出与问题本质面目全非的对象模型，其掌握难度高于结构化分析方法。

通过信息隐藏和封装等手段屏蔽了对象内部的执行细节，控制了错误的蔓延，但同时也是一个致命的缺点，因为一旦发生错误，定位故障的代价太大，尤其在继承的层次结构很大时。对于需求变化频繁的系统，要得到一个高度可复用的面向对象软件系统设计是非常困难的。

1.2　面向对象开发的核心概念

面向对象开发(Object Oriented Development，OOD)，这种开发设计思想以更接近人类思维的方式分析问题和开发程序。面向对象开发实际上是围绕组成问题领域的事物进行的软件开发，核心问题是对象以及对象间的相互关系，整个程序系统由对象组成，对象间的联系通过消息传递进行，系统运行就是多个对象经过消息传递互相联系，共同完成某一工作。因此，采用面向对象开发可以提高软件工程师的工作效率及所开发软件的重复使用率，并降低维护成本。

Java 语言是一种完全对象化、结构严谨的语言，采用类、对象等概念组织和贯穿整个程序，因此掌握面向对象开发的基本概念和方法是学习 Java 编程的前提和基础。下面介绍面向对象开发中的几个核心概念。

1.2.1 面向对象编程的基本特征：交互对象

面向对象编程设计的每个程序或软件系统都是由许多相互协作的对象组成的，面向对象编程使用交互对象来解决应用问题，因此交互对象构成了面向对象编程中的基础与核心。从面向对象理论来讲，交互对象是系统中用来描述客观事物的一个实体，它是构成系统的一个基本单位，交互对象是要研究的任何事物，如单的整数1、2、3到整数列庞大的数据库、一个苹果到一片水果树林、复杂细小的钟表、代表高科技的航天飞机等都可看作交互对象。从更抽象的角度来说，它不仅能表示有形的实体，也能表示无形的(抽象的)规则、计划或事件。交互对象是事物在系统中需要保存的信息和发挥的作用，它是一组属性和有权对这些属性进行操作的一组操作封装体。

1.2.2 属性和值

首先，可以说“对象”知道自己，即对象能够描述自己的详细信息(事物的属性)。例如，我们使用的手机具有长度、硬度、品牌等；一张银行卡具有发卡银行名、持卡人姓名、卡号等；我们使用的笔记本电脑具有品牌、显示器、鼠标、键盘等。其次，“对象”知道自己所处的状态。它是“对象”性质在特定时段的描述。比如，手机是否开机，银行卡是否被激活，笔记本电脑是否在工作等。“对象”的这两类信息称为属性，而属性的值则规定了对象所有可能信息的详细描述，如具体地点、当前温度值、具体颜色、容量值等。

1.2.3 操作和消息

“对象”由描述事物的属性和作用于这组属性的一组行为组成，如小明具有姓名、年龄、性别等属性，具有吃饭、穿衣、跑步、锻炼等行为。“对象”的操作表现为该对象可以展现的外部服务。例如，某品牌小轿车是个对象，对于该对象可施行启动、停车、加速、减速、维修等操作，这些操作将或多或少地改变小轿车的属性值(状态)。

消息作为“对象”间交互和传送信息的载体，“对象”是面向对象的软件系统基本单元，但一个“对象”自身能力有限，需要若干“对象”协同工作，才能提高解决问题的能力。“对象”间的消息传送是双向的，“对象”既可以向其他对象发出请求服务的消息，也可以响应其他对象传来的请求服务消息，完成自身固定的若干操作，从而服务于其他对象。在Java语言中，消息的传送是以操作调用的形式出现的。

1.2.4 类和类型

类是具有相同属性和相同操作的对象的集合，类是一个抽象概念，它来自于人们对客观世界的认识。在认知过程中，人们把客观世界中具体对象的共同特征抽取出来，形成一个一般的概念，定义为“类”。例如，鸟、鹿、鳄鱼，因为它们都属于动物的一种类别，所以归类为动物。对于一个具体的类，它有许多具体的实体，该实体即是这个类的“对象”。从理论上讲，类是对象的模板，类是基于对象的抽象；对象则是类的具体化，是类的实例。类可有其子类，也可有其他类，形成多个层次结构。

类的类型有如下几种。

抽象类(abstract)：该类至少包含一个抽象操作方法。抽象类不能实例化，必须通过其子类，重写抽象操作方法。

终结类(final)：此类是类继承链的末端，不能被继承，如实现科学数学运算的类就属于此类。

公共类(public)：该类可以被继承，也可以在其他类中存取，是最常见的一种形式。

同步类(synchronizable)：该类的所有操作方法都是同步的。

1.2.5　变量和方法

变量和方法是类的基本组成单元，称作类的成员。变量用于保存对象中的数据，如小明这个学生的学号、姓名、年龄、出生日期等信息。从程序设计角度讲，变量由类型、名称、值三个部分组成，如小明的“学号”这个变量，2015151101 是这个变量的值，学号是这个变量的名称。2015151101 是一串字符串，因此字符串是这个变量的类型。再如，小明的“出生日期”这个变量，日期是其类型，生日是其名称，1997-01-15 是其值。

方法就是对象所能执行的操作，表示对象的功能，从程序设计角度讲，方法包括定义和使用两个过程。

方法定义描述了使用方法所必须具备的信息，如方法的名称、方法的参数、方法的返回值、方法体等。方法的名称表明使用方法时的方式，方法必须要有方法名；方法的参数表明方法执行时需要用到的数据，一个方法可以有参数，也可以没有参数；方法的返回值表明方法的结果，一个方法一般要有返回值，如果没有返回值，则要表明无返回值(通常写作 void)；方法体体现了操作的具体过程，在程序中通常由一系列的语句组成。例如，小明的“运动”方法：“运动”是其方法名；像跑步这样的运动可以不附加参数，而像打乒乓球这样的运动则可能需要“乒乓球拍”、“乒乓球”这样的参数；平时的运动可能就是无返回值的(void)，而比赛时的运动可能就需要“名次”这样的返回值；像跑步这样的运动，其方法体就描述了跑步的具体过程，可能包括摆臂、迈步等，而像打乒乓球这样的运动，其方法体则可能包括发球、挥拍、移动、扣杀等具体动作过程。

方法的使用就是运行方法的过程，也就是对象实现功能的过程，从程序设计角度来讲，采用对象调用方法，这一过程体现在对象间的消息传递过程中。对象功能的实现通常由另一对象对其传递消息开始，传递消息一般由三部分组成：接收消息的对象、消息名及实际变量，在实际使用中对应着对象、方法名、方法参数，也就是方法的调用。

面向对象中还有一类特别的方法——构造方法，其主要用于类的实例化，即使用类创建对象。构造方法也是方法，只不过是有些特别之处的方法。

1.2.6　实例与类变量、类方法

有 static 关键字修饰的变量称为类变量，也叫静态变量，该变量定义的是整个类的共有属性，该类中所有对象共享这个变量；而实例变量是某个特定对象的属性，实例变量在类的每个实例化对象中都有一份自己的复制。修改某对象的实例变量不会对该类的其他对象产生影响，若修改类变量则会影响到同类的所有对象。类变量用于类的不同对象间交流和共享数据之用。

有 static 关键字修饰的方法称为类方法，类方法是一个静态的概念，它的调用不一定要与某个实例对象相关联；而无 static 关键字修饰的实例方法则是一个动态的概念，它的调用必须

与某个实例对象相关联。类方法中不能使用实例变量，而实例方法则既可以使用类变量，也可以使用实例变量。

1.2.7　面向对象的特性

面向对象程序开发方法吸收结构化程序设计的思想精华，并且新增了一些概念和特性，大大提高其性能。目前，包括Java语言在内，所有面向对象程序设计语言，都具有三种特性：封装(encapsulation)、继承(inheritance)、多态性(polymorphism)。以下分别简单介绍它们的概念及用法。

1. 封装

封装是一种将代码和加工该数据的方法绑定在一起的信息屏蔽技术。该技术保证程序的数据更安全，是面向对象的重要特性。封装的含义是使得用户只能见到对象的外特性(对象能接收哪些消息，具有哪些处理能力)；而对象的内特性(保存内部状态的私有数据和实现加工能力的算法)对用户是隐蔽的。这样对于使用者而言，不必知晓其内部执行的细节，只需用设计者提供的接口就可以访问该对象。

在面向对象语言中，代码和加工该数据的方法可以创建自包含的黑匣子，当代码和加工该数据的方法以这种方式绑定在一起时，就创建了对象。在对象中的代码或加工该数据的方法，仅可以被对象的其他部分访问，不允许被对象以外的任何程序访问时，称该代码和加工该数据的方法为私有的(private)。

2. 继承

继承机制是指子类自动共享父类的数据和方法。继承的重要性在于它支持按层分类的概念，即子类直接继承其父类的全部描述，同时其自身可修改和扩充。例如，大熊猫是熊类的一种，大熊猫又是哺乳动物类的一种，哺乳动物类又是动物类的一部分。在Java语言中，继承具有传递性和单根性：如B类继承了A类，而C类又继承了B类，则C类在继承了B类的同时，也继承了A类、C类中的对象，可以使用A类中的方法；一个子类，只能够继承一个父类，而不能同时继承多个父类，但子类在继承其父类的同时，还可以实现其他接口。继承是面向对象的重要特征，如果没有继承性机制，则类和对象中的数据、方法就会出现大量重复。继承支持系统的可重用性，从而达到减少代码量的作用，而且还促进系统的可扩充性。

继承机制与封装机制相互作用。当一个给定的类封装了一种属性，则它的任何子类同样具有该属性，同时，还可以添加子类自己特有的属性。这是面向对象的程序在复杂性上呈线性而非几何性增长的一个关键特性。

3. 多态性

多态性机制允许一个对象根据所接收的信息而做出动作的特性，同一消息为不同的对象接收时会产生完全不同的行动。下面举一个先进先出型堆栈例子加以说明。如果一个程序需要三个不同类型的堆栈：一个用于处理字符、一个用于处理整型值、一个用于处理浮点型值。在此例中，尽管三个堆栈存储的数据类型不同，但是它们实现各个堆栈的算法都是一致的。

若用非面向对象的语言，需要创建三个不同的堆栈例程，且每个例程使用不同的名称。但是，换成 Java 语言，利用多态性的特点，编程人员只需创建一个基本的堆栈例程，就可以实现对这三种特定情况的处理。

多态性的概念可简化成“一个接口，多种方法”，即一组相关动作，只需设计一个通用的接口。由于多态性允许同一接口被同一类的多个动作使用，从而降低了程序的复杂度，编译器的工作就是选择适用于各个情况的方法。而使用者只需记住并利用这个统一的接口即可。

继承性、封装性与多态性相互作用。精心设计的类层次结构是程序的基础，封装可以使在不破坏依赖于类公共接口的代码基础上对程序进行升级迁移，多态性则有助于编写清楚、易懂、易读、易修改的程序。在由继承性、封装性与多态性共同组成的编程环境中能够编写出比面向过程模型环境更可靠、扩展性更好的程序。

1.2.8　面向对象的原则

面向对象的原则是面向对象思想的提炼，它比面向对象思想的核心要素更具可操作性，但与设计模式相比，它更加抽象，是软件设计主旨的抽象概括。面向对象的原则有七个：开闭原则、里氏替换原则、单一职责原则、接口隔离原则、依赖倒置原则、迪米特法则、组合/聚合复用原则。本章先简要介绍这些原则，通过后续章节学习，对基本的封装、继承、多态性思想进一步加深认识，并对抽象类和接口具有足够的编码能力之后，可以加深对面向对象七大原则的理解，也为设计模式等知识点的综合应用打下良好基础。

1. 开闭原则(Open-Closed Principle，OCP)

定义：一个软件实体应当对扩展开放，对修改关闭。

开闭原则主要内容体现在两个方面：①对扩展开放，意味着有新的需求或变化时，可以对现有代码进行扩展，以适应新的情况。②对修改封闭，意味着类一旦设计完成，就可以独立完成其工作，而不要对其进行任何尝试的修改。

例如：《西游记》中玉帝招安美猴王的故事。不兴师动众、不破坏天庭规则便是“闭”，而收仙有道便是“开”。招安故事便是天庭体系的“开闭”原则，通过封美猴王一个“弼马温”官职，保证现有系统满足变化了的需求，而不必更改天庭的既有规则。

开闭原则是所有面向对象原则的核心。软件设计本身所追求的目标就是封装变化、降低耦合，而开闭原则正是实现这一目标的核心要素。其余六个原则，在软件系统应用中也是为实现这一目标服务的。

2. 里氏替换原则(Liskov Substitution Principle，LSP)

定义：所有引用父类的地方必须能透明地使用其子类的对象。

对于里氏替换原则，其核心思想是：在软件中，能够使用父类对象的地方，其子类对象一定能够适用。即父类都替换成它的子类，程序将不会产生任何错误和异常，反之则不成立，如果一个软件实体使用的是一个子类，那么它不一定能够使用父类。例如，一个人喜欢动物可以推导这个人也喜欢猫，但反过来，一个人喜欢猫，不能推导出这个人一定喜欢动物。

里氏替换原则是继承机制的核心要素，而抽象和多态性概念建立在继承的基础上，因此只有遵循了里氏替换原则，才能保证继承复用可靠使用。实现的方法是面向接口编程：将公共部分抽象为抽象类或父类接口，扩展其抽象类，在子类中，则通过重写父类的方法实现新的方式支持同样的职责。同时，若违反里氏替换原则，则必然导致违反开闭原则。

3. 单一职责原则(Single Responsibility Principle，SRP)

定义：一个对象应该只包含单一的职责，并且该职责被完整地封装在一个类中。

对于单一职责原则，其核心思想是：一个类，最好只做一件事，只有一个引起它的变化。单一职责原则可以看作是低耦合、高内聚在面向对象原则上的引申，将职责(包含数据职责和行为职责，数据职责通过其属性来体现，而行为职责通过其方法来体现)定义为引起变化的原因，以提高内聚性，来减少引起变化的原因。若职责过多，可引起它变化的原因就越多，这将导致职责依赖，相互之间就产生影响，从而大大损伤其低耦合、高内聚。通常意义下的单一职责，就是指只有一种单一功能，不要让类去实现过多的功能，从而保证实体只有一个引起它变化的原因。

例如，在一个游戏类中，可能会具有两个不同的职责，一个职责是维护创建当前轮的比赛，另一个职责是计算总比赛得分。根据单一职责原则，这两个职责应该分离到两个类中，游戏类保持维护创建当前轮的比赛，计分类负责计算比赛的得分。

4. 接口隔离原则(Interface Segregation Principle，ISP)

定义：一旦一个接口太大，则需要将它分割成一些更细小的接口，使用该接口的客户端仅须知道与之相关的方法即可。

对于接口隔离原则，其核心思想是：使用多个小的专门的接口，而不要使用一个大的总接口。

例如，我们将电脑的所有功能角色集成在一起，构建一个大接口，此时，我的电脑和你的电脑要实现该接口，就必须实现所有的接口函数，显然会造成接口混乱，且不能满足实际需求。因为，我的电脑可能是用于工作和学习，而你的电脑可能是用于看电影、上网和打游戏等娱乐活动，所以，我们应该将电脑的角色划分为两类，经过划分，我的电脑对应学习电脑接口，而你的电脑对应娱乐电脑接口。

简言之，接口隔离原则表现为：接口应该是内聚的，应该避免“胖”接口。一个类对另外一个类的依赖应该建立在最小的接口上，不要强迫依赖不用的方法，这是一种接口污染。

5. 依赖倒置原则(Dependence Inversion Principle，DIP)

定义：高层模块不应该依赖低层模块，它们都应该依赖抽象。抽象不应该依赖于细节，细节应该依赖于抽象。

想要理解依赖倒置原则，必须先理解传统的解决方案。面向对象的初期的程序，被调用者依赖于调用者。也就是调用者决定被调用者有什么方法，有什么样的实现方式，这种结构在需求变更的时候，会付出很大的代价，甚至推翻重写。依赖倒置原则就是要求调用者和被调用者都依赖抽象，这样两者没有直接的关联和接触，在变动的时候，一方的变动不会影响另一方的变动。

生活中依赖倒置原则例子很多，例如：驾照、司机和汽车之间关系的抽象，有驾照的司机可以驾驶各种汽车；再如 AGP 插槽，主板和显卡之间关系的抽象。主板和显卡通常是使用 AGP 插槽来连接的，这样，只要接口适配，不管是主板还是显卡更换，都不是问题。

6. 迪米特原则(Law of Demeter，LoD)

定义：又称为最少知识原则(Least Knowledge Principle，LKP)，每一个软件单位对其他的单位都只有最少的知识，而且局限于那些与本单位密切相关的软件单位。

对于迪米特原则，其核心思想是：一个软件实体应当尽可能少地与其他实体发生相互作用。这样，当一个模块修改时，就会尽量少地影响其他的模块，扩展会相对容易，这是对软件实体之间通信的限制，它要求限制软件实体之间通信的宽度和深度。

生活中迪米特原则例子很多，例如：“不要和陌生人说话”；“只与你的直接朋友通信”等。这条法则也成功地应用于很多著名系统，比如火星登陆软件系统、木星的欧罗巴卫星轨道飞船的软件系统的指导设计原则等。

7. 组合/聚合复用原则(Composite Reuse Principle, CRP)

定义：尽量使用对象组合，而不是继承来达到复用的目的。

对于组合/聚合复用原则，其核心思想是：在一个新的对象里通过关联关系(包括组合关系和聚合关系)来使用一些已有的对象，使之成为新对象的一部分；新对象通过委派调用已有对象的方法达到复用其已有功能的目的。简言之：要尽量使用组合/聚合关系，少用继承。

例如：我们需要办理一张银行卡，如果银行卡默认都拥有了存款、取款和透支的功能，那么我们办理的卡都将具有这个功能，此时使用了继承关系；为了灵活地拥有各种功能，此时可以分别设立储蓄卡和信用卡两种，并有银行卡来对它们进行聚合使用。此时采用了组合复用原则。

组合/聚合复用原则的潜台词是：我只是用你的方法，我们不一定是同类。

思考题

何为面向对象的程序设计，它将如何影响程序的设计思想？

1.3 可视化面向对象建模语言 UML

统一建模语言(Unified Modeling Language，UML)的应用领域非常广泛，它可以用于商业建模(Business Modeling)、软件开发建模的各个阶段、也可以用于其他类型的系统。它是一种通用的建模语言，具有创建系统的静态结构和动态行为等多种结构模型的能力。UML 语言本身并不复杂，也不很专业化，它具有可扩展性和通用性，适合为各种多变的系统建模。

本节主要介绍 UML 语言的概况，使大家了解 UML 的结构和基本元素，基本元素给出简要的描述，为读者在后续章节中深入学习 Java 语言打下良好的基础。

1.3.1 UML 语言简介

1. 什么是 UML

UML 是一种通用的可视化建模语言，用于对软件进行描述、可视化处理、构造和建立软件系统的工作文档，为面向对象软件设计提供统一的、标准的、可视化的建模语言。适用于描述以用例为驱动，以体系结构为中心的软件设计的全过程。

2. UML 的发展历程

要理解 UML，首先必须知晓它的起源。在 20 世纪 60 年代，随着面向对象编程(OOP)的出现，逐渐催生了面向对象设计(OOD)、面向对象分析(OOA)等技术出现，为了更好地进行 OOD 和 OOA，20 世纪 70 年代，推出了面向对象建模语言。到 20 世纪 80 年代末，其进入快速发展阶段，截止到 1994 年，面向对象建模语言从不到 10 种发展到 50 多种。由于每种语言、方法的创造者都极力推荐自己的成果，在行业内爆发了“面向对象技术的方法大战”。

到 1994 年之后，各种方法论在经受市场充分检验后，逐渐拉开了差距，其中 Grady Booch 提出的 Booch 方法和 James Rumbaugh 提出的对象建模技术(Object Modeling Technique，OMT)成为了可视化建模语言的市场老大，而 Ivar Jacobson 的 Objectory 的方法则成为最强有力的方法。

在 1996 年，经过 Grady Booch、James Rumbaugh 和 Ivar Jacobson 三人共同努力，不仅统一了 Booch 方法、OMT 方法、OOSE 方法的表示方法，而且对其作了进一步的发展，最终统一为大众接受的标准建模语言。它融入了软件工程领域的新思想、新方法和新技术。它的作用域不限于支持面向对象的分析与设计，还支持从需求分析开始的软件开发全过程。

3. UML 的组成

UML 包括了一些可以相互组合为图表的图形元素。由于 UML 是一种语言，所以 UML 具有组合这些元素的规则。本书不介绍这些规则，而是直接介绍 UML 用于展示一个系统的模型图，学习各种图的用法作为后续章节系统分析的基础。

4. 什么是模型

简单说，模型是对客观现实世界的简化。具体而言，模型表示一个对象的微缩，是一种用于产生某个事物的模式，是一种设计或一个类型，是一个待模仿或仿真的样例。在日常生活中，模型的例子十分常见。比如说，①生活相关：城市地图、道路交通图、交通信号标志等；②展示相关：百货商店模型、沙盘、工厂总部的 3 维复制品等；③数据分析相关：折线图、饼状图；④业务分析相关：企业组织结构图、跨职能流程图；⑤设计相关：住宅楼层平面图、自来水管布线图、电路板设计图等。

5. 模型图的构成

模型图包括事物、关系和图三个部分。事物是 UML 模型中最基本的构成元素，是具有代表性的成分的抽象；关系，通过关系把事物紧密联系在一起；图是事物和关系的可视化表示。

6. UML 事物

UML 包含四种事物：构件事物、行为事物、分组事物和注释事物。

(1)构件事物：UML 模型的静态部分，描述概念或物理元素，它包括以下几种。

类：具有相同属性、相同操作、相同关系、相同语义的对象的描述。

接口：描述元素的外部可见行为，即服务集合的定义说明。

协作：描述了一组事物间的相互作用的集合。

用例：代表一个系统或系统的一部分行为，是一组动作序列的集合。

构件：系统中物理存在，可替换的部件。

节点：运行时存在的物理元素。

此外，参与者、信号应用、文档库、页表等都是上述基本事物的变体。

(2) 行为事物：UML 模型图的动态部分，描述跨越空间和时间的行为，它包括以下几种。

交互：实现某种功能的一组构件事物之间的消息的集合，涉及消息、动作序列、链接。

状态机：描述事物或交互在生命周期内响应事件所经历的状态序列。

(3) 分组事物：UML 模型图的组织部分，描述事物的组织结构，分组事物主要指包。

包是把元素组织成组的机制。

(4) 注释事物：UML 模型的解释部分，用来对模型中的元素进行说明、解释。

注解是对元素进行约束或解释的简单符号。

7. UML 关系

(1) 依赖(dependency)：两个事物之间的语义关系，其中一个事物(独立事物)发生变化，会影响到另一个事物(依赖事物)的语义。

(2) 关联(association)：一种结构关系，它指明一个事物的对象与另一个事物的对象间的联系。

(3) 泛化(generalization)：一种特殊/一般的关系，也可以看作是常说的继承关系。

(4) 实现(realization)：类元之间的语义关系，其中的一个类元指定了由另一个类元保证执行的契约。

UML 事物与关系的图形表示如表 1.1 所示。

表 1.1　UML 事物与关系

名称	说明	图形
类	对一组具有相同属性、相同操作、相同关系和相同语义的对象的描述	NewClass
接口	描述了一个类或构件的一个服务的操作集	Interface
协作	定义了一个交互，它是由一组共同工作以提供某种协作行为的角色和其他元素构成的一个群体	
用例	对一组动作序列的描述	
主动类	对象至少拥有一个进程或线程的类	class suspend() flush()
构件	系统中物理的、可替代的部件	componet
参与者	在系统外部与系统直接交互的人或事物	
节点	在运行时存在的物理元素	NewProcessor
交互	它由在特定语境中共同完成一定任务的一组对象间交换的消息组成	

续表

名称	说明	图形
状态机	它描述了一个对象或一个交互在生命期内响应事件所经历的状态序列	state
包	把元素组织成组的机制	NewPackage
注释事物	UML 模型的解释部分	
依赖	一条可能有方向的虚线	
关联	一条可能有方向的实线	
泛化	一条带有空心箭头的实线	
实现	一条带有空心箭头的虚线	

8. UML 图及特征

1)用例图

用例图用于描述角色以及角色与用例之间的连接关系。说明的是谁要使用系统，以及它们使用该系统可以做些什么。一个用例图包含了多个模型元素，如系统、参与者和用例，并且显示了这些元素之间的各种关系，如泛化、关联和依赖。如图 1.1 所示，描述一组用例、参与者以及它们之间的关系，其展示的是该系统在它的外面环境中所提供的外部可见服务。

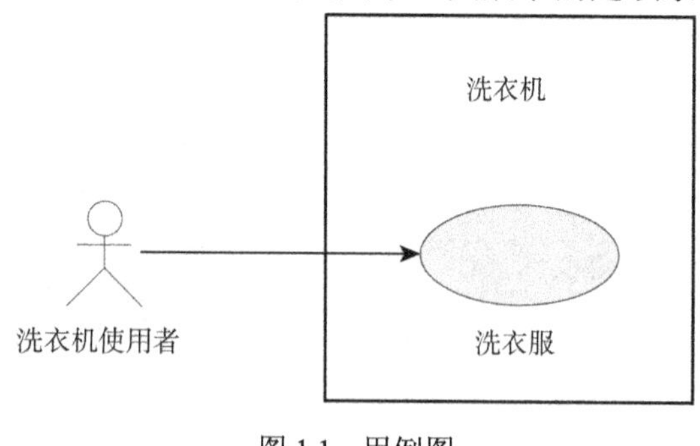

图 1.1　用例图

图 1.1 说明了如何用 UML 用例图来描述用户使用洗衣机洗衣服的场景。图中直立小人形代表洗衣机使用者，被称为参与者(actor)，而椭圆形则表示用例(case)。其中，用例图的参与者(作为发起用例的实体)可以是一个人也可以是另一个系统。本例中，用例位于一个代表着系统的矩形中，而参与者在矩形之外，矩形框为系统边界。

2)类图

类图是用于描述系统中的类，以及各个类之间的关系的静态视图。能够使我们在正确编写代码以前对系统有一个全面的认识。类图是一种模型类型，确切地说，是一种静态模型类型，描述一组对象、接口、协作等事物之间的关系。

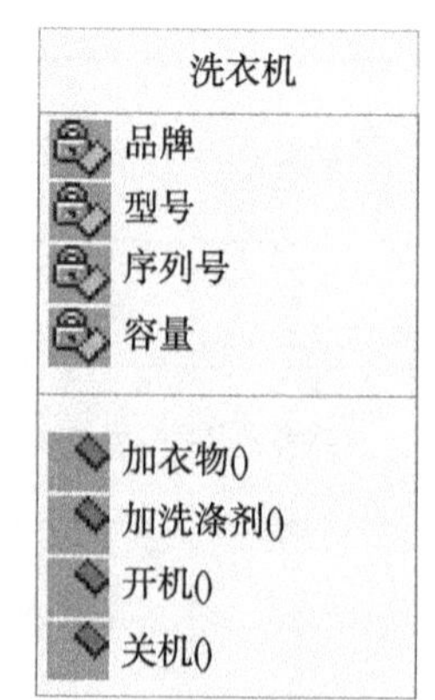

图 1.2　洗衣机类图

图 1.2 用 UML 表示法来表示一个洗衣机类，图中矩形方框代表洗衣机类的图标，它被分成三个区域。最上面区域中是类名，即显示洗衣机；中间区域是洗衣机类的属性，包括品牌、型号、序列号和容量等；最下面区域里列出的是洗衣机类的操作，包括加衣物(加洗涤剂)、开机(关机)等操作。

类图中类名、属性名和操作名之间用间隔线分割。这三者名称可以用中文表示，也可以用英文单词表示。若类名由多个英文单词表示时，每个单词的首字母要大写，并且单词和单词之间不用空格；属性名和操作名也遵从相同的约定，但其首字母不用大写，同时，每个操作名的后面都有一对括号。

3) 对象图

对象图与类图非常相似，它是类图的具体实例化，对象图表示类的多个对象实例，是代表具体属性值的一个具体事物，因此，对象图描述的不是类之间的关系，而是对象之间的关系。例如洗衣机类的一个实例对象，它的品牌是“海尔”，属于智 U 芯系列，其洗涤容量为 6kg。图 1.3 展示了海尔洗衣机这个对象的 UML 表示法。其对象图的图标与洗衣机类图类似，也是一个矩形，但该对象名下面有一根下划线。在左边的这个图标中，实例化对象的名字位于冒号的左边，冒号的右边是该对象所属的洗衣机类名。对象的名字以一个小写字母开头。图 1.3 右边的图标表示一个匿名的对象，即省略对象名，只有对象所属的类名。

图 1.3　洗衣机对象图，左边代表一个具名的对象，右边代表一个匿名的对象

4) 活动图

活动图用于描述用例场景要求进行的活动，以及活动单位之间的约束关系，有利于识别并行活动，并能够演示出系统中各单元的功能，以及这些功能与系统中其他组件的功能如何共同满足前面使用用例图建模的商务需求。正如用例图中所举的洗衣机例子，其活动图如图 1.4 所示，图中显示了洗衣机步骤 4 到步骤 6 之间各个活动按照时间顺序依次执行。

5) 状态图

在任意给定的时刻，一个对象总是处于某一特定的状态。状态图用于描述当前对象所有可能的状态，以及事件发生时状态的转移条件。可以捕获对象、子系统和系统的生命周期。它们可以告知一个对象可以拥有的状态，并且事件(如消息的接收、时间的流逝、错误、条件变为真等)如何随着时间的推移来影响这些状态。如图 1.5 所示，海尔洗衣机这个对象，可以处于浸泡、洗涤、漂洗、脱水或者关机状态，并且每一个状态可以转移到下一个状态。

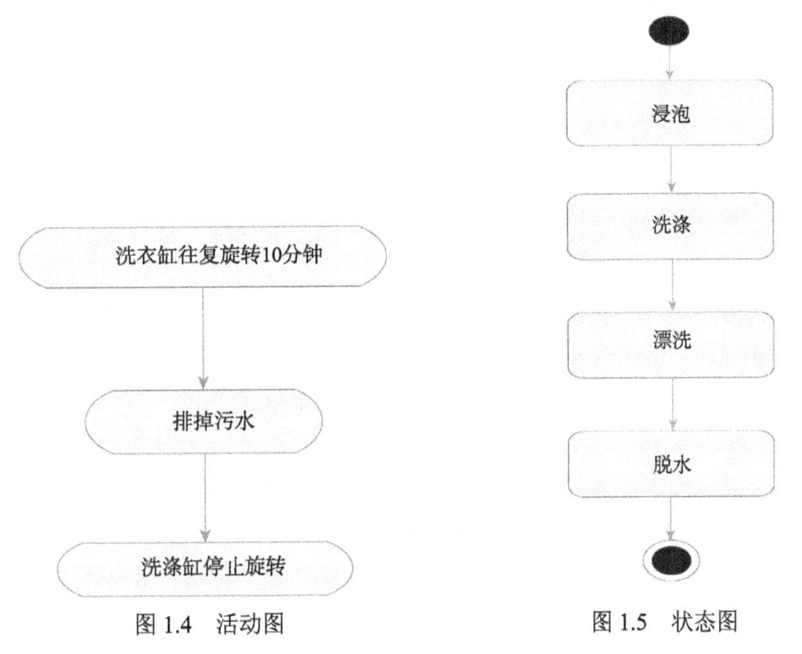

图 1.4　活动图　　图 1.5　状态图

在图 1.5 中，最顶端的实心圆点符号代表起始状态，而最底端的公牛眼符号表示终止状态。

6) 顺序图

前述的类图以及对象图均描述的是系统的静态结构。系统在动态运行中，各对象之间通过传递消息进行交互，整个交互过程由顺序图表示，这些交互显示参与者如何以一系列顺序的步骤与系统的对象交互，并按照一定时间顺序执行，这些交互通常由参与者发起。顺序图显示的重点放在消息序列上，即强调消息是如何在各对象之间进行传递的。

以上述洗衣机为例，洗衣机的对象包括：定时器、进水管、洗涤缸、排水管。当洗衣机执行“洗衣服”这个用例场景时，其顺序执行步骤如下：

(1) 浸泡开始前，先通过进水管向洗涤缸中注水。

(2) 洗涤缸保持 3 分钟静止状态。

(3) 在浸泡之后，停止注水。

(4) 洗涤开始的时候，洗涤缸往返旋转 10 分钟。

(5) 洗涤完毕后，通过排水管排掉污水。

(6) 洗涤缸停止旋转。

(7) 漂洗开始时，重新向洗涤缸注水。

(8) 洗涤缸继续旋转洗涤。

(9) 10 分钟后停止向洗衣机中注水。

(10) 漂洗结束时，通过排水管排掉漂洗衣物的水。

(11) 洗涤缸停止旋转。

(12) 脱水开始时，洗涤缸顺时针方向持续旋转 3 分钟。

(13) 脱水结束，洗涤缸停止旋转。

(14) 洗衣过程结束。

图 1.6 展示了这四个对象交互传递信息执行这些操作的一个顺序图，图 1.6 中定时器、进水管、洗涤缸用匿名对象来表示，顺序图展示了在它们之间传递的消息。每一个箭头，代表着从一个对象到另一个对象的消息。在图 1.6 中，定时器贯穿整个交互过程，所有交互对象都与定时器传递信息。

7) 协作图

协作图与顺序图相对应，显示对象间的动态合作关系，可以将之看成是类图和顺序图的交集，协作图建模对象或者角色，以及它们彼此之间是如何通信的。顺序图强调的是时间和顺序，而协作图强调的是上下级关系。

与顺序图类似，以洗衣机的定时器、进水管、洗涤缸三个对象动态交互为例，如图 1.7 所示，显示了定时器、进水管和洗涤缸之间的头几条简单的消息，它不是按照垂直方向表示时间顺序，而是通过消息标记表示空间上三个对象上下级关系。

8) 构件图

构件图用于描述代码构件的物理结构以及各种构件之间相互依赖关系，并用来建模系统的构件及其相互之间的关系，这些图由构件标记符和构件之间的关系构成，它可以是一个文件、产品、可执行文件和脚本等。构件图和下一个要介绍的部署图将不再使用洗衣机这个例子来作说明，因为构件图和部署图与整个计算机系统密切相关。构件图表示如图 1.8 所示。

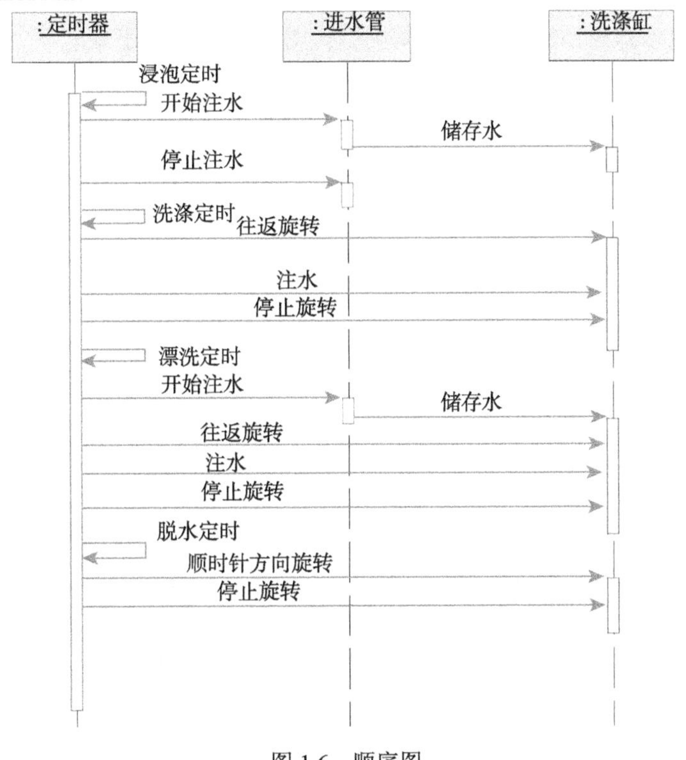

图 1.6　顺序图

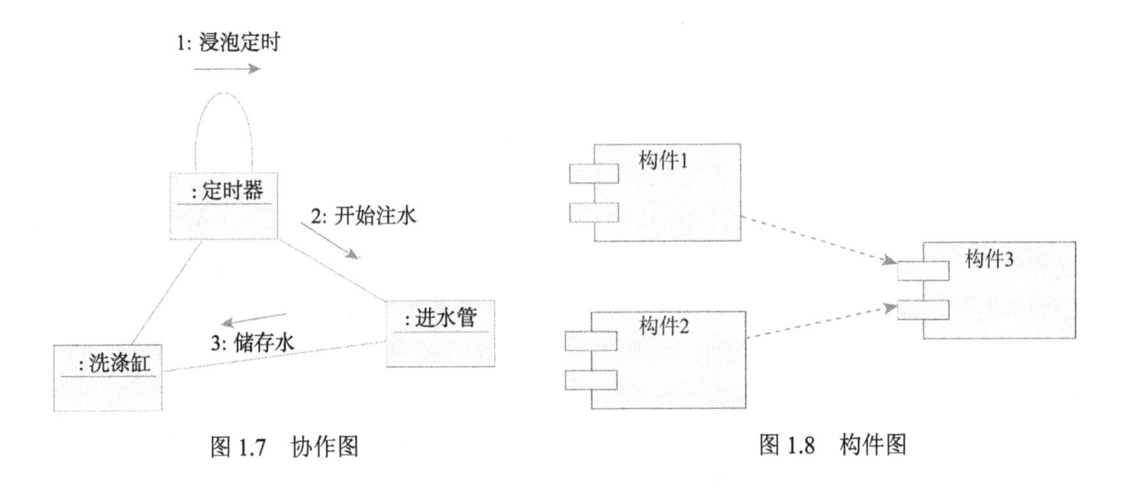

图 1.7　协作图　　　　图 1.8　构件图

9) 部署图

部署图用于建模基于计算机系统的物理体系结构。它可以描述计算机和设备，以及它们之间是如何连接的，部署图类似于工程安装人员使用的安装图，其 UML 表示法如图 1.9 所示。图 1.9 中每台计算机用一个立方体表示，立方体之间的连接线表示各计算机之间的通信关系。部署图的使用者是开发人员、系统集成人员和测试人员。

9. 学习九个 UML 图的目的

正如各个图中例子所示，对于同一个应用场景，不同的 UML 图能让你从多个视角考察一个系统。当然，学习 UML 图时，要记住，并不是每个 UML 模型都必须包含所有的图。

在具体应用中，大多数 UML 模型只包含上面列出的所有图的子集。

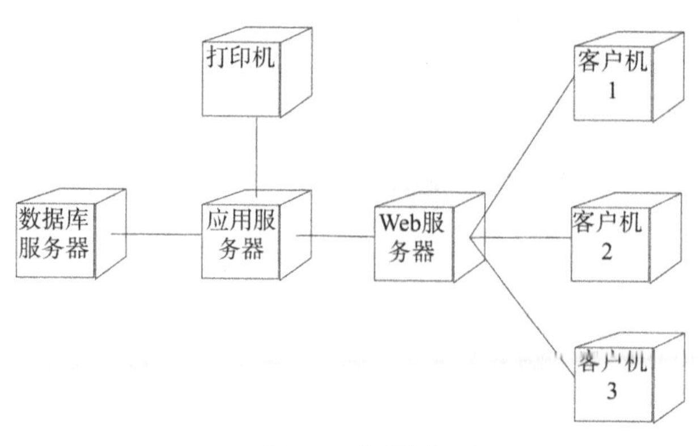

图 1.9　部署图

在软件开发中，建立模型为什么需要这么多种图？由于一个系统有多个不同类型的风险承担人——那些在不同方面与这个系统有利益关系的人。回顾前述洗衣机的例子。若我们正在设计一台洗衣机的发动机，那么从我们的视角观察系统会得到一个系统的视图；若我们正在编写操作指令，又会得到另一幅视图；若我们正在设计洗衣机整体外观的话，则观察这个系统的方式与作为一个洗衣机用户的观察方式将完全不同。

因此，细致的系统设计必须认真考虑所有这些视角，每一种 UML 图可以提供一种组成特殊视图的方式。采用多视角观察的目的是为了能够与每一类风险承担人良好的沟通。

1.3.2　实现宠物商店系统

面向对象分析的目的是对客观世界的系统进行建模。本节以上面介绍的模型概念为基础，结合“宠物商店系统”的具体实例来构造客观世界问题的准确、严密的分析模型。

分析模型有三种用途：用来明确问题需求；为用户和开发人员提供明确需求；为用户和开发人员提供一个协商的基础，作为后继的设计和实现的框架。

面向对象的系统分析的第一步是：陈述需求。分析者必须同用户一块工作来提炼需求，因为这样才表示了用户的真实意图，其中涉及对需求的分析及查找丢失的信息。下面以“宠物商店系统”为例，用面向对象方法进行开发。

宠物商店系统问题陈述：消费者可以在系统前台中实现在线注册；注册成功后，可进行登录、浏览或购买自己喜欢的爱宠；分类查询宠物信息、购宠、管理购物车、结账和查看各种服务条款等功能；可在线修改自己的个人信息；可以在线发表意见或留言；同时也可以在线查找自己已忘记了的密码。通过系统后台管理模块可以实现管理员登录；查看所有注册用户的信息且对其编辑，并提供高级查询；查看/添加/删除宠物信息，同时也提供了高级查询；查看/编辑用户所发送成功的所有订单，并对其进行编辑同时也提供了高级查询；查看/添加/删除宠物的主分类(菜单)；查看/发布/编辑公告；查看/编辑注册用户所发送的意见或留言，并可对其进行回复；查看/编辑/添加用户在线支付的方式；查看/添加/删除管理员，同时也提供了高级查询。

建立对象模型首先标识和关联，因为它们影响了整体结构和解决问题的方法，其次是增加属性，进一步描述类和关联的基本网络，使用继承合并和组织类，最后操作增加到类中去作为构造动态模型和功能模型的副产品。

1. 确定类

构造对象模型的第一步是标出来自问题域的相关的对象类，对象包括物理实体和概念。所有类在应用中都必须有意义，在问题陈述中，并非所有类都是明显给出的。有些是隐含在问题域或一般知识中的。

查找问题陈述中的所有名词，产生如下的暂定类：用户名、密码、地址、邮箱、联系方式、性别、总价值、订单号、单价、数量、宠物类型、宠物名、产地、事务数据、现金卡、用户、现金、收据、系统、顾客、费用、账户数据、访问、安全措施、记录保管等。

根据下列标准去掉不必要和不正确的类。

(1) 冗余类：若两个类表述了同一个信息 ，保留最富有描述能力的类。如“用户”和“顾客”就是重复的描述，因为“顾客”最富有描述性，因此保留它。

(2) 不相干的类：除掉与问题没有关系或根本无关的类。例如，事务数据超出了宠物商店的范围。

(3) 模糊类：类必须是确定的，有些暂定类边界定义模糊或范围太广，如“数量”就是模糊类，它是“事务”中的一部分。

(4) 属性：某些名词描述的是其他对象的属性，则从暂定类中删除。如果某一性质的独立性很重要，就应该把它归属到类，而不把它作为属性。

(5) 操作：如果问题陈述中的名词有动作含义，则描述的操作就不是类。但是具有自身性质而且需要独立存在的操作应该描述成类。例如，我们只构造电话模型，“拨号”就是动态模型的一部分而不是类，但在电话拨号系统中，“拨号”是一个重要的类，它有日期、时间、受话地点等属性。

2. 准备数据字典

为所有建模实体准备一个数据字典。准确描述各个类的精确含义，描述当前问题中的类的范围，包括对类的成员、用法方面的假设或限制。

3. 确定关联

两个或多个类之间的相互依赖就是关联。一种依赖表示一种关联，可用各种方式来实现关联，但在分析模型中应删除实现的关联，以便设计时更为灵活。关联常用描述性动词或动词词组来表示，其中有物理位置的表示、传导的动作、通信、所有者关系、条件的满足等。从问题陈述中抽取所有可能的关联表述，把它们记下来，但不要过早去细化这些表述。

下面是宠物商店系统中所有可能的关联，大多数是直接抽取问题中的动词词组而得到的。在陈述中，有些动词词组表述的关联是不明显的。最后，还有一些关联与客观世界或人的假设有关，必须同用户一起核实这种关联，因为这种关联在问题陈述中找不到。宠物商店问题陈述中的关联：顾客注册信息与订单详情；订单详情与宠物信息；支付方式与管理员；等等。

根据下列标准去掉不必要和不正确的关联。

(1) 若某个类已被删除，那么与它有关的关联也必须删除或者用其他类来重新表述。在本例中，我们删除了“电子商务网站”，相关的关联也要删除。

(2) 不相关的关联或实现阶段的关联：删除所有问题域之外的关联或涉及实现结构中的关联。如"系统处理并发访问"就是一种实现的概念。

(3) 动作：关联应该描述应用域的结构性质而不是瞬时事件，因此应删除"自动支付接受现金"、"自动支付与用户接口"等。

(4) 派生关联：省略那些可以用其他关联来定义的关联，因为这种关联是冗余的，宠物商店系统的初步对象图中含有关联。

4. 确定属性

属性是个体对象名词，常常表示具体的可枚举的属性值，属性不可能在问题陈述中完全表述出来，必须借助于应用域的知识及对客观世界的知识才可以找到它们。只考虑与具体应用直接相关的属性，不要考虑那些超出问题范围的属性。首先找出重要属性，避免那些只用于实现的属性，要为各个属性取有意义的名字。

根据下列标准删除不必要和不正确的属性。

(1) 对象：若实体的独立存在比它的值重要，那么这个实体不是属性而是对象。例如，在邮政目录中，"城市"是一个属性，然而在人口普查中，"城市"则被看作是对象。在具体应用中，具有自身性质的实体一定是对象。

(2) 定词：若属性值取决于某种具体上下文，则可考虑把该属性重新表述为一个限定词。

(3) 名称：名称常常作为限定词而不是对象的属性，当名称不依赖于上下文关系时，名称即为一个对象属性，尤其是它不唯一时。

(4) 标识符：在考虑对象模糊性时，引入对象标识符表示，在对象模型中不列出这些对象标识符，它是隐含在对象模型中，只列出存在于应用域的属性。

(5) 内部值：若属性描述了对外不透明的对象的内部状态，则应从对象模型中删除该属性。

(6) 细化：忽略那些不可能对大多数操作有影响的属性。

5. 使用继承来细化类

使用继承来共享公共机构，以此来组织类，可以用如下两种方式来进行。

(1) 自底向上通过把现有类的共同性质一般化为父类，寻找具有相似的属性、关系或操作的类来发现继承。例如"在线支付"和"现金支付"是类似的，可以一般化为"支付"。有些一般化结构常常是基于客观世界边界的现有分类，只要可能，尽量使用现有概念。对称性常有助于发现某些丢失的类。

(2) 自顶向下将现有的类细化为更具体的子类。具体化常常可以从应用域中明显看出来。例如：菜单，可以有固定菜单、顶部菜单、弹出菜单、下拉菜单等，这就可以把菜单类具体细化为各种具体菜单的子类。当同一关联名出现多次且意义也相同时，应尽量具体化为相关联的类，例如"事务"从"出纳站"和"自动出纳机"进入，则"录入站"就是"出纳站"和"自动出纳站"的一般化。在类层次中，可以为具体的类分配属性和关联。各属性和关联都应分配给最一般的适合的类，有时也加上一些修正。应用域中各枚举情况是最常见的具体化的来源。

6. 完善对象模型

对象建模不可能一次就能保证模型是完全正确的，软件开发的整个过程就是一个不断完善的过程。模型的不同组成部分多半是在不同的阶段完成的，如果发现模型的缺陷，就必须返回到前期阶段去修改，有些细化工作是在动态模型和功能模型完成之后才开始进行的。

1) 几种可能丢失对象的情况及解决办法

(1) 同一类中存在毫无关系的属性和操作，则分解这个类，使各部分相互关联；

(2) 一般化体系不清楚，则可能分离扮演两种角色的类；

(3) 存在无目标类的操作，则找出并加上失去目标的类；

(4) 存在名称及目的相同的冗余关联，则通过一般化创建丢失的父类，把关联组织在一起。

2) 查找多余的类

类中缺少属性、操作和关联，则可删除这个类。

3) 查找丢失的关联

若丢失了操作的访问路径，则加入新的关联以回答查询。

4) 宠物商店系统的具体情况作如下的修改

(1) 现金卡有多个独立的特性。把它分解为两个对象：卡片权限和现金卡。

①卡片权限：银行用来鉴别用户访问权限的卡片，表示一个或多个用户账户的访问权限；各个卡片权限对象中可能具有好几个现金卡，每张都带有安全码、卡片码，它们附在现金卡上，表现银行的卡片权限。

②现金卡：自动出纳机得到表示码的数据卡片，它也是银行代码和现金卡代码的数据载体。

(2) “事务”不能体现对账户之间的传输描述的一般性，因它只涉及一个账户，一般来说，在每个账户中，一个“事务”包括一个或多个“更新”，一个“更新”是对账户的一个动作，它们是取款、存款、查询之一。一个“更新”中所有“更新”应该是一个原子操作。

(3) “分理处”和“分理处理机”之间，“分行”和“分行处理机”之间的区别似乎并不影响分析，计算机的通信处理实际上是实现的概念，将“分理处计算机”并入到“分理处”，将“分行计算机”并入到“分行”。

7. 建立动态模型

1) 准备脚本

动态分析从寻找事件开始，然后确定各对象的可能事件顺序。在分析阶段不考虑算法的执行，算法是实现模型的一部分。

2) 确定事件

确定所有外部事件。事件包括所有来自或发往用户的信息、外部设备的信号、输入、转换和动作，可以发现正常事件，但不能遗漏条件和异常事件。

3) 准备事件跟踪表

把脚本表示成一个事件跟踪表，即不同对象之间的事件排序表，对象为表中的列，给每个对象分配一个独立的列。

4) 构造状态图

对各对象类建立状态图，反映对象接收和发送的事件，每个事件跟踪都对应于状态图中一条路径。

8. 建立功能模型

功能模型用来说明值是如何计算的，表明值之间的依赖关系及相关的功能，数据流图有助于表示功能依赖关系，其中的处理对应于状态图的活动和动作，其中的数据流对应于对象图中的对象或属性。

1) 确定输入值、输出值

先列出输入、输出值，输入、输出值是系统与外界之间的事件的参数。

2) 建立数据流图

数据流图说明输出值是怎样从输入值得来的，数据流图通常按层次组织。

9. 确定操作

在建立对象模型时，确定了类、关联、结构和属性，还没有确定操作。只有建立了动态模型和功能模型之后，才可能最后确定类的操作。

10. 面向对象的设计

面向对象设计是把分析阶段得到的需求转变成符合成本和质量要求的、抽象的系统实现方案的过程。从面向对象分析到面向对象设计，是一个逐渐扩充模型的过程。瀑布模型把设计进一步划分成概要设计和详细设计两个阶段，类似地，也可以把面向对象设计再细分为系统设计和对象设计。系统设计确定实现系统的策略和目标系统的高层结构。对象设计确定解空间中的类、关联、接口形式及实现操作的算法。

思考题

(1) 类图在UML中有何重要作用？

(2) 在面向对象软件开发实际工作中如何发现类。

1.4 小　　结

(1) 采用面向对象方法开发软件的基本目的和主要优点是通过重用提高软件的生产率。因此，应该优先选用能够最完善、最准确地表达问题域语义的面向对象语言。在选择编程语言时，应该考虑的其他因素还有：对用户学习面向对象分析、设计和编码技术所能提供的培训操作；在使用这个面向对象语言期间能提供的技术支持；能提供给开发人员使用的开发工具、开发平台，对机器性能和内存的需求，集成已有软件的容易程度。

(2) Java语言是一组交互对象的集合，它通过类、对象等概念来组织和构建整个程序，这是面向对象程序设计的基本概念。

(3) 在Java程序中，对象封装了程序的属性(或变量)和操作(或方法)。一个变量是被命名的内存地址，用于储存特定类型的数据。一个方法是有名称的一块代码，在需要时它能被调用。

(4) 对象的方法是被用来向其传递信息的。

(5) 类是对象的抽象模板，它定义了某一类型对象的特性和行为。

(6) 面向对象程序设计方法的主要原则如下：

分治：将一个复杂的问题分解成对象将有助于成功解决问题。

封装与模块化：应该赋予每个对象一个清晰的角色。

公共接口：每个对象应提供一个清晰的公共接口，用来确定其他对象如何使用它。

信息隐藏：每个对象应该对其用户隐藏如何执行任务的一些不必要的细节。

一般性：设计对象时，应该使其尽可能一般化。

可扩展性：所设计的对象应该可以扩展其功能，以执行更专门化的任务。

抽象性：集中对象的某些重要的特性而忽略其他特性的能力。

(7) UML 就是一套表示法系统，它已经成为系统开发领域中的标准。UML 是由 Grady Booch、James Rumbaugh 和 Ivar Jacobson 发明的。UML 由一组图组成，它使得系统分析员可以利用这一标准来建立能够为客户、程序员以及任何参与开发过程的人员理解的多视角的系统蓝图。因为不同的风险承担人通常使用不同类型的图相互交流，因此 UML 包含所有这些种类的图是很有必要的。

习　　题

一、选择题

1．UML 的全称是(　　)。

A. Unify Modeling Language　　B. Unified Modeling Language

C. Unified Modem Language　　D. Unified Making Language

2．UML 语言包含几大类图形(　　)。

A. 3　　B. 5　　C. 7　　D. 9

3．下面哪个不是 UML 中的静态视图(　　)。

A. 状态图　　B. 用例图　　C. 对象图　　D. 类图

4．组件图用于对系统的静态实现视图建模，这种视图主要支持系统部件的配置管理，通常可以分为四种方式来完成，下面哪种不是其中之一(　　)。

A. 对源代码建模　　B. 对事物建模

C. 对物理数据库建模　　D. 对可适应的系统建模

二、填空题

1．软件体系结构是指一个系统的有目的的设计和规划，这个设计规划既不描述________，也不描述________，它只描述系统的________及其相互的________。

2．一个 UML 模型只描述了一个系统________，它并没告诉我们系统是________。

3．接口是可以在整个模型中反复使用的一组行为，是一个没有________而只有的类。

4．多重性指的是，某个类有________个对象可以和另一个类的________对象关联。

5．当一个类的对象可以充当多种角色时，________关联就可能发生。

三、分析设计题

根据下面的叙述，绘制一幅关于顾客从自动售货机中购买物品的顺序图。

(1)顾客(User)先向自动售货机的前端(Front)投币；

(2)售货机的识别器(Register)识别钱币；

(3)售货机前端根据识别器的识别结果产生商品列表；

(4)顾客选择商品；

(5)识别器控制的出货器(Dispenser)将所选商品送至前端。

第 2 章　Java 程序设计基础

本章主要介绍编写 Java 程序必须要掌握的若干语言基础知识，包括 Java 语言开发环境的介绍、初步编写的应用程序和小应用程序、Java 语言元素、流程控制语句、数组和字符串等。掌握这些基本知识是正确编写 Java 程序的前提条件。

2.1　创建 Application 程序和 Applet 程序

Java 程序有两种类型：Application 程序和 Applet 程序。两者的区别来自运行环境的不同。Application 是运行在客户端 Java 虚拟机上的 Java 程序。它可在客户端机器中进行读写，可使用自己的可视化界面(如窗口、菜单等)。而 Applet 是运行在支持 Java 的浏览器中，它需要来自 Web 浏览器的大量信息，需要知道何时启动、何时放在浏览器窗口、何时激活或者关闭。

2.1.1　创建 Application 程序

首先介绍以最简单的方式编写、编译和运行 Application 程序。下面通过一个简单的例子来说明程序的创建过程。

1. 编写源文件

Java 源文件是一个利用 Java 语言编写的文本文件，在没有学习过集成开发环境之前，可采用例如记事本之类的文本编辑器完成。

例 2.1

```
public class HelloWorld{
    public static void main(String args[])
    {
    System.out.println("Hello World!"); //在屏幕上输出 Hello World!
    }
}
```

在编写的过程中需要注意，Java 严格区别字母的大小写。此外源文件的命名规则是：源文件的扩展名必须是.java。如果源文件中有多个类，则最多只能有一个 public 类。文件中若有 public 类，源文件的名字必须与这个 public 类的名字相同；如果没有的话，源文件的名字可以由用户自定义。因此该文件保存为 HelloWorld.java ，假设存在 D 盘下 Java 文件夹内。

此外，对于 Application 程序，必须有一个并且只有一个类包含 main()方法，这样的类称为主类。主类的 main()方法将作为程序执行的起点。

2. 编译源文件

存好源文件后，接下来利用 JDK 中的 Java 编译器 Javac，将源文件编译成 Java 虚拟机(JVM)能够解析的字节码文件。打开 DOS 窗口，将路径切换到 D:\Java 路径。在命令行窗口输入：

```
Javac HelloWord.java
```

如果没有任何错误提示，则表示文件已成功通过编译。如果出现错误提示，则需要重新对源文件进行检查。当编译成功时，在 D:\Java 文件夹内发现一个与文件 HelloWorld 相同，但是扩展名为.class 的字节码文件。

3. 运行程序

运行程序是利用 JDK 中的 Java 解析器，将字节码转换成系统中能够理解的指令加以执行。在命令行窗口输入 Java 主类名(注意：运行时主类名不能加上.class 的后缀名)来完成运行。对于例 2.1，可在 D:\Java 中输入命令：

```
Java HelloWorld
```

则在命令行窗口输出：

```
Hello World!
```

2.1.2 创建 Applet 程序

Applet 程序是内嵌在 HTML 文件里，所以是运行在浏览器中的。此时，支持 Java 的浏览器扮演着 JVM 的角色，用来解释 Java 的字节码文件。

下面举例说明如何编写、编译和运行 Applet 程序。

例 2.2

```
import java.awt.Graphics;
import java.applet.Applet;
public class MyApplet extends Applet{
    String s;
    public void init() {
            s=new String("HelloWorld");
    }
    public void paint(Graphics g){
            g.drawString(s,60,60); //在坐标(60,60)的位置开始绘制字符串 s
    }
}
```

Applet 中没有 main()方法，但必须有一个类继承于 Applet 或 JApplet 类，该类将成为 Applet 程序的主类。Applet 的主类必须为 public，这一点与 Appliction 的主类不同。按照源文件的命名规则， 因此 Applet 程序的名字一定要跟主类的名字相同。将该文件保存为 MyApplet.java, 并将它保存在 D:\Java 文件夹中。

编译 Applet 程序的步骤和编译 Application 程序的步骤完全相同，可使用 Javac MyApplet.java 在文件所在路径进行编译。编译成功后，会在文件路径产生 MyApplet.class 文件。

在 Applet 中浏览器是扮演 JVM 的角色，因此需要编写 HTML 文件，在文件中嵌入 Applet。然后由浏览器执行 HTML 文件中的 Applet 程序。HTML 文件内容如下：

```
<html>
<head>
<title>My Applet</title>
</head>
<body>
<applet code=MyApplet.class width=300 height=100>
</applet>
</body>
</html>
```

HTML 网页中的标记<applet>和</applet>告诉浏览器将运行一个 Java Applet 程序，其中 code 属性告诉浏览器要运行哪一个 Java Applet 程序，“=”后面跟的是主类的字节码文件，如果 code 属性不指明路径，那么必须把 HTML 文件和.class 文件放在同一个路径下。width 和 height 属性指明的是 applet 显示所占的宽度和高度的像素值。将该文件命名为 Applet1.html，并仍保存在 D:\Java 文件夹内。

运行 Applet 通常可以有以下两种方式。

1) 直接在浏览器中执行

找到相应的 HTML 文件 Applet1.html 然后用支持 Java 的浏览器打开，得到如图 2.1 所示的结果。

2) 利用 appletviewer 运行 Applet 程序

如果浏览器不支持 Java Applet(该浏览器没有内置 JVM)，可用 JDK 提供的小程序查看器 appletviewer 来查看 Applet 程序。可在 DOS 窗口中输入命令行：appletviewer Applet1.html，得到如下结果(图 2.2)。

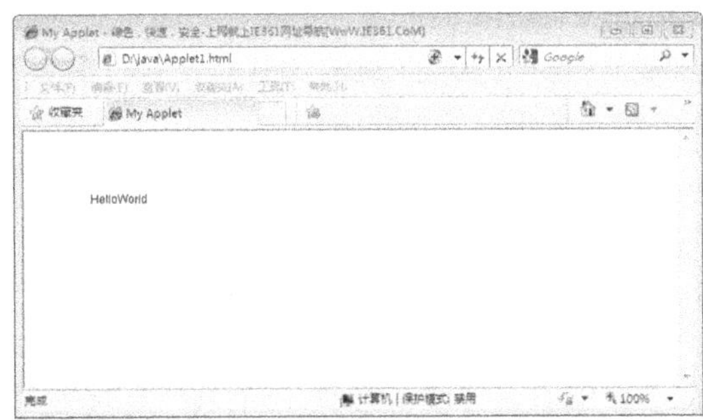

图 2.1　浏览器运行结果

图 2.2　appletviewer 运行结果

2.2　使用 JDK 和集成开发环境 Eclipse

Java 由 Sun 公司开发(已被 Oracle 公司收购)，从 Oracle 公司官网可以下载到各种操作系统下版本的 Java 开发工具(Java SE Development Kits，JDK)，不同版本其使用基本类似，用户可根据自己的使用环境进行下载。本教材使用 JDK1.6 版本作为示例。

JDK 主要由 Java 运行环境、API 和一组建立、测试工具的 Java 实用程序等组成。其中 Java 运行环境位于安装路径下的 jre 目录中，运行环境主要包括了 Java 虚拟机、类库以及其他支持执行以 Java 语言编写的程序的文件。API 是 Java 提供的标准类库供编程人员使用，开发人员可以通过这些类来实现 Java 语言的功能。而实用程序位于 bin 子目录中，可帮助开发、执行、调试以 Java 编写的程序。例如，编译器 Javac 和解释器 Java。

2.2.1　用 JDK 管理 Java 应用

下面介绍一下 JDK 的安装和环境配置。

1. 下载

进入 Java SE 的下载网页 http://orcale.com/technetwork/Java/index.html，然后根据网页上的

提示进行下载。本书使用的是针对 Windows 操作系统的 JDK，版本为 jdk-6u23- windows-i586.exe，如果读者使用其他操作系统，可以选择下载相应的 JDK。

2. 安装

运行下载得到的 exe 文件，按照提示选择相应的安装路径进行安装，建议选择默认的安装路径，即 C:\Program Files\Java\jdk1.6.0_23\，然后进行下一步安装。在安装结束后，会弹出完成对话框。

在 JDK 的安装路径下，主要有以下几个文件夹。

(1) bin：该文件夹存放 javac、java、appletviewer 等命令程序。

(2) demo：该文件夹存放着一些开发工具包自带的演示示例。

(3) include：该文件夹存放着与 C 语言相关的头文件。

(4) jre：该文件夹存放着 Java 运行环境(Java Runtime Environment，JRE)相关的文件。

(5) lib：该文件夹存放着开发所需的 Java 类库和支持文件。

(6) sample：该文件夹存放着开发工具包自带的示例程序。

此外，在安装根目录中的 src.zip 文件是 Java 核心 API 的类的 Java 源代码文件，有兴趣的读者可以解压缩该文件学习其中的源程序。

3. 系统环境变量的设置

系统环境变量是在操作系统中定义的变量，可供操作系统上的所有应用程序使用。对于 Windows 2000/2003/XP，右击“我的电脑”，在弹出的快捷菜单中选择“属性”，弹出“系统特性”对话框，再单击该对话框的“高级选项”，接着单击“环境变量”，添加系统环境变量。为了使 Java 程序能够正常使用，需要配置两个系统环境变量：Path 和 ClassPath。

Path 环境变量设置的作用是设置供操作系统去寻找和执行应用程序的路径。对于 Java，需要设置编译器和解释器等文件所在路径，由于 Path 路径在一般操作系统中已有设置，所以需要选择 Path 路径进行编辑，在原有路径之前添加 C:\Program Files\Java\jdk1.6.0_23\bin;(; 表示路径分隔符)，如图 2.3 所示。

ClassPath 环境变量是 JVM 执行 Java 程序时所需类库的路径，基础类库被包含于\jre\lib 中的压缩文件 rt.jar 中。同样按照刚刚设置 Path 的方法进行设置。如果在系统变量中没有 ClassPath 变量，需要新建。然后在属性里输入 C:\Program Files\Java\jdk1.6.0_23\jre\lib\rt.jar;.;其中，表示加载程序当前目录或其子目录下的类，如图 2.4 所示。

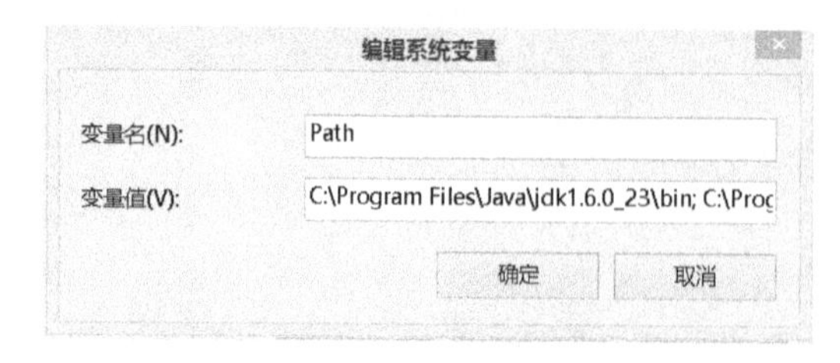

图 2.3　Path 环境变量配置

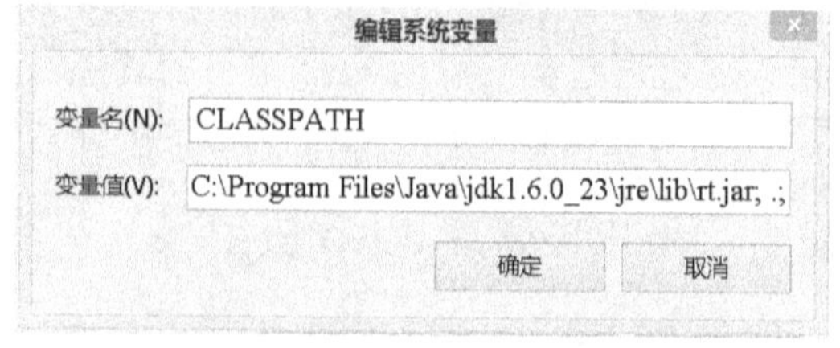

图 2.4　ClassPath 环境变量配置

此外，系统环境变量 Path 和 ClassPath 也可在在命令行窗口利用 set 命令进行设置：

```
set path= C:\Program Files\Java\jdk1.6.0_23\bin;%path%
```

```
set classpath=%classpath%;C:\ProgramFiles\Java\jdk1.6.0_23\jre\lib\rt.jar;.;
```

需要注意，如果采用 set 命令，只在当前命令行窗口有效，重新打开窗口后失效。

2.2.2　Eclipse 的开发技术

Eclipse 是非常著名的 Java 软件集成开发环境，它是一个开放源代码的软件项目，Eclipse 是一个框架和一组服务，通过插件组件构建开发环境。由于开发环境具有开放性和可扩充性，使用起来非常方便，受到了开发者的欢迎。

安装 Eclipse 可从 http://www.eclipse.org 下载相应版本的压缩包进行解压缩，然后选择 eclipse.exe 文件运行，此时会弹出如图 2.5 所示的工作空间路径选取界面。工作空间是开发时程序工作的地方。一般建议设置在非系统盘，以免以后发生意外丢失数据。

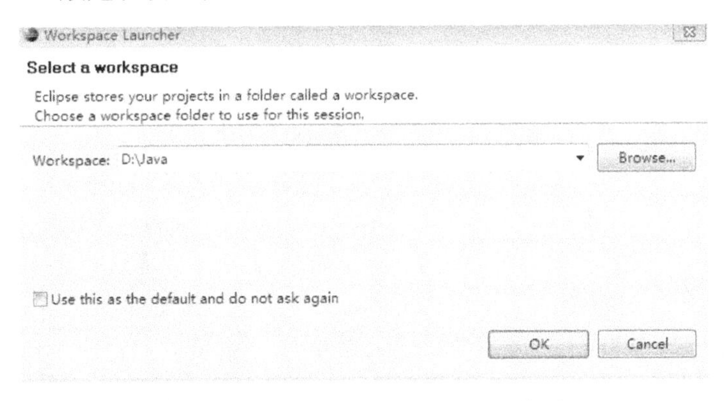

图 2.5　首次启动 Eclipse 工作空间路径选择

如果初次启动的话，会出现一个欢迎页面，可在欢迎页面上查看相应的示例程序。在进入 Eclipse 开发环境后，可选择“File”-“New”-“Project”菜单，则会弹出新建项目对话框，如图 2.6 所示，选择“Java Project”选项，单击“Next”按钮。

在“Project name”文本框中输入项目名称 TestProject，其他选项保持默认值，单击“Finish”完成，将进入如图 2.7 所示的界面。

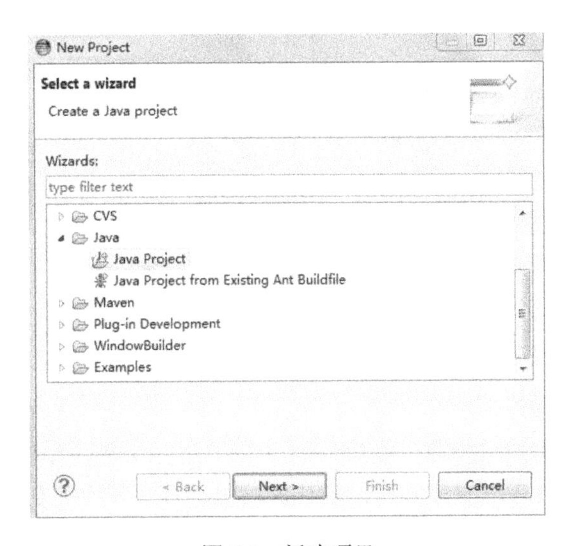

图 2.6　新建项目

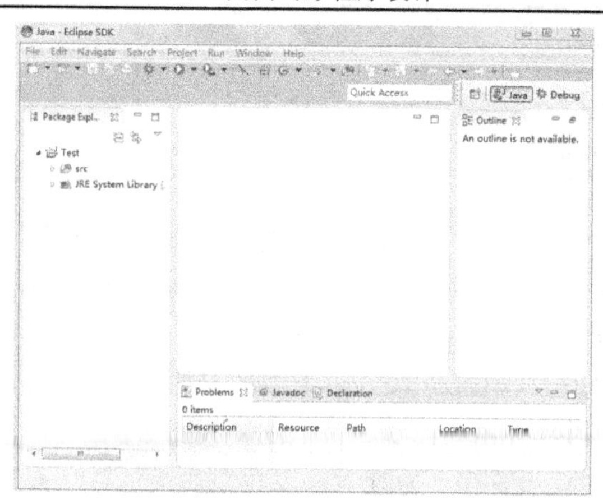

图 2.7　Eclipse 工作主界面

如果需要在程序中新建包，可右键单击“src”文件夹，选择“New”-“Package”命令，弹出新建 Java 包对话框，在“Name”文本框中输入包名即可。

在完成新建包的工作后，在包名上右键单击，选择“New”-“Class”命令，弹出新建 Java 类对话框，在“Name”文本框中输入类名“Test”，单击“Finish”按钮后，就可以在编辑器中进行代码的编写。写完程序后，可单击工具栏中的 按钮，或者选择菜单中“Run”-“Run”命令进行程序的运行。运行的结果将在 Console 窗口或程序编辑的图形用户界面输出。

此外，当下载了包含 Eclipse 项目的源代码文件后，我们可以把它导入到当前的 Eclipse 工作区然后编辑和查看。单击菜单“File”-“Import”，然后在弹出的 Import 对话框中展开 General 目录，选择 Existing Projects into Workspace，接着单击 Next 按钮。当选中单选钮 Selectroot directory 时可以单击 Browse…按钮选中包含项目的文件夹，如果包含项目的话就可以在中间的 Projects 列表框中显示；而当选中单选钮 Select archive file 时可以单击“Browse…”按钮选中包含项目的 ZIP 压缩包，如果包含项目的话就可以在中间的 Projects 列表框中显示。最后单击 Finish 按钮就可以导入项目并打开了，如图 2.8 所示。

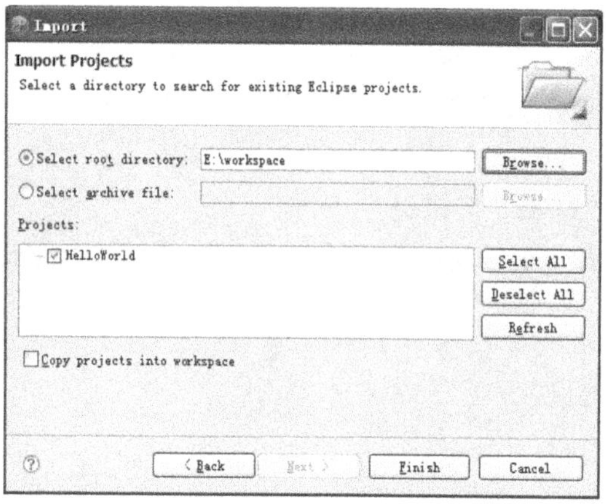

图 2.8　导入项目

2.3　Java 语言元素

2.3.1　注释

注释对程序中的代码做出解释。在编译时，编译器会忽略注释部分。在程序中可以加入注释，使得代码的维护和阅读变得方便，给代码添加注释是一个良好的编程习惯。在 Java 中有三种注释形式：

(1) “//” 单行注释，表示从此往后，直到行尾都是注释。

(2) “/*…*/” 多行注释，表示在 “/*” 和 “*/” 之间都是注释。

(3) “/**…*/” 文档注释，所有在 “/**” 和 “*/” 之间的内容可以自动生成文档。

2.3.2　关键字和标识符

关键字是 Java 语言中具有特定用途或被赋予特定含义的一些特定单词，不可以把关键字赋予其他含义。 Java 定义的 50 个关键字如表 2.1 所示。

表 2.1　Java 中的关键字

abstract	assert	boolean	break	byte	case
catch	char	class	contiune	default	do
double	else	enum	extends	false	final
finally	float	for	if	implements	import
instanceof	int	interface	long	native	new
null	package	private	protected	public	return
short	static	super	switch	synchronized	this
throw	throws	transient	true	try	void
volatile	while				

标识符是用来表示类名、变量名、方法名、数组名和文件名的有效字符序列。编程者在进行命名时需注意以下几点：

(1) 标识符可以由字母、下划线、美元符号和数字组成，长度不受限制。

(2) 标识符的第一个字符不能是数字。

(3) 不能使用关键字作为标识符。

例如： hello、$9apple、count、value_add 都是合法的标识符，而 null、2count、Two words 都是非法的标识符。

在使用 Java 编程时，通常遵循以下的编程习惯：类名首字母大写；变量、方法及对象首字母小写。若标识符由多个单词构成，则中间单词的首字母需要大写，例如：定义类名时如 ThisIsClassName, 定义方法名时如 thisIsMethodName。

2.3.3　数据类型和变量

在程序执行过程中，其值不发生改变的量称为常量，其值可变的量称为变量。它们可与数据类型结合起来分类。例如，可分为整型常量、整型变量，实型(浮点型)常量、实型(浮点型)变量，字符常量、字符变量，布尔常量、布尔变量，字符串常量、字符串变量。在程序中，常量是可以不经说明而直接引用的，而变量则必须先定义后使用。

1. 常量

常量是指在程序运行过程中保持不变的量，其值不能被修改。Java 语言中的常量可分为：整型、浮点型、逻辑型、字符型和字符串型。

1) 整型常量

整型常量可采用十进制、八进制和十六进制表示。十进制整型常量以非 0 开头的数值表示，例如 123,–40；八进制整型常量用 0 开头的数值表示，例如 012 代表的是十进制数字 10；十六进制整数常量用 0x 或 0X 开头的数值表示，例如 0x1D 代表十进制 29。

Java 中整型常量的默认类型是 int，占 4 字节存储。也可以在整型常量尾部加上字母 l 或 L，表示用长整型 long 表示，占 8 字节存储。

2）浮点型常量

浮点型常量表示的是含有小数部分的数值常量，一般可以分为单精度常量和双精度常量。浮点型常量默认是双精度常量，即 double 类型。因此双精度常量后的 d 或 D 可以省略。而如果需要表示的是单精度常量，需要在常量值后跟 f 或 F，例如 3.14f。此外，浮点数亦可以用科学表示法表示，例如 2.5e–3 表示 2.5×10^{-3}。

3）逻辑型常量

逻辑型常量也称为布尔常量，有两种值 true 和 false，代表真和假。

4）字符型常量

字符型常量是以一对单引号括起来的‘’的单个字符，如‘a’、‘9’、‘?’、‘好’等。有些字符很难用一般形式表达，例如回车、换行等，这时需要使用转义字符常量表示。转义字符用反斜杠\开头，将其后的字符转变为另外的含义。常见的转义字符见表 2.2。

表 2.2　Java 常用的转义字符

转义字符	所代表含义	转义字符	所代表含义
\b	退格	\n	换行
\‘’	单引号	\“”	双引号
\t	水平制表符	\r	回车
\\	反斜杠	\f	换页
\uxxxx	1～4 位十六进制表示 unicode 字符	\ddd	1～3 位八进制所表示的 unicode 字符，范围在 000～377

例如，‘\u0041’表示字符 A，‘\u0061’表示字符 a，\111 表示字符 I。

5）字符串型常量

字符串型常量是双引号括起来的若干个字符。如果双引号之间没有字符，表示空串。

例如：

```
"Hello World"
```

Java 把字符串常量作为 String 类型处理。

2. 基本数据类型和变量

基本数据类型也称为简单数据类型。Java 中共有 8 种基本数据类型，分别是 boolean、byte、short、char、int、long、float、double。也可以将其分为四大类型：整数类型、浮点类型、字符类型和逻辑类型。

1）整数类型

整数类型是没有小数部分的数据类型，又可以细分为 byte、short、int、long。它们之间的区别是它们所需的存储空间大小不同，这个决定了它们的表示范围不同，见表 2.3。

表 2.3　整数类型说明

类型	长度	最小值	最大值
byte	8	–128	127
short	16	-2^{15}	$2^{15}-1$
int	32	-2^{31}	$2^{31}-1$
long	64	-2^{63}	$2^{63}-1$

2）浮点类型

浮点类型又可分为 float 和 double 两种。两者区别是占用内存大小不同，float 类型占 4 字节，double 类型占 8 字节。

3）字符类型

字符类型 char 占用 2 字节，最高位不是符号位，没有负数，因此 char 的取值范围是 0～65535。因此 char 可以赋值为一对单引号引起来的字符，也可以是转义字符，还可以是 0～65535 之间的数字。当赋值为字符时，内存中实际存放字符在 Unicode 编码表中的排序位置。

4）逻辑类型

逻辑类型又称布尔类型，用 boolean 表示，有 true 和 false 两种取值。Java 规定不可将布尔类型看成整数值。

变量是由标识符命名的可以存放指定类型的数据，其值可以在程序运行过程中改变。声明一个变量的语法形式如下：

```
Type varName[=value][,varName[=value]…];
```

Type 表示数据类型名，varName 表示变量名，可以是任意的合法标识符；value 表示被赋予变量的该数据类型的值，方括号表示可选。

例如:

```
int x=98;
char ch1=97,ch2='A',ch3='\\',ch4='\u0044';
double y=0.6;
float z=0.6f;
boolean b=false;
```

2.3.4　语句

Java 中的语句就是指示计算机完成某种特定运算(即操作)的命令，一条语句执行完再执行另一条语句。语句可以是以分号“;”结尾的简单语句，也可以是用一对花括号{}括起来的复合语句。

简单语句可分为以下表现形式。

1. 变量说明语句

变量说明语句用来说明变量，变量说明语句的格式如下：

类型　变量名 1，变量名 2，…;

2. 赋值语句

赋值语句是将表达式的值赋给变量，其格式如下：

变量=表达式；

3. 方法调用语句

方法是一组语句的集合用以实现一定的功能。程序中采用方法调用语句来简化程序的编写。方法调用语句的格式如下：

类名或对象名.方法名(参数列表)；

例如：

```
System.out.println("Hello");
```

4. 空语句

一个分号也是一条语句，称为空语句。其格式如下：

；//这是一条空语句

5. 控制语句

控制语句分为条件分支语句、开关语句和循环语句。其内容将在 2.4 节流程控制中详细讲述。

6. package 语句和 import 语句

package 语句和 import 语句与类、对象有关，将在后面的章节讲解。

复合语句也称为语句块，是指一对花括号括起来的若干个简单语句。复合语句可以进行嵌套。例如：

```
for(int i=1;i<=9;i++)//两重 for 循环嵌套
{
     for(int j=1;j<=9;j++)
     {
         System.out.println(i*j);
     }
}
```

2.3.5 运算符和表达式

在程序设计中经常需要进行各种运算，Java 提供了丰富的运算符，包括算术运算符、关系运算符、逻辑运算符、位运算符等。参与运算的数称为操作数。表达式就是由操作数和运算符按照语法规则组成的符号序列。

1. 算术运算符

算术运算符主要对整型数和浮点数进行运算，在 Java 语言中算术运算符分为一元运算符和二元运算符。一元运算符是只有一个操作数进行运算， 二元运算符是有两个操作数进行运算。一元算术运算符和二元算术运算符如表 2.4 和表 2.5 所示。

表 2.4　一元算术运算符

运算符	功能	示例
++	自增运算	++a 或 a++
--	自减运算	--a 或 a--

自增运算符和自减运算符可以放在操作数前面，如++x 或– –x，也可以放在操作数后面，如 x++或 x– –，作用是使变量值加 1 或减 1。但是放在操作数的位置不同，含义不同。

++x (或– –x) 表示在使用 x 之前，先使 x 的值增(或减) 1。

x++ (或 x– –) 表示在使用 x 之后，再使 x 的值增(或减) 1。

例如：

```
int x1=1,x2=1;
int y1,y2;
y1=++x1;        //先执行 x1=x1+1 的操作，再执行赋值，因此 y1=2,x1=2
y2=x2++;        //先执行赋值，再执行 x2=x2+1 的操作，因此 y2=1,x2=2
```

二元算术符如表 2.5 所示。

需要注意的是：如果两个操作数都是整型结果为整型，否则结果为浮点型。例如：3+5=8；但如果 3+5.0=8.0;再有 5/2=2; 5.0/2=2.5。

此外，+亦可以进行字符串的链接，例如“abc” + “de” 将得到字符串“abcde”。

表 2.5　二元算术运算符

运算符	功能	示例
+	加运算	a+b
–	减运算	a–b
*	乘运算	a*b
/	除运算	a/b
%	求余运算	a%b

2. 关系运算符

关系运算符是二元运算符，主要是对关系运算符左右两边的值(或表达式)进行比较，结果返回布尔类型 true 或 false。关系运算符如表 2.6 所示。

表 2.6　关系运算符

运算符	功能	示例
>	大于	a>b
>=	大于等于	a>=b
<	小于	a<b
<=	小于等于	a<=b
==	等于	a==b
!=	不等于	a!=b

注意：不能在浮点数之间做“==”比较，因为浮点数在计算机表示上有难以避免的微小误差，因此比较没有意义。

3. 逻辑运算符

逻辑运算符要求两边的操作数都是布尔类型，运算结果也是布尔类型。逻辑运算符如表 2.7 所示。

表 2.7　逻辑运算符

<table>
<tr><th>运算符</th><th>功能</th><th>示例</th><th>运算规则</th></tr>
<tr><td>&</td><td>逻辑与</td><td>a&b</td><td>两边同时为 true，结果才为 true，否则为 false</td></tr>
<tr><td>|</td><td>逻辑或</td><td>a|b</td><td>两边同时为 false，结果才为 false，否则为 true</td></tr>
<tr><td>!</td><td>逻辑非</td><td>a!b</td><td>取反</td></tr>
<tr><td>^</td><td>逻辑异或</td><td>a^b</td><td>两边同为 true 或 false，结果为 false，否则为 true</td></tr>
<tr><td>&&</td><td>短路逻辑与</td><td>a&&b</td><td>两边同时为 true，结果才为 true，否则为 false</td></tr>
<tr><td>||</td><td>短路逻辑或</td><td>a||b</td><td>两边同时为 false，结果才为 false，否则为 true</td></tr>
</table>

“&”与“&&”的区别在于：“&”需要计算出左右两边的表达式之后才能取得结果值；而“&&”当计算出左边表达式为 false 后就不计算右边表达式的值，直接取得表达式值为 false。同样对于“|”与“||”的区别在于：“|”需要计算出左右两边的表达式之后才能取得结果值；而“||”当计算出左边表达式为 true 后就不计算右边表达式的值，直接取得表达式值为 true。

例如：2>3 && 8>1 //结果为 false，此外关系运算符高于逻辑运算符&&的级别，因此该句相当于(2>3)&&(8>1)。

2>3 || 8>1 //结果为 true，此外关系运算符高于逻辑运算符||的级别，因此该句相当于(2>3)||(8>1)。

'a'=='b' //返回值为 true。

4. 位运算符

位运算符是对二进制位进行操作和运算。Java 提供的位运算符如表 2.8 所示。

表 2.8　位运算符

<table>
<tr><th>运算符</th><th>功能</th><th>示例</th><th>运算规则</th></tr>
<tr><td>~</td><td>按位取反</td><td>~a</td><td>将 a 按位取反</td></tr>
<tr><td>&</td><td>按位与</td><td>a&b</td><td>将 a 和 b 按位与运算</td></tr>
<tr><td>|</td><td>按位或</td><td>a|b</td><td>将 a 和 b 按位或运算</td></tr>
<tr><td>^</td><td>按位异或</td><td>a^b</td><td>将 a 和 b 按位异或运算</td></tr>
<tr><td>>></td><td>有符号右移</td><td>a>>b</td><td>将 a 右移 b 个二进制位(考虑符号位)</td></tr>
<tr><td><<</td><td>有符号左移</td><td>a<<b</td><td>将 a 左移 b 个二进制位(考虑符号位)</td></tr>
<tr><td>>>></td><td>无符号右移</td><td>a>>>b</td><td>将a右移b个二进制位（不考虑符号位，左边以0填充）</td></tr>
</table>

对于按位与运算，先对整型数据进行按位运算。运算规则是：如果二进制位对应的是 1，结果为 1，否则为 0。

例如：

```
      a: 00000000 00000000 00000000 00001111'
  &   b: 10000001 10100101 11110111 10100001
--------------------------------------------
```

结果为

```
      c: 00000000 00000000 00000000 00000001
```

此外，&亦可以作为逻辑运算符，主要看操作数如果是 boolan 类型，则是逻辑运算符。

而操作数如果是整数类型，则是位运算符。

5. 赋值运算符

赋值运算符是二元运算符，是将右边表达式的值赋给左边变量，赋值号左边不能是常量或者表达式，即格式如下：

变量=表达式；

如果赋值号两边类型不一致，则需要进行类型自动或强制转换。如果是将占用内存小的数据类型赋值为占用内存大的数据类型，系统会进行自动类型转换；而如果是将占用内存大的数据类型赋值为占用内存小的数据类型，必须进行强制类型转换。强制类型转换的格式是：(类型名)要转换的值。

例如：

```
double x=34.56F;
int y=(int)12.34;        //y=12;
long z=(long)56.78F;  //z=56;
```

此外，当把一个 int 型常量赋给一个 byte、short 和 char 型时，不可以超出这些变量的范围，否则需要进行强制类型转换。

例如：

```
byte a=35; //合法
byte b=(int)128;//必须做类型强制转换
```

赋值表达式可以进行连续赋值，例如 a=b=c=10,即首先执行的是 c=10，然后再执行 b=10，接着再执行 c=10。注意不要将赋值运算符与等号逻辑运算符==混淆，例如 20=20 是非法的表达式，而 20==20 结果为 true。

此外，Java 中还有一些扩展的赋值运算符+=、–=、*=、/=、<<=、>>=等。例如 a+=8 等价于 a=a+8。其他的以此类推。

6. 条件运算符

Java 中提供了唯一的三元运算符(？：)，其格式如下：

<布尔表达式>？<表达式 1>：<表达式 2>

该运算符将先计算布尔表达式的值，如果为 true，则整个表达式的值为<表达式 1>；如果为 false，则整个表达式的值为<表达式 2>。

例如：

```
int a=26, b=71, max;
max=a>b?a:b;//max 获得 a 跟 b 中最大值
System.out.println(max);
```

7. 运算符的优先级

表达式中的运算次序由运算符的优先级决定，优先级高的先运算，优先级低的后运算，如表 2.9 所示。

例如：a=9–2*3<6&&4<1，是先求出 2*3 的值 6，然后求出 9–6 的值 3，再判断 3<6 的结果为 true，接着判断 4<1 的值为 false，然后再求出 true&&false 的值为 false，最后将 false 的值赋给 a。

表 2.9　运算符的优先级

优先级	运算符	结合性
1	() [] .	左→右
2	++ -- ! +(正号) -(负号) instanceof	右→左
3	* / %	左→右
4	+ -	左→右
5	<< >> <<<	左→右
6	< <= > >=	左→右
7	== !=	左→右
8	&	左→右
9	^	左→右
10	|	左→右
11	&&	左→右
12	||	左→右
13	?:	左→右
14	= += -= *= /= %= <<= >>=	右→左

在 Java 中要记住这么多运算符的优先次序比较困难，我们可以使用括号()显式的标明运算顺序，()里面的内容将先被运算。例如：

```
a>=b && c<d || e==f
```

我们可以使用括号写成：

```
((a>=b)&&(c<d))||(e==f)
```

这样不仅明确了运算顺序，并且这种写法也比较直观明了。在使用括号的时候，要注意括号的匹配。

2.4　流 程 控 制

流程控制语句是用来控制程序中语句的执行顺序的语句。通常程序语言的流程控制方式包括三种：顺序结构、选择结构、循环结构、跳转语句。

2.4.1　顺序语句

顺序结构是最简单的流程控制方式。顺序结构语句的执行顺序是从上到下一行一行地执行，直到程序结束。在语言中不需要为顺序结构定义专门的流程控制语句，只需要编写程序时按照希望执行的顺序来书写就可以。

2.4.2　选择语句

选择结构提供了一种流程控制方式，使得程序根据相应条件来执行相应的语句路径。选择语句在 Java 中主要有 if 语句和 swtich 语句。

1. if 语句

if 语句是语言中最常见的选择结构，它是根据 if 后面跟的条件表达式的布尔值来决定执行哪一条语句路径。在 Java 中，if 有多种语句形式，下面进行逐一介绍。

(1) if(条件表达式){
　　语句序列
　}

该语句只有 if 分支，没有 else 分支，如果条件表达式成立，则执行 if 分支语句，否则执行 if 语句的其他语句。如果 if 语句内的复合语句只有一句，{}可以省略。但是为了增强程序的可读性最好不要省略。

(2) if(条件表达式){
　　语句序列 1
　}
　else{
　　语句序列 2
　}

该语句是单条件双分支语句，根据一个条件来选择不同路径。当条件为 true 时，执行语句序列 1，当条件为 false 时，执行语句序列 2。

注意：如果语句序列 1 和语句序列 2 中语句不止一句，需要用{}括起来。

下列语句是错误的：

```
if(x>0)
    y=10;
    z=20;
else
    y==10;
```

应该写为：

```
if(x>0){
    y=10;
    z=20;
}
else
    y==10;
```

(3) if(条件表达式 1){
　　语句序列 1
　}
　else if(条件表达式 2){
　　语句序列 2
　}
　……
　else if(条件表达式 n){
　　语句序列 n
　}
　else{
　　语句序列 n+1
　}

该语句是多条件多分支语句，即根据多个条件来选择不同路径。需要注意的是，else 不能单独使用，它跟 if 配对使用，并且是跟离它最近的 if 配对。

例 2.3　根据给定分数给出评定等级。

```
import Java.util.Scanner;
public class Example2_3{
    public static void main(String args[]){
        int score;
            char grade;
            System.out.println("输入分数按回车");
            Scanner reader=new Scanner(System.in);
            score=reader.nextInt();
            if(score>=90){
                grade='A';
            }
            else if(score>=80){
                grade='B';
            }
            else if(score>=70){
                grade='C';
            }
            else if(score>=60){
                grade='D';
            }
            else{
                grade='E';
            }
            System.out.println("等级为"+grade);
    }
}
```

2. swtich 语句

switch 语句是单条件多分支的选择语句。它的一般格式如下:

```
switch(表达式)
{
    case 常量值 1:
        语句序列 1;
        break;
    case 常量值 2:
        语句序列 2;
        break;
    ......
    case 常量值 n:
        语句序列 n;
        break;
    default:
        语句序列 n+1;
}
```

switch 语句中表达式的值、case 分支后跟的常量值类型必须是 byte、char、short 和 int 类型，不能是浮点类型或 long 类型或字符串。switch 语句将首先计算表达式的值，然后依次跟每个 case 子句中的常量值进行比较，如果相等，则执行该 case 子句中的若干个语句，直到遇到 break 为止。如果 switch 表达式的值不跟所有的 case 分支后的值匹配，则执行 default 后面的若干个语句。

注意：

(1) break 语句是执行完一个 case 分支后，使得程序跳出 swtich 语句，执行 swtich 语句的后续语句。如果 case 分支中缺少 break 语句，程序会继续执行结构中其后的语句，直到遇到 break 语句为止。

(2) default 子句是可选的，可以不写。

(3) 如果多个 case 分支要执行一组相同的操作，可简写成:

case 常量 n：
case 常量 n+1：
[break;]
……

(4) case 分支中包含多个语句时，可以不用“{}”括起来。

例 2.4　根据输入月份输出对应英文单词。

```
import java.util.Scanner;
public class Example2_4{
public static void main(String args[]){
       int month;
           char grade;
           System.out.println("输入月份按回车");
           Scanner reader=new Scanner(System.in);
           month=reader.nextInt();
           switch(month){
              case 1:System.out.println("January");break;
              case 2:System.out.println("February");break;
              case 3:System.out.println("March");break;
              case 4:System.out.println("April");break;
              case 5:System.out.println("May");break;
              case 6:System.out.println("June");break;
              case 7:System.out.println("July");break;
              case 8:System.out.println("August");break;
              case 9:System.out.println("September");break;
              case 10:System.out.println("October");break;
              case 11:System.out.println("November");break;
              case 12:System.out.println("December");break;
           }
       }
}
```

2.4.3　循环语句

循环语句是根据一定条件，反复执行某段程序的控制结构。在 Java 中循环语句包括：while 语句、do-while 语句和 for 循环语句。

1. while 语句

该语句的语法格式是：

while(条件表达式){

　　循环体

}

该语句的执行规则是：判断条件表达式的值，如果为真，执行循环体；然后再次判断条件表达式的值，如果为真继续执行循环体；直到判断条件表达式的值为假，则循环终止。

例 2.5　计算 Fibonacci 序列的前 10 项。该序列的特点是第一项值为 0，第二项值为 1，第三项开始值为前两项之和。程序代码如下：

```
public class Example2_5 {
    public static void main(String[] args) {
        int n=10;
        int i=0,j=1,k=1;
        while(k<=n)      {
            System.out.print("第"+k+"项"+i+" \n"+"第"+(k+1)+"项"+j+" \n");
            i=i+j;
            j=i+j;
            k=k+2;
        }
    }
}
```

2. do-while 语句

该语句的语法格式是：

do{

　　循环体

} while(条件表达式)

该语句的执行规则是：先无条件地执行循环体一次，然后再判断条件表达式的值，如果为真，执行循环体；然后再次判断条件表达式的值，直到判断条件表达式的值为假，则循环终止。

do-while 语句和 while 语句的区别是 do-while 循环至少被执行一次。

3. for 循环语句

该语句的语法基本格式是：

for(表达式 1；表达式 2；表达式 3){

　　循环体

}

其中表达式 1 是用于初始化的表达式，通常用来初始化循环控制变量和其他变量；表达式 2 是一个 boolean 值的表达式，用来判断循环是否继续；表达式 3 是用来修改循环控制变量，改变循环条件。

for 语句执行过程是：先计算表达式 1 的值，完成初始化工作。然后判断表达式 2 的值，如果为 false，则退出循环；若为 true，则执行循环体，然后计算表达式 3 的值，改变循环条件；这一轮循环结束后；再判断表达式 2 的值，若为 true 继续循环，否则退出循环。

例 2.6 计算 $1^2+2^2+\cdots+10^2$ 之和。

```
public class Example2_6 {
    public static void main(String[] args) {
        int sum=0;
        for(int i=1;i<=10;i++)
            sum=sum+i*i;
        System.out.println("sum="+sum);
    }
}
```

4. 循环的嵌套

在一个循环体内又包含一个完整的循环结构，称为循环嵌套，上述 3 种循环(while 语句，do-while 语句和 for 循环语句)之间均可嵌套使用。常用的循环有二重循环和三重循环。

例 2.7 古代百钱买百鸡问题。公鸡每只值 5 文钱，母鸡每只值 3 文钱，而 3 只小鸡值 1 文钱。用 100 文钱买 100 只鸡，问：这 100 只鸡中，公鸡、母鸡和小鸡各有多少只。

```
public class Example2_7 {
    public static void main(String[] args) {
        int i,j,k;
        for(i=0;i<=20;i++){
            for(j=0;j<=33;j++){
            k=100-i-j;
            if(5*i+3*j+k/3.0==100)
                System.out.println("公鸡数"+i+"母鸡数"+j+"小鸡数"+k);
            }
        }
    }
}
```

其结果如图 2.9 所示

公鸡数 0 母鸡数 25 小鸡数 75
公鸡数 4 母鸡数 18 小鸡数 78
公鸡数 8 母鸡数 11 小鸡数 81
公鸡数 12 母鸡数 4 小鸡数 84

图 2.9 百钱买百鸡运行结果

2.4.4 跳转语句

break 语句和 continue 语句可以用来进行跳转。break 语句作用可以在 swtich 语句的分支中跳出，或从循环内部跳出，程序将执行该循环外语句。break 的语句格式是：

break;

continue 语句必须用在循环结构中，它的语法格式是：

continue;

continue 语句的作用是终止当前这一轮的循环，跳过本轮循环剩余语句，即不再执行本次循环中 continue 语句后面的语句，直接执行下一轮循环。对于 while 循环和 do-while 循环，会使得流程跳转至条件表达式；而对于 for 循环，会跳转至表达式 3，计算并修改循环控制变量再进行表达式 2 循环控制条件的判断。

例 2.8　求 100 以内的素数。

```
public class Example2_8 {
    public static void main(String[] args) {
        int i,j;
        for(i=2;i<=100;i++){
           for(j=2;j<=i/2;j++){
               if(i%j==0)
               break;
           }
           if(j>i/2)
              System.out.println(i+"是素数");
        }
    }
}
```

2.5　数组和字符串

数组是相同类型的元素按顺序组成的一种数据结构。数组里面的元素可以使基本数据类型也可以是引用类型。通过数组名和数组元素下标可以使用数组中的元素。数组有一维数组和多维数组之分。创建数组需要声明数组和为数组分配变量两个步骤。

2.5.1　一维数组

1. 一维数组的声明

一维数组在声明数组时格式如下：

数组元素类型 数组名[ ];

或者

数组元素类型[ ] 数组名;

例如：

```
int a[];
```

2. 为一维数组分配元素内存

在声明数组时不需要指明数组元素的个数，此时还没有给数组元素分配内存空间，因此还需要使用 new 运算符来为数组分配变量。其格式如下：

数组名=new 数组元素类型[数组长度];

例如：

```
a=new int[5];
```

此时就为数组 a 分配了 5 个 int 元素的内存空间，对于用户一旦创建数组后，就不能改变其长度。由于数组是属于引用性变量，数组变量 a 中存放的是数组首元素的地址，这样数组就可以通过索引使用数组的元素，例如：a[0],a[1]等。

声明数组和为数组分配变量可以写在一起完成，例如：

```
float b[]=new float[8];
```

3. 一维数组初始化

数组创建后必须经过初始化才能引用。在创建数组时，系统为每个数组元素赋予一个初值。对于数值型初始值为 0，字符型初始值为不可见的控制符(\u000)，布尔型初始值为 false，引用型初始值为 null。

在实际使用中可使用以下方式在声明数组的同时给出数组的初始值，程序会利用给出的元素个数来为创建数组并对它的数组元素进行初始化，此时不需要用 new 来创建数组，因为系统已经自动完成了。

语法格式：

数组元素类型 数组名[ ]={元素序列…};

例如：

```
int x[]={11,22,33,44,55};
```

上述语句将创建包含有 5 个元素的数组 x，并对数组的每个元素赋初始值，分别是 11,22,33, 44,55。

注意：这种写法在声明数组时无需说明数组长度，在“{ }”里的每个元素的数组类型必须相同。

4. 一维数组的引用

在声明和初始化数组以后，就可以在程序中使用数组元素了。数组元素引用格式如下：

数组名[下标];

其中下标必须是 byte、short、char 和 int，不能为 long。数组下标的取值范围从 0 开始，一直到数组的长度减 1。数组的长度可通过数组名.length 属性获得。在进行数组下标访问时，如果超出数组下标的使用范围，将会产生数组下标越界的异常(ArrayIndexOutOfBoundsExcepiton)。

5. foreach 语句与数组

在 JDK1.5 开始引入一种新型的 for 循环，它可以不用下标就对数组进行遍历。基本语法是：

for(元素类型 循环变量：数组名){

}

其中声明的循环变量类型必须和数组元素类型相同，循环变量依次从数组中取出一个元素，直到数组的最后一个元素。

例 2.9　一维数组元素的遍历。

```
public class Example2_9 {
   public static void main(String[] args) {
     int a[] ={1,2,3,4,5};
       for(int i=0;i<a.length;i++)
           System.out.println(a[i]); //传统遍历方式
       for(int i:a)
           System.out.println(i);     //foreach 语句遍历
   }
}
```

补充：在 Java.util 包中有一个 Array 类，其中提供了一系列用于数组操作的静态方法，例如为数组元素排序的 sort 方法、为数组赋值的 fill 方法以及数组元素值进行比较的 equals 方法等。

2.5.2 二维数组

数组可以容纳数组，形成多维数组。多维数组可分为二维数组、三维数组等。二维数组实际上是一维数组的数组，即二维数组的每一个元素是一个一维数组。

1. 二维数组的声明

二维数组在声明数组时格式如下：

数组元素类型 数组名[ ][ ];

或者

数组元素类型[ ][ ] 数组名;

例如：

```
int a[][];
```

2. 为数组分配元素

二维数组一样是使用 new 运算符分配内存。其格式如下：

数组名=new 数组元素类型[行数][列数];

需要注意的是：在 Java 中二维数组的每一行长度可以不同，即可以按如下格式创建：

数组元素类型 数组名[ ][ ];

数组名=new 数组元素类型[行数][];

数组名[0]=new 数组元素类型[长度 1];

数组名[1]=new 数组元素类型[长度 2];

……

如果需要获得二维数组的总共行数，可以用数组名.length 获取；如果需要求每一行上元素的长度，可以用数组名[行号].length 获取。

3. 二维数组初始化

二维数组跟一维数组一样，可以在声明时用初始化值进行初始化，例如：

```
int myArray[][]={{1,2,3},{4,5,6}};
```

这样就创建了 2 行 3 列的数组，一共有 6 个元素，{1,2,3}里的值会依次赋给 a[0][0],a[0][1]和 a[0][2],而{4，5, 6}里的值会依次赋给 a[1][0],a[1][1]和 a[1][2]。

再如：

```
int anArray[][]={{1,2},{3,4,5,6}};
```

这样就创建了 2 行的数组，第 1 行元素一共 2 个，第 2 行元素一共 4 个元素，{1,2}里的值会依次赋给 a[0][0]、a[0][1]，而{3,4,5,6}里的值会依次赋给 a[1][0],a[1][1],a[1][2]和[1][3]。

4. 二维数组的引用

二维数组元素引用格式如下：

数组名[下标 1][下标 2];

其中下标必须是 byte、short、char 和 int，不能为 long。数组下标的取值范围从 0 开始。

例 2.10　计算并输出杨辉三角形的前 10 行。

```
public class Example2_10 {
    public static void main(String[] args) {
        int i,j;
        int a[][]=new int[10][];
        System.out.println("输出前10行");
        for(i=0;i<a.length;i++)
            a[i]=new int[i+1];           //定义二维数组每一行的长度
            a[0][0]=1;
        for(i=1;i<a.length;i++){          //生成杨辉三角形

              a[i][0]=1;
              for(j=1;j<a[i].length-1;j++)
                  a[i][j]=a[i-1][j-1]+a[i-1][j];
              a[i][a[i].length-1]=1;
        }
         for(int[] row:a){                //输出杨辉三角形
            for(int col:row)
            System.out.print(col+" ");
            System.out.println();
        }
    }
}
```

其结果如图 2.10 所示

```
输出杨辉三角形前10行
1
1 1
1 2 1
1 3 3 1
1 4 6 4 1
1 5 10 10 5 1
1 6 15 20 15 6 1
1 7 21 35 35 21 7 1
1 8 28 56 70 56 28 8 1
1 9 36 84 126 126 84 36 9 1
```

图 2.10　杨辉三角形运行结果

2.5.3　定长字符串 String

字符串是用一对双引号括起来的字符序列，在 Java 中字符串使用类进行实现。主要分为两大类：一类是创建以后不会再进行修改和变动的 String 类对象；另一类是创建以后允许进行修改的 StringBuffer 类对象。

String 类在 Java.lang 包中，由于 Java.lang 包被自动引入，因此可以在程序中直接使用 String 类。需要注意的是，String 类被声明为 final 类，因此 String 类不能派生子类。

String 字符串在构建时，可以使用它的构造方法进行对象的创建。常用的构造方法有如下几种。

(1) public String(String original)

例如：

```
String s=new String("Hello");
```

(2) public String(char[] value)

即利用一个 char 数组进行字符串对象创建。

例如：

```
char a[]={'J', 'a', 'v', 'a'};
String s=new String(a);
```

s 结果为“Java”。

(3) public String(char[] value，int offset, int count)

即从一个 char 数组的 offset 下标开始截取 count 个元素进行字符串对象创建。

例如：

```
char a[]={'1','2','3','4','5','6'};
String s=new String(a,2,3);
```

s 结果为“345”。

此外还有一种特殊而常用的字符串创建方法，即直接给创建的 String 对象赋常量值,也就是在声明字符串变量时直接初始化。例如：

```
String s="hello";
```

利用 String 创建的字符串对象，一旦被初始化或赋值，它的值和所分配的内存内容就不能改变。如果对这个字符串对象重新赋值，那么会创建新的内存空间，并让对象重新指向新的值。

在 String 类中有很多有用的方法，表 2.10 列出了 String 类的常用方法。

表 2.10 String 类的常用方法

方法	说明
public int length()	返回字符串的长度
public boolean equals(Object anObject)	比较当前字符串与给定字符串实体是否相同，如果相同返回 true，否则返回 false
public boolean startswith (String prefix)	判断当前字符串是否以参数指定的字符串开始
public String substring(int beginIndex,int endIndex)	获得当前字符串从 beginIndex 到 endIndex-1 索引位置上的字符子串
public int compareTo(String anotherString)	按字典顺序比较当前字符串与参数指定字符串的大小。如果相等，返回 0；如果当前字符串大于指定字符串，返回正数；如果小于指定字符串，返回负数；
public char charAt(int index)	返回索引位置上的字符
public int indexOf(String str)	返回指定子字符串 str 在当前字符串中第一次出现的索引位置
public String replace(char oldChar,char newChar)	以 newChar 替换当前字符串中所有 oldChar 字符
public boolean contains(CharSequence s)	判断当前字符串是否包含参数指定的字符串
public String trim()	去除当前字符串中空格

例 2.11 String 类常用方法举例。

```
public class Example2_11 {
    public static void main(String [] args)
    {
            String s1="2008年北京奥运会";
            System.out.println(s1.length());    //输出 10
            String s2,s3;
            s2="hello everyone";
            s3="hello everyone";
            System.out.println(s2.equals(s3));   //输出 true
            System.out.println(s2==s3);          //输出 true
            String s4,s5;
            s4=new String("good morning");
            s5=new String("good morning");
            System.out.println(s4.equals(s5));   //输出 true
            System.out.println(s4==s5);          //输出 false
```

```
            System.out.println(s3.startsWith("good"));  //输出 false
            System.out.println(s3.compareTo(s4));        //输出 1
            System.out.println(s4.charAt(0));            //输出字符 g
            System.out.println(s4.indexOf("mo"));        //输出 5
        }
    }
```

注意：equals 方法比较的是实体是否相同，而“==”如果左右两边是对象，比较的是对象的引用。

2.5.4　变长字符串 StringBuffer

StringBuffer 类能够创建可修改的字符串，也就是说该类的对象实体的内存空间可以改变内容。

该类常用的构造方法有如下几种。

(1) public StringBuffer( )。构造一个其中不带字符的字符串缓冲区，初始容量为 16 个字符。当对象实体存放超过 16 个字符，容量会自动进行增加。

(2) public String (int capacity)。构造一个不带字符，但具有指定初始容量的字符串缓冲区。当对象实体存放超过初始容量，容量会自动进行增加。

(3) public StringBuffer (String str)。构造一个字符串缓冲区，并将其内容初始化为指定的字符串内容。该字符串的初始容量为 16 加上字符串参数的长度。

例如：StringBuffer s=new StringBuffer(“abc”);

下面介绍一下 StringBuffer 类的常用方法。

(1) append 方法。使用 append 方法可以将其他类型转换为字符串后添加到当前 StringBuffer 对象中并返回当前对象的引用。append 方法有多种形式：

① append (boolean b)；

② append (char c)；

③ append (char[] str)；

④ append (String s)；

⑤ append (double d)；

……

(2) charAt 方法。charAt (int index) 是返回 index 索引位置上的字符。

(3) delete 方法。delete (int strat，int end) 是删除 start 到 end-1 位置上的字符串并返回当前对象的引用。

(4) insert 方法。insert (int index，char[] str) 将参数 str 组成的字符串插入到参数 index 指定的位置上并返回当前对象的引用。insert 方法同样有多种形式，具体可查看 API 文档。

(5) reverse 方法。reverse () 将当前字符串进行翻转并返回当前对象的引用。

(6) replace 方法。replace (int start, int end, String str) 将当前字符串中 start 位置到 end-1 位置上的字符串替换为参数 str 指定的字符串。

例 2.12　StringBuffer 类常用方法举例。

```
public class Example10_2 {
    public static void main(String args[]) {
        StringBuffer str1=new StringBuffer();
        str1.append("天气不错");
        str1.insert(0,"今天");
        str1.setCharAt(0,'明');
        System.out.println(str1.length());
        StringBuffer str2=new StringBuffer("ABCDEF");
        str2.reverse();
        System.out.println(str2);
        str2.delete(2, 4);
        str2.replace(0,2,"OK");
        System.out.println(str2);
    }
}
```

2.6　小　　结

(1) Java 源程序有若干个类组成。开发一个 Java 程序需要编写源文件、编译源文件和运行字节码文件三个步骤。

(2) 标识符由字母、下划线、美元符号和数字组成，并且第一个字符不能是数字。

(3) Java 中基本数据类型有 8 种：boolean、byte、short、int、long、float、double、char。

(4) Java 的运算符是有优先级，运算符的优先级决定了表达式中不同运算执行的先后顺序。

(5) Java 提供了三种基本流程结构：顺序结构、分支结构和循环结构。

(6) 数组是由若干个相同类型的变量按顺序排列组成的数据类型。数组使用前需要经过声明数组和分配内存两个步骤。数组可分为一维数组和多维数组。

(7) 字符串可分为创建后不再做修改和变动的字符串变量和创建之后可以修改的字符串变量。

习　　题

一、选择题

1. 下面哪些选项不可以作为变量名的首字符(　　)。

   A. 字母　　B. 下划线　　C. 数字　　D. 美元符号

2. 下面哪些单词可以是 Java 的关键字(　　)。

   A. sizeof　　B. abstract　　C. NULL　　D. String

3. 下面那个赋值语句会产生编译错误(　　)。

   A. float a=1.5　　B. byte b=25　　C. int c=2　　D. boolean d=true;

4. main 方法是 Java　Application 程序执行的入口点，关于 main 方法的方法头以下哪项是合法的(　　)。

   A. public static void main()　　B. public static void main(String[ ] args)

   C. public static int main(String[ ] args)　　D. public void main(String args[ ])

5. Java 中整数类型包括(　　)。

A. int、short、long 和 byte　　B. int、byte 和 char

C. int、short、byte 和 char　　D. int、short、long 和 char

6. 指出下列程序运行的结果(　　)。

```
public class Example{
    String str=new String("good");
    char [] ch={'a', 'b', 'c'};
    public static void main(String args [] ){
        Example ex=new Example();
        ex.change(ex.str,ex.ch);
        System.out.print(ex.str+"and");
        System.out.print(ex.ch);
    }
    public void change(String str,char ch [] ){
        str="test ok";
        ch [0] ='g';
    }
}
```

A. good and abc　　B. good and gbc　　C. test ok and abc　　D. test ok and gbc

7. 请说出下列代码的执行结果(　　)。

```
String s = "abcd";
String s1 = new String(s);
if (s = = s1) System.out.println("the same");
if (s.equals(s1)) System.out.println("equals");
```

A. the same equals　B. equals　　C. the same　　D. 什么结果都不输出

二、填空题

1. Java 程序可分为两种基本的类型，分别是________和________。

2. 设有一个 Java 应用程序，其源程序文件扩展名为________，则编译该源程序的命令为________，运行该应用程序的命令为________。

3. 数组对象的长度在数组对象创建之后，就________改变，数组元素的下标总是从________开始。

4. 已知数组 a 的定义是 int a[]={1,2,3,4,5};则 a[2]=________。已知数组 b 的定义是 int　b[]=new int [5];则 b[2]=________; 已知数组 c 的定义是 Object c[]=new Object[5];则 c[2]=________。

5. 在 Java 语言中，字符串常量是用________括起来的字符序列，字符串不是字符数组，而是类的实例对象。

6. 在一个合法的 Java 源程序文件中定义了 3 个类，则其中属性为 public 的类可能有________个。

7. Java 标识符是由字母、________、________和________组成，其中________不能放在开头。

8. 在 Java 语言中，Java.lang 包中定义了两种字符串类：________和________。

三、问答题

1. 开发应用程序的主要步骤是什么？

2. 标识符的规则是什么？

3. Java 语言定义了哪几种基本数据类型？

4. 写出下列程序执行结果。

```
class A{
    public static void main(String args[]){
        String a=new String("Java");
        StringBuffer b=new StringBuffer("Java");
        a=a.replace('','i');
        b=b.append("c");;
        System.out.println(a+b);
    }
}
```

5. 写出下列程序执行结果。

```
public class Class1{
    public static int method(int x){
        int j=1;
        switch(x){
            case 1:j++;   case 2:j++;
            case 3:j++;
            case 4:j++;
            case 5:j++;
            default: j++;
        }
    return  j+x;
 }
    public  static void main(String a[]){
        System.out.println("value="+method(4));
    }
}
```

6. 写出下列程序执行结果。

```
class Test{
    public static void main(String args[]){
        int n;
        for (n=1; n<=10; n++)
            {
                if (n>5)
                  continue;
            }
        System.out.print(n);
        n=0;
        while (n<=0)
            {
                System.out.print(" "+n+" ");
                n++;
            }
        System.out.print(n);
    }
}
```

7. 从键盘输入 10 个数，求 10 个数中的最大数和最小数并输出。

8. 求出所有的水仙花数(个位、十位、百位三个数字的立方和等于这个数本身)。

9. 计算 sum=1−1/2!+1/3! −1/4!+⋯ 前 20 项之和。

10. 求 3×4 矩阵中的最大值和最小值，并输出所在行号和列号。

11. 从键盘上输入一个字符串和一个子串，从该字符串中删除这个子串。

12. 统计用户从键盘上输入的字符串中所包含的字母、数字和其他字符的个数。

第3章 类和对象

类是面向对象语言中重要的数据类型，是用来创建对象的模板；对象是现实世界中一切存在的客观事物。类是对现实世界中对象的抽象，即把具有共性的对象所拥有的属性和行为抽象出来，定义为某个类。通俗地说，可以把类比作印钞机，对象就是印出的钞票，就像可以用印钞机印出一张张钞票那样，可以用类创建出一个个类的对象。

类和对象都体现出了面向对象的封装特性，即将内部细节信息隐藏，通过接口对外界提供使用方法。就像现实生活中，一个汽车零件经销公司是如何生产出零件的是内部实现细节，不需要了解，我们只要知道要买什么样的零件，才能制造出想要的车型；而这些零件由汽车制造公司买来之后，具体汽车的制造流程也不需要了解，我们只要知道如何买到想要的车，并驾驶汽车即可。那么汽车零件制造公司和汽车制造公司之间的关系就像图 3.1 那样，法拉利公司制造零件，内部细节封装，对外独立，由市场经理负责销售零件；迪斯尼汽车公司制造汽车，由采购经理负责采购零件，内部进行汽车装配，对外销售汽车。从图 3.1 中可以看出，两家公司虽然有着业务合作关系，但自身内部的运作流程都是独立的，是对外隐藏的。这就是面向对象中封装特性的体现。当然封装不能是与外界完全割裂的，必须要通过接口和外界沟通联系，接口的作用就好比图 3.1 中的两位经理的职责，使得各个独立的对象间可以彼此沟通，合作完成任务。

图 3.1 封装的示例

通过本章的学习，我们将学会如何定义封装体——类，如何用类模板创建一个个独立的对象，同时又使得对象间可以通过接口互通消息，协调工作，完成一项项易维护、易扩展、易复用的更加实用可靠的系统工程。

3.1 类

面向对象语言的主要工作就是定义一个个类，用这些类去创建对象，再由对象调用类中的属性和行为完成程序功能。这个过程好比先生产出印钞机，再用印钞机印刷出一张张钞票，然后用钞票去购买各种商品的过程。因此，首先要学会如何去定义类模板，才能创建具体对象，由对象完成系统功能。

3.1.1　类定义

类是对大量对象共性的抽象，是客观事物在人脑中的主观反映，是创建对象的模板。面向对象程序设计的首要任务就是定义类，一个 Java 源程序可以由一个或多个类组成。

类作为面向对象语言中最重要的“数据类型”，它的定义包含两部分：类声明和类体。其基本定义格式为：

```
class 类名 {
    类体语句
}
```

其中，class 是关键字，用来定义类。类名应该是 Java 的合法标示符。一对大括号内的内容是类体。

类体通常又可以分为两部分：成员变量和成员方法，即，每个类中可以封装若干成员变量(属性)及若干成员方法(行为)。因此，类的定义格式可以进一步细化为：

```
class 类名 {
    若干成员变量定义语句;
    若干成员方法定义及实现
}
```

JavaTeacher
+name: String +age: int +salary: double
+introduction(): String +giveLesson(): void +preparation(): void

图 3.2　JavaTeacher 类的 UML 类图

例如，定义一个 JavaTeacher 类，包含若干成员变量：姓名、年龄和薪水；包含若干成员方法：自我介绍、备课、上课。其类图表示形式如图 3.2 所示。

从类的 UML 图中可以看到，用一个长方形表示类的构成，长方形的三个部分表示类的三个组成要素：

(1) 顶层是类定义层，给出类名。类名必须符合 Java 合法标示符的命名规定，并且类名的首字母大写，如果由多个单词组成，每个单词的起始字母大写，尽量做到见名知意，如类图 3.2 中的类名为 JavaTeacher。这里类名为常规字形，表明是一个具体类；如果类名为斜体字形，表明该类是抽象类(关于抽象类将在第 5 章讲述)。

(2) 第 2 层为变量层或属性层，给出类中成员变量的变量名和类型，以“变量名：类型”的形式表示。

(3) 第 3 层是方法层或操作层，给出类中成员方法的方法名、参数列表和返回类型，以“方法名(参数列表)：返回类型”的形式表示。

图 3.2 对应的 JavaTeacher 类具体定义形式如下：

```
class JavaTeacher {
    String name;
    int age;
    double salary;
```

```
        String introduction() {
        ……
        }
        void giveLesson(){
        ……
        }
        void preparation(){
        ……
    }
```

在实际的类定义中往往要在以上基本类定义的格式中添加一些对类的说明和扩展信息，其完整的定义格式为：

[修饰符] class 类名<泛型> [extends 父类名] [implements 接口列表] {

若干成员变量定义语句；

若干成员方法定义及实现

}

其中，修饰符包括表示类的公开访问权限 public(任何其他类均可访问该类)、抽象类 abstract(不能创建对象，即不能被实例化的类)、终极类 final(不能被继承，即没有子类的类)；泛型表示类的类型参数，类似于方法的参数，但必须是一个类，作为当前定义类的模板类(泛型概念将在第 12 章中介绍)；“extends 父类名”声明本类继承于哪一个父类，注意由 Java 的单继承特性决定这里只能有一个父类名(类的继承性将在第 4 章中介绍)；“implements 接口列表”声明本类实现了哪些接口，一个类可以同时实现多个接口(接口的概念将在第 5 章中介绍)。值得注意的是，定义类时，如果要继承父类的同时实现接口，则必须“先继承，再实现”，顺序不可颠倒，否则将发生语法错误。

由此扩展 JavaTeacher 类的定义，JavaTeacher 类的类图形式如图 3.3 所示。

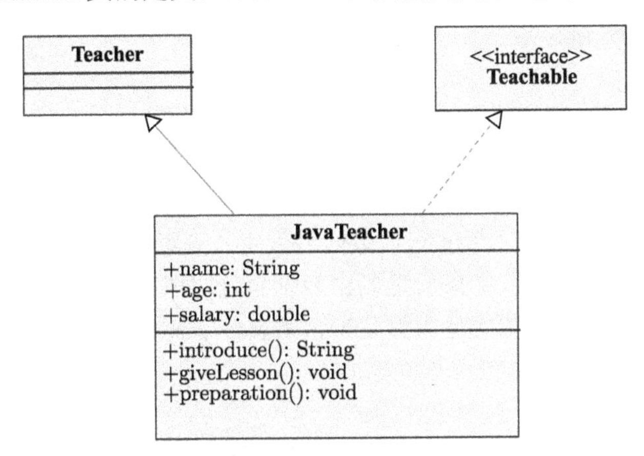

图 3.3 JavaTeacher 类继承 Teacher 类实现 Teachable 接口的 UML 类图

JavaTeacher 类继承 Teacher 类，实现 Teachable 接口的定义为如下形式：

```
public class JavaTeacher extends Teacher implements Teachable{
    String name;
    int age;
    double salary;
    String introduce() {
    ……
    }
    void giveLesson(){
```

```
    ......
    }
    void preparation(){
    ......
    }
```

值得注意的是，一旦类声明为 public 的公开类，说明此类可以被外界任何类引用，同时此类所在的源文件的文件名必须以此类的名称命名，即此时 JavaTeacher 类所在的源文件必须命名为“JavaTeacher.java”，大小写也必须严格一致，否则编译时会产生错误：“类 JavaTeacher 是公共的，应在名为 JavaTeacher.java 的文件中声明 public class JavaTeacher”。

3.1.2　声明成员变量

由 3.1.1 节我们已知类体是由两部分组成：成员变量和成员方法。成员变量用于描述一类事物所具有的属性和特征，比如一个教师类，必须具有姓名、年龄、性别、职称等属性，在程序中必须定义特定类型的成员变量表示这些属性。

1. 成员变量的类型和命名

Java 的成员变量可以是第 2 章中介绍的八种基本类型的任一种，也可以是复合类型：数组、类、接口(接口将在第 5 章介绍)。可以在成员变量定义的同时进行赋初值，例如：

```
class School {
      String schoolName;
      int academyNO[ ];
      long studentNum;
      Teacher liu;
}
class Teacher {
      String name = "Zhanghong";
      int age = 28;
}
```

School 类的成员变量 studentNum 是长整型；schoolName 是字符串类型 String，String 作为系统类，不是基本类型，属于复合类型；academyNO 是整形数组，存放院系编号，也属于复合类型；liu 是 Teacher 类声明的变量，即对象，也属于复合类型。

成员变量的命名同样要符合 Java 的合法标示符命名规定，做到见名知意。特别注意变量名的命名风格是起始字母小写，如果变量名由多个单词组成，那么除第一个单词以外，其余每个单词的起始字母大写，例如上例中的 schoolName、studentNum 等。

2. 成员变量的赋值

Java 的成员变量在未人工赋值的情况下，系统会自动为它们赋一个初始值。系统为不同类型的成员变量赋不同的默认值，见表 3.1。

表 3.1　成员变量的默认初值

类型	初始值	类型	初始值
byte	(byte)0	double	0.0
short	(short)0	char	‘\u000’ (NULL)
int	0	boolean	False
long	0L	所有引用类型	null
float	0.0f		

如果系统赋予的默认初值不能满足程序要求，程序员可以选择人工显式初始化。人工显式初始化的方式有两种：定义的同时初始化，及采用构造方法初始化。

假如重新定义 Teacher 类如下：

```
class Teacher {
      String name = "Zhanghong";
      int age = 28;
      double salary;
}
```

上例中成员变量 name 和 age 在定义的同时进行人工赋初值，而成员变量 salary 系统默认赋初值为 0.0。

采用构造方法初始化，是 Java 最常用的初始化成员变量的方法，是在类中定义一个特殊的成员方法，专门给成员变量进行赋初值。构造方法的定义和初始化将在 3.1.4 节中详细介绍。

3. 成员变量和局部变量

类的成员变量是属于某个类或实例的变量。那么，每个类或者类的实例都有其成员变量的复制。而局部变量仅属于它所在的方法内部或块内部，执行指令退出那个局部，局部变量自动清除。

成员变量和局部变量的区别主要可以归纳为以下五点。

(1) 成员变量就是方法外部，类的内部定义的变量；局部变量就是方法或语句块内部定义的变量。

例如：

```
class Teacher {
      String name = "Zhanghong";
      double salary;
      void print(){
            int age = 28;
            System.out.println( name );
            System.out.println( age );
      }
}
```

其中，变量 name 和 salary 是成员变量，在 Teacher 类体中定义，但不包含在任一成员方法中；变量 age 是局部变量，定义在 print() 方法中。

(2) 局部变量的数据存在于栈内存中，栈内存中的局部变量随着方法的消失而消失； 成员变量存储在堆中的对象里面，由垃圾回收器负责回收。

栈中的数据大小和生命周期是可以确定的，当没有引用指向数据时，这个数据就会消失。堆中的对象的数据由垃圾回收器负责回收，因此大小和生命周期不需要确定，具有很大的灵活性。

(3) 成员变量有默认值，而局部变量没有。

局部变量在使用前必须被程序员主动地初始化，与此形成对比，系统中的成员变量则会被系统提供一个默认的初始值。所以在语法上，类的成员变量能够定义后直接使用，而局部变量在定义后先要赋初值，然后才能使用。

例如，将 Teacher 类做如下修改：

```
class Teacher {
      String name = "Zhanghong";
      double salary;
      void print(){
            int age ;
            System.out.println( name );
            System.out.println( age );      //发生编译错误，age 局部变量必须先赋值后使用
            System.out.println( salary ); //正常输出 0.0
      }
}
```

输出 age 变量时编译出错，因为 age 是局部变量，必须先显式初始化才能使用；而 salary 作为成员变量，即使没有显式初始化，系统也会赋予默认值。

(4) 成员变量至少在本类范围中有效；局部变量仅在本方法中有效。

例如，将 Teacher 类再做如下修改：

```
class Teacher {
      void print(){
            int age = 28;
            System.out.println( name );
            System.out.println( age );
      }
      void changeVal(){
            name = "Lilin";    //正常赋值
            salary = 3000.0;  //正常赋值
            age = 30;          //编译出错，age 局部变量已失效
      }
      String name = "Zhanghong";
      double salary;
}
```

输出 age 时编译出错，因为 age 为 print() 方法的局部变量，那么当在 print()方法以外的 changeVal() 方法中访问 age 时，则超出了 age 变量的作用域。而成员变量的作用域是整个类，所以只要是在变量定义的本类体中，任何方法都可以访问。同时，成员变量的定义位置是在类体以内、方法以外的任意位置，此例中就是在类定义的末尾定义成员变量，但不影响成员变量的作用域。但建议按照常规，还是应该在类定义的起始位置处定义成员变量。

(5) 成员变量可以和局部变量发生命名冲突，局部变量优先。

成员变量和局部变量是允许重名的，在重名的局部变量所在的方法体中，优先访问到的是局部变量。例如：

```
class Teacher {
      String name = "Zhanghong";
      double salary;
      int age = 30;
      void print(){
            int age = 28;
            System.out.println( name );
            System.out.println( age );
      }
}
```

此时，上例中输出教师的年龄为局部变量 age 的值 28。

3.1.3 定义成员方法

在 Java 类里，成员方法相当于对象的行为或操作。比如，上述 Teacher 类中除了定义教师的基本属性之外，还应该有教师的基本行为，如备课、上课、提问等。一个完整的类定义是要包含成员变量和成员方法两部分的，图 3.4 展示了完整的 Teacher 类的 UML 类图。

方法定义可以分为两个部分：方法头部和方法主体。方法的原型如下：

修饰符 返回值类型 方法名(参数列表){
    方法体;
}

其中，修饰符和参数列表是可选项，即可有可无。通常修饰符可以决定成员变量和成员方法的访问权限，或存储和继承特性。如图 3.4 中，成员变量前的“+”号表示是 public 公开访问修饰符，“−”号表示 private 私有访问修饰符(关于成员修饰符将在 3.1.5 节中详细介绍)。

参数列表是传入方法的数据，在图 3.4 中可见，introduce()方法具有参数 allInFor，由此决定，介绍的内容是完整的，还是截取部分的。

如果一个方法有返回值的话，返回类型将表示返回值的类型。返回类型除了特殊的构造方法不需要声明之外，其余所有方法必须声明，即使无返回值，也要显式的声明为 void 类型。比如图 3.4 中 introduce()方法的返回类型为 String，而 prepare()和 giveLesson()方法即使没有返回值，也必须声明返回类型为 void。

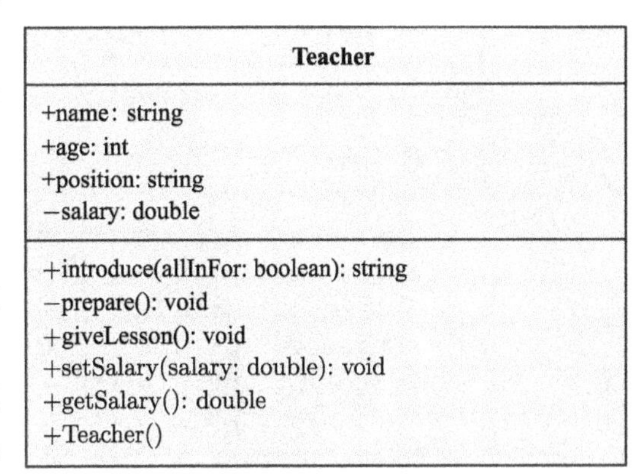

图 3.4 完整的 Teacher 类的 UML 类图

返回类型后面是方法的名字。它是方法在被调用时所用的名字，方法名必须要符合 Java 合法标识符的命名规则，命名风格如同成员变量：起始字母小写，如果方法名是由多个单词组成，那么除第一个单词以外，其余每个单词的起始字母大写，且方法名多为动词，表示行为，例如图 3.4 中的 giveLesson。

方法定义的最后一部分是它的主体，它包含有一系列的可执行语句。可执行语句就是一条 Java 语句，当程序运行时它将进行一些操作。具体可以参见例 3.1，Teacher 类的完整定义代码。

例 3.1 一个完整的 Teacher 类定义。

```
public class Teacher {
     public String name;
     public int age;
     public String position;
     private double salary;
     public Teacher() {
          name = "Zhanghong";
          age = 28;
          position = "讲师";
          salary = 4000.0;
     }
     /**
```

```
    *为了操作的方便，对于私有的属性，通过所谓的 SET 和 GET 方法来实现对属性值的设置和获
    *得
    */
    public double getSalary() {
        return salary;
    }
    public void setSalary(double salary) {
        this.salary = salary;
    }
    /**
      *此方法用模拟教师自我介绍业务过程
      */
    public String introduce(boolean allInFor) {
        if(allInFor == true){
        return "大家好我是 "+name+",今年"+age+"岁,职称为"+position+",
                年薪为"+salary+"万.";
        }else{
            return "大家好我是 "+name+",今年"+age+"岁,职称为"+position+".";
        }
    }
    /**
      *此方法用于抽象授课业务，在授课之前会有调用备课业务行为
      */
    public void giveLesson(){
        //先备课
        prepare();
        //授课
        System.out.println("开场白！问好！");
        System.out.println("说明本次课的课程目标！");
        System.out.println("概述本次课的知识点！");
        System.out.println("开始讲授理论课程！");
        System.out.println("用案例诠释说明！");
        System.out.println("课堂小结！");
        System.out.println("总结课程！");
        System.out.println("布置作业！");
    }
    /**
      *此方法用模拟教师备课业务过程
      */
    private void prepare(){
        System.out.println("准备备课了！");
        System.out.println("先看教科书！");
        System.out.println("看教科书后，准备课件 ppt！");
        System.out.println("准备教案和案例！");
    }
}
```

在例 3.1 中，可以把 Java 成员方法分成如下三类。

1）普通成员方法

Teacher 类中的 introduce()、giveLesson() 和 prepare() 方法均为普通成员方法。它们都是由方法修饰符(如 public、private，修饰符为方法定义可选项)、方法返回值(如 getSalary() 返回基本类型 double; introduce() 返回引用类型 String; giveLesson() 和 prepare() 无返回类型 void，返回值为方法定义必选项，除构造方法外)、方法名(如 introduce、giveLesson 和 prepare，为方法定义必选项)、方法参数(如 introduce() 中的布尔参数 allInFor，参数为方法定义可选项)

和方法体(一对{}中的语句，为必选项，除抽象方法外)组成，完成各自特定的逻辑任务。普通成员方法间可以相互调用，如 giveLesson()方法中首先调用了备课方法 prepare()。

2)通常成对出现的 GET 和 SET 方法

Teacher 类中的 getSalary()和 setSalary()就是这一类方法。它们的定义形式和普通成员方法基本无异，仅在方法名上表现为："get+成员变量"和"set+成员变量"的形式。它们的命名形式也体现了这两类方法的主要作用，是为私有的成员变量赋值(SET 方法)和取值(GET 方法)，为外界访问私有属性提供接口。

3)构造方法

Teacher 类中的 Teacher()方法就是构造方法。它是一类专门初始化类的成员变量的方法，在创建类的对象时，构造方法必不可少，因此 Java 中的每个类都必须有构造方法。在下一节中，我们将具体介绍构造方法的定义形式和重要特性。

3.1.4　定义构造方法

构造方法是类中一类特殊的方法，Java 中创建类的对象必须要使用构造方法。构造方法的特殊性主要体现在以下几个方面：

(1)构造方法名与类名完全相同，注意大小写必须一致，如例 3.1 中 Teacher 类的构造方法为 Teacher()。

(2)构造方法没有类型。构造方法没有返回值，因此也没有返回类型，并且不需要像普通方法那样声明为 void，如例 3.1 中构造方法声明为：public Teacher()。

(3)一个类中可以声明多个构造方法，它们的方法名相同，但方法参数的个数或参数类型必须不同。

(4)如果类中没有定义构造方法，系统会默认为该类定义一个没有参数的构造方法，且方法体中没有语句。

(5)构造方法不能被 static、final、synchronized、abstract 和 native 修饰。因为构造方法不能被子类继承，所以用 final 和 abstract 修饰没有意义；构造方法用以初始化对象，所以不能声明为静态 static；多个线程不会同时创建同一个对象，因此 synchtonized 修饰也没有必要。

从构造方法的表示形式上来看分为三类：系统自定义构造方法(不带参数，且方法体为空)；用户自定义不带参数构造方法和带参数的构造方法。因为构造方法的主要作用是初始化类成员变量，所以自定义构造方法的方法体中大部分都是赋值语句组成。

不带参数的构造方法结构如下：

```
访问修饰符方法名( ){
    方法体;
}
```

带参数的构造方法结构如下：

```
访问修饰符方法名(variableType fieldName1,…){
    this.fieldName1 = fieldName1;
    ……
}
```

带参数的构造方法体中的 this.fieldName1，这里 this 指代调用该构造方法的本类对象，它的目的是为了区分类的成员变量 fieldName1 和方法的参变量 fieldName1，说明是将方法的参变量值赋值给成员变量。

一个类中往往可以定义多个构造方法，可以通过不同的方法参数来区分这些同名的构造方法，我们可以在例 3.1 中再增加若干构造方法如下：

```
public class Teacher {
     public String name;
     public int age;
public String position;
     private double salary;
     /**
        *不带参数的构造方法，常量赋值
        */
     public Teacher() {
          name = "张红";
          age = 28;
          position = "讲师";
          salary = 4000.0;
     }
     /**
        *带参数的构造方法，参变量赋值
        */
    public Teacher(String name, int age, String position, double salary) {
          this.name = name;
          this.age = age;
          this.position = position;
          this.salary = salary;
     }
     /**
        *带参数的构造方法，对象复制赋值
        */
     public Teacher(Teacher t) {
          this.name = t.name;
          this.age = t.age;
          this.position = t.position;
          this.salary = t.salary;
     }
     …
}
```

我们看到在改进后的 Teacher 类中有三个与类同名的构造方法，但它们的参数都不尽相同。第一个构造方法是不带参数的，直接为成员变量赋值；第二个构造方法带四个参数，分别为 Teacher 类的四个成员变量赋值；第三个构造方法比较特殊，仅有一个引用类型的参数，由参变量对象的成员变量为本类对象的成员变量赋值，这类构造方法通常称为复制构造方法。复制构造方法的作用就是将参变量对象的成员变量值赋值给本类对象的成员，完成两个对象内存空间的对拷，如图 3.5 所示。

思考题

(1) 模仿上述 Teacher 类的三种构造方法的定义形式，试着为学生类 Student 定义三种类型的构造方法，初始化 Student 类的属性学号、姓名、年龄、性别和家庭住址。

(2) 试着为 Student 类定义 SET 方法，实现对每个属性的赋值；定义 GET 方法，实现返回每个属性的值。思考 SET 方法和构造方法的区别，它们对成员变量的初始化方法有何不同？分别应用在什么场合？

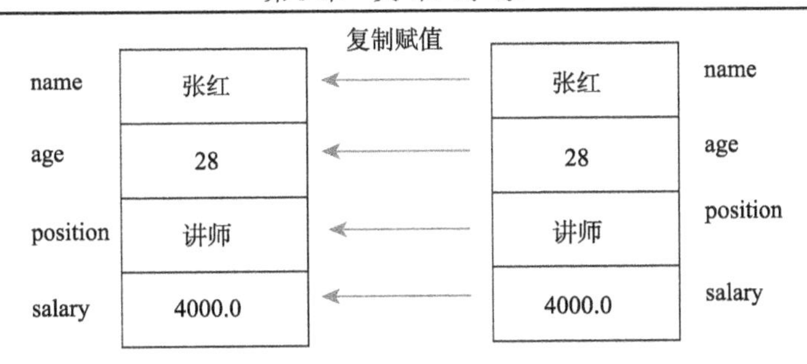

图 3.5 对象的复制示意图

3.1.5 封装性的概念

封装性是面向对象语言中最基本的特性之一。封装形式上是将相互关联的属性和行为作为类的成员变量和成员方法，在类体中定义和实现。因此，在面向对象程序中是没有在类体之外定义的变量和方法的。

在实际实现封装的过程中，有许多需要考虑的问题。比如，封装之后的属性和行为如何既保证隐蔽性，又为外界提供适当的访问接口？封装后的成员在内存中是如何分配资源的？封装后的成员内容如何保证不被其他类任意修改？这些问题的解决方法，主要从以下几方面进行介绍。

1. 成员的访问控制权限

成员的访问控制权限是由成员访问修饰符决定的。Java 成员的访问控制权限修饰符是在变量和方法类型声明之前添加的限定关键字，主要包含四类：private（私有访问）、protected（保护访问）、public（公开访问）、default（缺省访问）。

(1) private：称为私有访问修饰符，可以修饰属性、方法，甚至类（内部类）。有的属性不能或者不方便公开，此时，就可以使用 private 来实现限定修饰。这样的成员只可以在当前所在的类使用，如图 3.6 所示。

```
public class Teacher {
        private double salary;          //薪水一般是保密的
        public String name;             //名字是可以公开的
        protected  int  teachYears;     //教龄是受保护的
        int age;                        //年龄是缺省访问状态
}
```

图 3.6 包含 private 属性的 Teacher 类

当某个方法不能为外部所调用时，可以在该方法前面加上 private 关键字。甚至构造方法也可以用 private 来修饰，其实枚举类中也可以提供 private 关键字修饰的构造方法，如图 3.7 所示。

```
public class Teacher {
        private double salary; //薪水一般是保密的
        public String name;    //名字是可以公开的
        ...
        //备课业务方法
        private void preparation(){
                ...
        }
        //构造方法也可以是私有的，但是只能自己调用
        private Teacher(){
                ...
        }
}
```

图 3.7 包含 private 方法的 Teacher 类

(2) protected：称为保护访问修饰符，可以修饰属性，也可以修饰方法。该关键字修饰的成员可以在其类内部、同一个包、当前类的子类中可见。

首先应该说明的是：包是比类更高一级的封装，一个包中可以包含若干类，就像一个类中可以包含若干属性和方法一样；子类是 Java 继承特性中从父类派生出来的类，可以沿用父类已经定义好的属性和行为，并扩展新的属性和行为。这两个概念都在后面章节中会详细介绍，在这里我们必须先做简单了解，便于理解 protected 成员的访问范围。

就 Teacher 类而言，如图 3.6 所示，如果定义一个 protected 关键字修饰的属性 teachYears，在不属于同一个包的测试类 TestTeacher 的主方法中，访问该属性，是无法访问到的，而在同一个包中的 TestTeacher 类中访问该属性，则能成功访问。

注意：测试类通常是包含主方法的类，任何一个 Java 应用程序必须要包含主方法 main()，主方法是程序执行的起点。

另外，Teacher 类的子类 JavaTeacher，即使和 Teacher 类不在同一个包中，仍然可以访问 Teacher 类中用 protected 修饰的属性 teachYears。

(3) public：称为公有访问修饰符，可以修饰属性、方法，甚至类。public 关键字修饰属性和方法时，被其修饰的属性和方法的是完全公开的，即在当前类中可见，在同一个包、不同包中的类中都可见，如图 3.6 中的 name 属性是可以被任意类访问的。

(4) 还有一类没用任何修饰符的成员，如图 3.6 中 age 属性，我们称之为 default(缺省的) 访问状态，可以被这个类本身和同一个包中的类所访问。

终上所述，我们可以看到类成员访问控制权限由小到大依次为：

private(私有)< default(缺省) <protected(保护)<public(公开)

各类成员访问控制权限可以归纳为表 3.2。

表 3.2　Java 类成员的 4 级访问控制权限及访问范围

成员	同一个类可访问	同一个包可访问	不同包的子类可访问	不同包非子类可访问
private	√			
default	√	√		
protected	√	√	√	
public	√	√	√	√

可以将上述 Teacher 类示例扩展，说明 Java 类成员的 4 种访问权限。在例 3.2 中将对 4 类访问控制权限修饰的属性和方法进行访问的有效性验证。

下面我们通过例 3.2 验证成员变量和成员方法四种访问控制权限的访问范围，例 3.2 实现过程的 UML 类图如图 3.8 所示，JavaTeacher 类继承于 Teacher，TestTeacher 类为测试类，在其中实例化 JavaTeacher 类，并访问 introduce() 方法。

例 3.2　四类访问控制权限修饰的属性进行访问的有效性验证。

父类业务实现：

```
/**
   *打包语句，将 Teacher 类放入 cn.edu.jit.pac1 包中
   */
package cn.edu.jit.pac1;
public class Teacher {
```

```
    private double salary;                    //薪水一般是保密的
    public String name = "Zhanghong";         //名字是可以公开的
    protected int teachYears = 5;             //教龄是受保护的
    int age = 28;                             //年龄是缺省访问状态
}
```

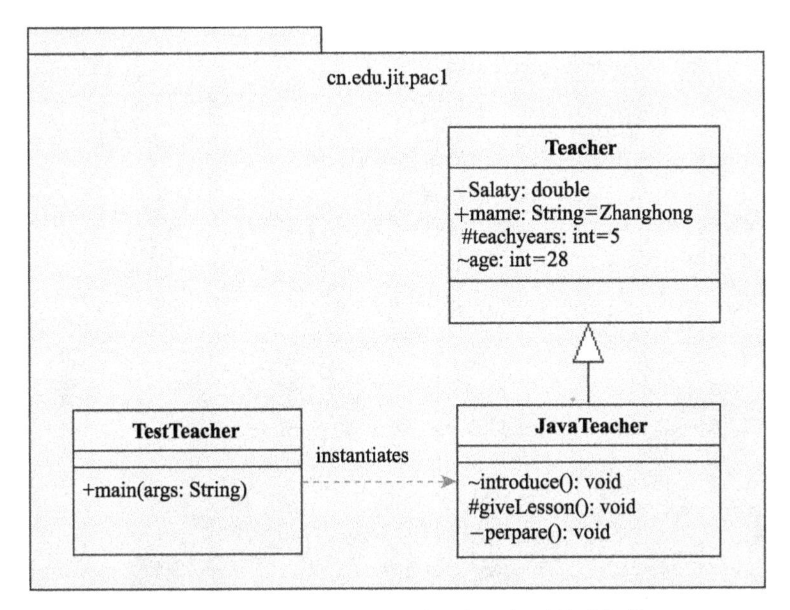

图 3.8 对 Teacher 类中各种访问权限的属性访问情况

子类业务实现：

```
/**
   *打包语句，将 JavaTeacher 类放入 cn.edu.jit.pac1 包中
   */
package cn.edu.jit.pac1;
/**
  *JavaTeacher 类为 Teacher 类的子类
  */
public class JavaTeacher extends Teacher {
    /**
      *此方法用于教师自我介绍业务
      */
    void introduce() {
        System.out.println("My name is " + name + "." );
        System.out.println("I am " + age + " years old.");
        System.out.println("I have teach for " + teachYears + " years. ");
    }
    /**
      *此方法用于抽象授课业务，在授课之前会有调用备课业务行为
      */
    protected void giveLesson(){
        //先备课
        prepare();
        //授课
        System.out.println("开场白！问好！");
        System.out.println("说明本次课的课程目标！");
        System.out.println("概述本次课的知识点！");
```

```
            System.out.println("开始讲授理论课程！");
            System.out.println("用案例诠释说明！");
            System.out.println("课堂小结！");
            System.out.println("总结课程！");
            System.out.println("布置作业！");
        }
        /**
           *此方法用模拟教师备课业务过程
           */
        private void prepare(){
            System.out.println("准备备课了！");
            System.out.println("先看教科书！");
            System.out.println("看教科书后，准备课件 ppt！");
            System.out.println("准备教案和案例！");
        }
}
```

测试类实现：

```
/**
   *打包语句，将 TestTeacher 类放入 cn.edu.jit.pac1 包中
   */
package cn.edu.jit.pac1;
public class TestTeacher {
    public static void main(String args[]){
        JavaTeacher jt = new JavaTeacher();    //创建 JavaTeacher 类的对象
        jt.introduce();                         //调用自我介绍方法
        jt.giveLesson();                        //调用授课方法
    }
}
```

注意：例 3.2 中的三个业务类均包含在同一个包 cn.edu.jit.pac1 当中，因此子类 JavaTeacher 可以访问父类 Teacher 中的 public（公开）、default（缺省）和 protected（保护）级别的成员。private（私有）成员一般不能被自身以外的类访问，这样保证了私有信息的安全性，同时，也可以使用公开定义的成员方法来满足特殊情况下，外界的访问需求。例如，例 3.2 中的备课方法 prepare() 是私有方法，无法在 TestTeacher 类中直接访问，但可以使用保护级的授课方法 giveLesson() 调用 prepare()，从而间接地访问这个私用成员方法。

思考题

(1) 试着为子类 JavaTeacher 重新打包到名为 cn.edu.jit.pac2 中，此时在 introduce() 方法中哪些属性仍可以访问，哪些不能访问？应该如何修改后可以正常访问？

(2) 如果为测试类 TestTeacher 重新打包到 cn.edu.jit.pac3 中，会发生什么情况？

2. 类(静态)成员和实例成员

用 static 修饰的成员称为类成员或静态成员，与实例成员不同，类成员不依赖于某个特定的对象，即可以被所有对象共享的一类成员。

1) 类（静态）变量和实例变量

类变量是在类被加载时分配内存空间，并且始终占用同一块内存，不随访问对象的不同而发生改变，所以类变量是隶属于类的变量，可以直接用类名来调用。

对于实例变量，每创建一个实例，就为实例变量分配一次内存，实例变量在内存中可以

有多个复制，互不影响。

另外，当所有类的对象都包含相同的常量属性时，可以把这个属性定义为静态常量类型，从而节省内存空间。比如教师的最大年龄限制为 65 岁，最小年龄限制为 22 岁，这是对所有教师 Teacher 对象适用的属性，可以在 Teacher 类中按如下方式定义它们：

static final int MAX_AGE = 65;

static final int MIN_AGE = 22;

可以在例 3.2 的基础上做修改，在 Teacher 类中添加一个 static 修饰的类变量 count，记录自我介绍的教师人数。修改后的 UML 类图如图 3.9 所示。图 3.9 对应的代码如例 3.3。

例 3.3 静态变量被所有实例共享的验证。

父类业务实现：

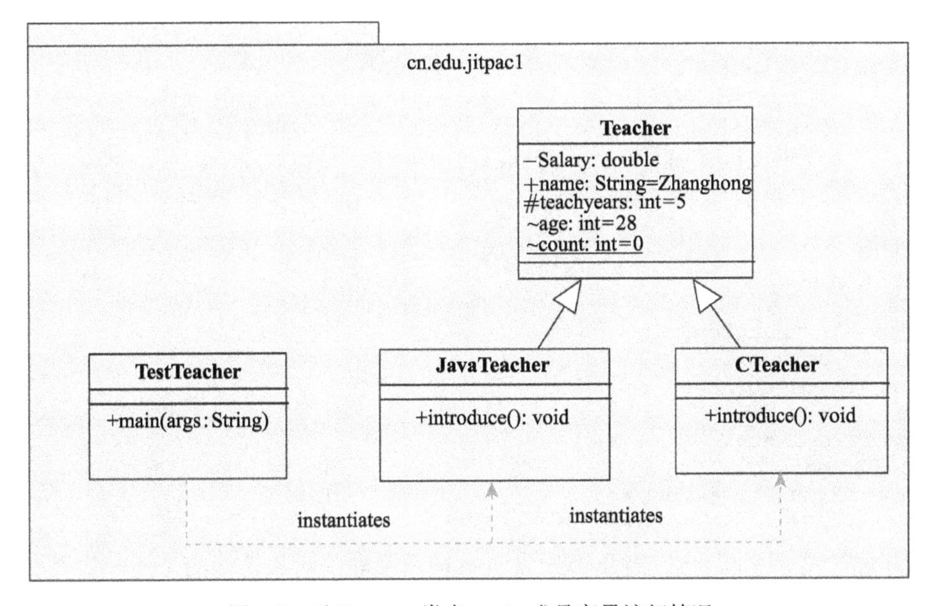

图 3.9 对 Teacher 类中 static 成员变量访问情况

```
package cn.edu.jit.pac1;
public class Teacher {
    private double salary;
    public String name = "Zhanghong";
    protected int teachYears = 5;
    int age = 28;
    static int count = 0;              //定义类变量 count，初值为 0
}
```

子类 JavaTeacher 业务实现：

```
package cn.edu.jit.pac1;
public class JavaTeacher extends Teacher {
    void introduce() {
        System.out.println("My name is " + name + "." );
        System.out.println("I am " + age + " years old. ");
        System.out.println("I have teach for "+ (++teachYears) + " years.");
        System.out.println("No."+(++Teacher.count));
                                            //使用类名直接访问类变量
    }
}
```

子类 CTeacher 业务实现：

```
package cn.edu.jit.pac1;
public class CTeacher extends Teacher {
     void introduce() {
          name = "Lihua";
          age = 30;
          System.out.println("My name is " + name + "." );
          System.out.println("I am " + age + " years old.");
          System.out.println("I have teach for "+ (++teachYears) + " years.");
          System.out.println("No"+(++Teacher.count));
                                              //再次访问类变量，修改计数值
     }
}
```

测试类实现：

```
package cn.edu.jit.pac1;            //打包语句，将 TestTeacher 类放入
public class TestTeacher {
     public static void main(String args[]){
          JavaTeacher jt = new JavaTeacher(); //创建 JavaTeacher 类的对象
          jt.introduce();                     //调用 JavaTeacher 自我介绍方法
          CTeacher ct = new CTeacher();       //创建 CTeacher 类的对象
          ct.introduce();                     //调用 CTeacher 自我介绍方法
     }
}
```

程序运行结果为：

```
My name is Zhanghong.
I am 28 years old.
I have teach for 6 years.
No.1
My name is Lihua.
I am 30 years old.
I have teach for 6 years.
No.2
```

由程序运行结果可以看出，对于类变量 count，两类教师对象访问的是同一块类变量 count 的内存空间，因此实现了不同对象访问时计数变量值的累计；而对于实例变量 teachYears，两类教师对象访问的是各自不同的内存，因此无法实现教龄的累计，只能在 teachYears 变量初值的基础上，分别进行运算，互不影响。

注意：例 3.3 中类(静态)变量的调用形式，直接用变量所属类的类名进行调用。

2)类(静态)方法和实例方法

成员方法分为静态方法和实例方法。静态方法和静态变量一样，不需要创建类的实例，就可以直接通过类名访问。例如，为例 3.3 加一个静态方法 printTeacherNum()打印自我介绍的教师人数，并在测试类中访问这个静态方法。

教师类实现：

```
package cn.edu.jit.pac1;
public class Teacher {
     private double salary;                  //薪水一般是保密的
     public String name = "Zhanghong";       //名字是可以公开的
     protected  int  teachYears = 5;         //教龄是受保护的
     int age = 28;                           //年龄是缺省访问状态
     static int count = 0;
     /**
```

```
        *打印自我介绍教师人数的静态方法
        */
    public static void printTeacherNum(){
        System.out.println("自我介绍的教师人数为："+count);
    }
}
```

测试类实现：

```
package cn.edu.jit.pac1;
public class TestTeacher {
    public static void main(String[] args) {
        JavaTeacher jt = new JavaTeacher();     //创建JavaTeacher类的对象
        jt.introduce();                         //调用自我介绍方法
        CTeacher ct = new CTeacher();
        ct.introduce();
        Teacher.printTeacherNum();              //用类名直接访问静态方法
    }
}
```

测试类最终显示结果为：自我介绍的教师人数为2。

值得注意的是，静态方法中不能直接访问实例成员，也不能使用指代特定对象的 this 或 super 关键字。以下在静态方法 printTeacherNum() 中访问实例成员 name 的操作是非法操作。

```
public class Teacher {
    private double salary;                  //薪水一般是保密的
    public String name = "Zhanghong";       //名字是可以公开的
    protected  int  teachYears = 5;         //教龄是受保护的
    int age = 28;                           //年龄是缺省访问状态
    static int count = 0;
    /**
        *打印自我介绍教师人数的静态方法
        */
    public static void printTeacherNum(){
        System.out.println("自我介绍的教师人数为："+count);  //合法
        System.out.println(("教师姓名："+name);             //编译错误
        System.out.println(("教师姓名："+this.name);        //编译错误
    }
}
```

因为 Java 虚拟机在执行静态方法 printTeacherNum() 时，能顺利地从 Teacher 类的方法区内找到 count 静态变量，而对于 name 和 this.name 变量，Java 虚拟机无从判断到底属于哪个 Teacher 对象的 name(因为静态方法是由类直接调用的，不隶属于特定对象)。如图 3.10 所示，Java 虚拟机只会到包含 Teacher 类信息的方法区内找该变量，而不会到存放所有 Teacher 对象的堆区去寻找它，所以 Java 虚拟机无法找到 name 变量和 this.name 变量。

没有 static 修饰的实例方法与类(静态)方法不同，在实例方法中可以访问静态变量、静态方法、实例变量和实例方法。如例 3.3，在实例方法 introduce() 中可以访问实例变量 name、age、teachYears，也可以访问静态变量 count。因为实例方法是通过具体对象来调用的，Java 虚拟机可以通过调用实例方法的对象，到相应对象的堆区找到实例成员。

另外，值得一提的是，main() 方法作为程序的入口也是静态方法，这就意味着 Java 虚拟机只要加载了 main() 方法所属的类，就能执行 main() 方法，而无须先创建这个类的实例。因此，main() 方法不属于任何实例，不能直接使用实例成员，也不能使用指代对象的 this 和 super 关键字。

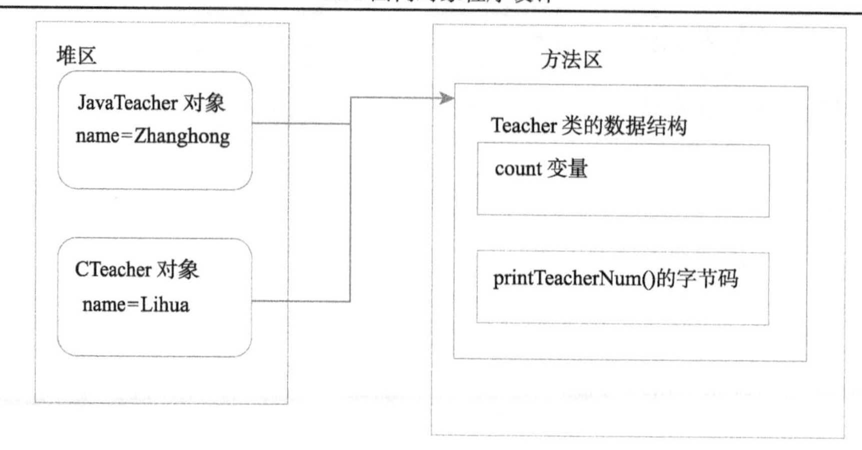

图 3.10　实例变量位于堆区，方法字节码位于方法区

思考题

(1) 修改例 3.3，为 Teacher 类定义两个静态常量 MAX_AGE 和 MIN_AGE，并进行初始化；再为 Teacher 类定义一对 GET 和 SET 方法，获取和设置教师年龄，其中 SET 方法要求有年龄合法性验证，不得小于 MIN_AGE，不得大于 MAX_AGE。

(2) 进一步改进思考题(1)，将 GET 和 SET 方法定义为 static 静态方法；再定义 Teacher 类的子类 JavaTeacher，在子类 introduce() 方法中显示姓名、年龄和教龄。注意年龄显示需要有合法性验证。

3.2　对　　象

在本书第一章中已经介绍，真实世界里，任何事物都是对象。对象可以是物质的(如一辆汽车)或精神上的(如一个想法)。对象可以是自然事物，例如一个动物或人造的事物(如一台 ATM)。管理 ATM 的程序应该包含 BankAccount(银行账户)对象和 Customer(客户)对象。看电视程序应该包含 TV(电视)对象、Remote(遥控器)对象和 TVUser(电视用户)对象。

这里我们将使用如图 3.11 中的统一建模语言(Unified Modeling Languang，UML)表示法来描述对象以及举例阐明面向对象的概念。如图 3.11 所示，在 UML 中，一个对象用一个矩形来表示，并由对象的 ID(可选择的)与类型来标识。对象的 ID 是计算机程序中所使用的名称，标识对象的标签总是要有下划线。本例中，ATM 对象没有 ID，TV 对象被命名为 my TV。

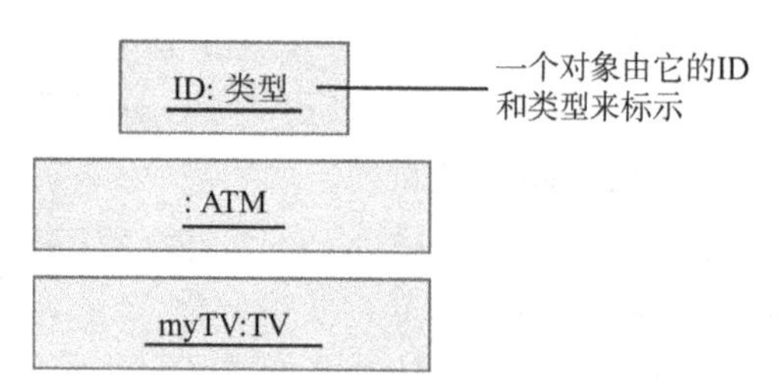

图 3.11　对象的 UML 表示法

3.2.1　生成和使用对象

我们以一个电视用户使用遥控器操纵电视的实例来说明面向对象程序设计中对象的创建和使用过程，同时可以通过本例体现出软件系统中，各对象间的协同工作过程。显然，电视和遥控器之间的协作关系就是遥控器发出消息，由电视机接收，并提供相应服务。例如，按下遥控器开关后，发送“开机”消息，电视机接收“开机”消息，提供开机服务。此外，遥控器还可以向电视机发送各种其他消息，如选择

频道、调节音量、关机等。

而从使用者的角度出发，整个软件系统就是一个服务提供者。操纵软件系统的用户是系统边界。在 UML 语言中，系统边界被称为角色(Actor)。比如，无论是电视机对象，还是遥控器对象都离不开用户对象的控制。对于电视系统来说，电视用户就是它的系统边界，整个电视系统都为电视用户提供服务。图 3.12 显示了观众操作电视系统的 UML 时序图。

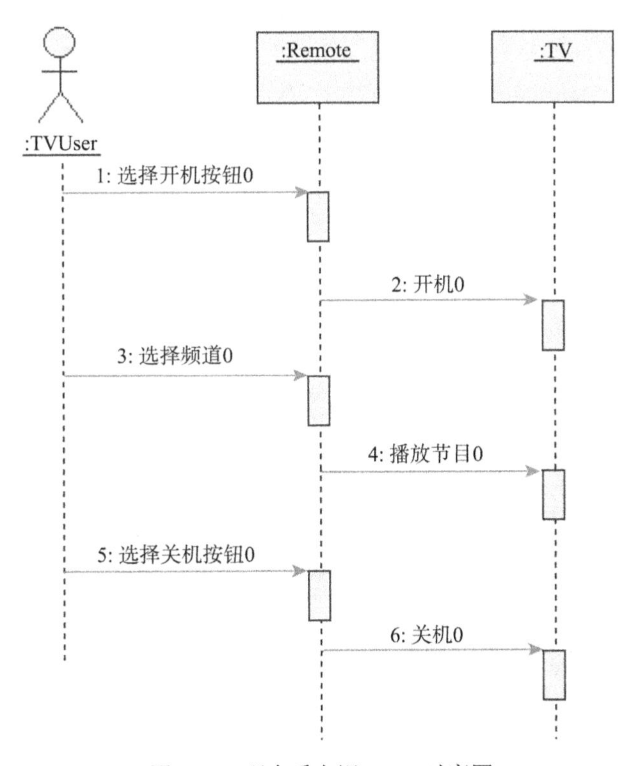

图 3.12 观众看电视 UML 时序图

因此，每个对象或系统都有特定的功能，可以为其他对象或系统提供服务；也可以通过向其他对象或系统发送消息，而获取其他对象或系统提供的服务。

由于已经定义了 Remote 类，所以可以通过生成 Remote 对象并“要求”它们控制电视的开关、选频道来测试系统是否能够正常工作。要做到这些首先要定义一个 main()方法，这个方法可以定义在 Remote 类或 TVUser 类里。

使用第二个类的优势是它让我们习惯于考虑使用一个单独的类作为用户接口，这个界面带有 Remote 类的另一套任务。用户界面是一个对象或类，它用来实现程序用户和其他的程序计算任务之间的交互，这个概念可通过图 3.13 表示出来。本例中通过 TVUser 类实现 Remote 类和用户之间的交互。显然，不同程序中的计算本质是不同的，正如用户

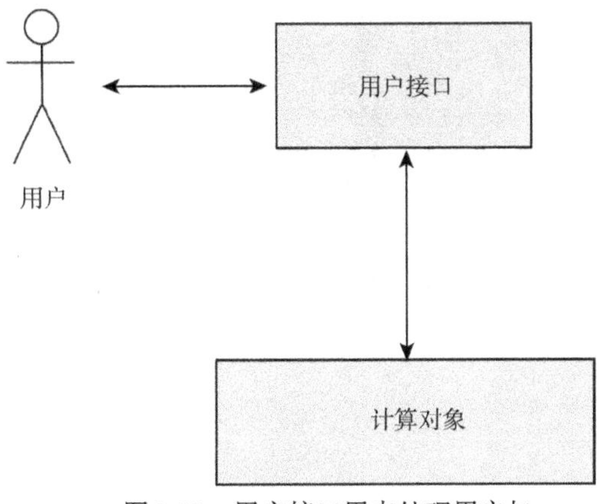

图 3.13 用户接口用来处理用户与其他程序之间的交互

界面的细节是不同的一样，Remote 类所做的计算只是设置和获取电视的频道和开关状态，而 TVUser 则起到控制遥控器和电视的作用。

通过从遥控器任务中分离出用户界面任务，这个设计应用了分治原则：TVUser 类将生成 Remote 对象和 TV 对象，并处理与用户的交互，Remote 类将处理设置和传输电视开关和频道的信息，TV 类将处理开关机、切换频道时显示相应信息。这样，如图 3.14 所示，这个 Java 程序将涉及三种类对象之间的交互：一个 TVUser、一个 Remote 和一个 TV。

注意：使用一个单向的标有“instantiates”的箭头来表示三种对象之间的关系，这是因为 TVUser 将会生成一个 Remote 实例和一个 TV 实例，并使用它们的方法来开关电视和播放电视节目。

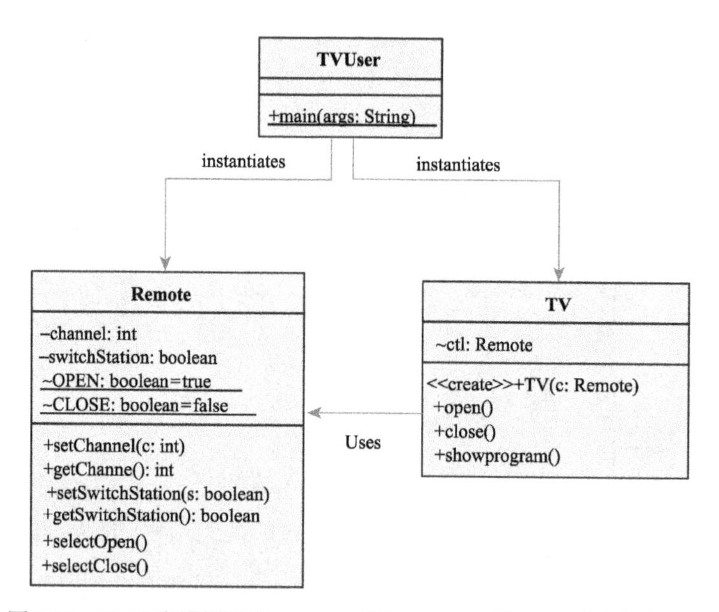

图 3.14　UML 类图描述了 TVUser 类与 Remote 类、TV 类之间的联系

例 3.4　完整的电视用户使用遥控器操纵电视观看节目的示例。

```
/**遥控器类*/
public class Remote {

    private int channel;                              //电视频道
    private boolean switchStation;                    //开关状态
    static final boolean OPEN = true;
    static final boolean CLOSE =false;
    public void setChannel(int c){                    //设置频道
        if(c>=1){
            channel = c;
        }
    }
    public int getChannel(){                          //获取频道
        return channel;
    }
    public void setSwitchStation(boolean s){          //设置开关状态
        switchStation = s;
    }
    public boolean getSwitchStation(){                //获取开关状态
```

```
            return switchStation;
    }
    public void selectOpen(){                          //选择开机按钮
         setSwitchStation(Remote.OPEN);
    }
    public void selectClose(){                         //选择关机按钮
         setSwitchStation(Remote.CLOSE);
    }
}
/**电视类*/
public class TV {
     Remote ctl;
     public TV(Remote c){                              //TV 构造方法
        ctl = c;
     }
     public void open(){                               //开电视方法
        if(ctl.getSwitchStation()== Remote.OPEN){
             System.out.println("TV is openning...");
        }
    }
     public void close(){                              //关电视方法
        if(ctl.getSwitchStation() == Remote.CLOSE){
             System.out.println("TV is closing...");
        }
    }
    public void showProgram(){                         //播放节目方法
       switch(ctl.getChannel()){
           case 1:System.out.println("少儿频道");break;
           case 2:System.out.println("体育频道");break;
           case 3:System.out.println("音乐频道");break;
           case 4:System.out.println("经济频道");break;
           default:System.out.println("不能收看"+ctl.getChannel()+"频道");
       }
    }
}
/**电视用户类*/
public class TVUser {
    public static void main(String[] args) {
        Remote ctl = new Remote();
        TV myTV =new TV(ctl);
        myTV.ctl.selectOpen();                     //用遥控器开电视
        myTV.open();                               //电视开机
        myTV.ctl.setChannel(3);                    //用遥控器设置频道
        myTV.showProgram();                        //播放电视节目
        myTV.ctl.selectClose();                    //用遥控器关电视
        myTV.close();                              //电视关机
    }
}
```

例 3.4 给出了一个非常简单的用户界面的 TVUser 类的完整定义，其中创建了 Remote 对象和 TV 对象，分别命名为 ctl 和 myTV。然后，让电视遥控器对象选择开机按钮，电视对象开机，遥控器对象设置频道，电视对象播放相应频道的节目，遥控器对象选择关机，电视对象关机。

电视对象和遥控器对象必须建立关联，才能够由遥控器控制电视。因此电视类包含了遥控器类的对象作为成员变量，并且通过电视类的构造方法为这个成员初始化，从而建立起电视对象和遥控器对象之间的关联。这也是人们常说的 Has-A 关系，一个电视对象通过组合遥控器对象来复用遥控器对象的一些方法，如方法 selectOpen()、setChannel()等。

现在讨论组成 TVUser 的 main()方法的语句。下面的语句使用 Remote()构造方法和 TV()构造方法来创建(或实例化)Remote 类和 TV 类的实例：

```
Remote ctl_1 = new Remote();
Remote ctl_2 = new Remote();
TV myTV = new TV(ctl_1);
TV yourTV = new TV(ctl_2);
```

注意：TV 构造函数是如何给每个电视对象一 Remote 值。每个电视对象都有自己的遥控器，还有自己独特的名字，如 ctl_1 和 ctl_2。当前电视对象可随时更换所组合的遥控器对象，使得组合对象之间成弱耦合关系，从而提高各类模块的独立性和系统的易维护性。

我们一旦创建了 TV 实例就给出了它的 ctl 实例变量的值，就可以让电视使用它的遥控器对象。下面的表达式均是使用遥控器对象的例子：

```
myTV.ctl.selectOpen();
myTV.ctl.setChannel(3);
myTV.ctl.selectClose();
```

电视对象 myTV 使用遥控器对象 ctl，由遥控器对象调用它的选择开机按钮、设置频道和选择关机按钮方法。

注意：

(1)采用对象名加点操作符的方法，访问对象的成员变量和成员方法，可以级联访问；

(2)不要混淆方法调用和方法定义。方法定义规定方法的动作，方法调用执行这些动作。方法定义在类体中实现，方法调用在方法体中实现。

若要显示相应频道播放的节目，可以在 switch()语句或 println()语句中嵌入方法调用：

```
switch(ctl.getChannel()){
     case 1:System.out.println("少儿频道");break;
     case 2:System.out.println("体育频道");break;
     case 3:System.out.println("音乐频道");break;
     case 4:System.out.println("经济频道");break;
     default:System.out.println("不能收看"+ctl.getChannel()+"频道");
}
```

这里 ctl.getChannel()既确定了选择哪一个频道，又告诉 System.out 对象通过执行 println()方法把不能收看的频道显示在控制台窗口上。

我们举的用户收看电视的例子说明，编写 Java 程序由如下三个基本步骤组成：

(1)定义一个或多个类(类定义)；

(2)创建对象作为类的实例(对象实例化)；

(3)使用对象来完成任务(对象的使用)。

Java 类定义决定了在每个对象中应该存放什么信息并执行什么方法。通过实例化，可以创建对象，并通过对象的组合关联对象，共同完成系统的功能。

思考题

(1)在 Remote 类图(图 3.14)中，辨别出下列元素：

①类名；

②两个实例变量的名字和两个常量名字；

③六个方法的名字。

(2) 在TVUser类中添加TV对象作为其成员变量，添加void buyTV(TV tv)作为其成员方法，将特定的TVUser对象和TV对象建立关联，实现特定对象对电视的操纵。

3.2.2 使用关键字this

this是一种特殊的引用，指向当前对象。this可以出现在实例方法和构造方法中，但不可以出现在静态(类)方法中。典型的是在main()方法中不能使用this关键字。下面从this关键字三方面的应用分别加以说明。

1. 用来指代当前对象

我们修改例3.4，为TV类添加getCtl()方法如下：

```
public Remote getCtl() {
    Remote r = this;
    return r;
}
```

此处this指代调用getCtl()方法的当前对象，即把当前对象作为本台电视的遥控器对象返回给调用者，前提是当前对象必须是Remote类型的。

2. 用来访问本类的成员变量和成员方法

如果发生局部变量与实例变量命名冲突时，可以通过“this.属性”的方式区分实例变量和局部变量。我们将例3.4中TV类修改如下：

```
public class TV {
    Remote ctl;
    public TV(Remote ctl){                  //TV构造方法
        this.ctl = ctl; //this访问本类成员，将参变量ctl赋值给TV的成员变量ctl
    }
    public void open(){                 //开电视方法
        if(ctl.getSwitchStation()== Remote.OPEN){
                System.out.println("TV is openning...");
        }
    }
    public void showProgram(){          //播放节目方法
        this.open();                    //this访问本类方法，此处this可省略
        switch(ctl.getChannel()){
            case 1:System.out.println("少儿频道");break;
            case 2:System.out.println("体育频道");break;
            case 3:System.out.println("音乐频道");break;
            case 4:System.out.println("经济频道");break;
            default:System.out.println("不能收看"+ctl.getChannel()+"频道");
        }
    }
}
```

从上例可以看出，this引用在区分同名的实例变量和参变量时显得尤为重要。我们既可以用this对象访问本类的属性，也可以调用本类的方法，但前提是this引用只能出现在实例方法中，并且只能访问类的实例成员。如下两种情况都是错误地使用this引用：

```
public void open(){
    ……
}
public static void showProgram(){
    this.open();             //出错
    ……
}
```

以上例子在 static 方法中使用了 this 引用，发生错误。或者：

```
public static void open(){
    ……
}
public void showProgram(){
    this.open();             //出错
    ……
}
```

以上例子用 this 引用调用 static 静态(类)成员，也发生错误。因为类(静态)成员不隶属于任意对象(这点在 3.1.5 节中已做现详细介绍)，自然也不能用指代当前对象的 this 关键字引用。应尽量避免以上两类情况的发生。

3. 用来调用本类重载的构造方法

在 3.1.4 节中我们了解到一个类可以定义多个构造方法，称之为构造方法的重载。这些构造方法之间也可以互相调用，调用的形式与普通成员方法的调用有所不同，采用 this()的形式。切记一定要先 this()调用，再做其他的初始化工作。假如我们为 TV 类增加一个不带参数的构造方法，其实现形式如下：

```
public class TV {
    Remote ctl;
    public TV(Remote ctl){    //TV 构造方法
        this.ctl = ctl;
    }
    public TV(){
        this(null); //用 this 调用本类带参的构造方法，必须为此构造方法的第一条语句
        ctl = new Remote();
    }
}
```

本例中，无参构造方法先将原电视机关联的遥控器对象取消，再自己创建一个新遥控器对象，与电视机关联。

思考题

试为 Remote 类设置带参构造方法，初始化频道和开关状态；再定义无参构造方法，调用本类带参构造方法，频道为 0，开关状态为 false，再调用本类 SET 方法重新设置频道和开关状态。

3.2.3　对象的生命周期

在 Java 虚拟机所管辖的运行时数据区，最活跃的就是位于堆区的一个个生生息息的对象。对象的生命周期是从 Java 虚拟机创建对象到对象销毁的过程。对象的创建包括为对象分配内存空间，初始化对象的实例变量；当程序不再需要某个对象时，它的内存空间就会被 Java 虚拟机的自动垃圾回收机制回收。

1. 创建对象的过程

对象因创建而诞生，创建对象的方式有如下几种：

(1)用 new 语句创建对象，这是最常用的创建对象方式；

(2)运用反射手段，调用 Java.lang.Class 或者 Java.lang.reflect.Constructor 类的 newInstance()实例方法；

(3)调用对象的 clone()方法；

(4)运用反序列化手段，调用 java.io.ObjectInputStream 对象的 readObject()方法。

下面用例 3.5 演示前两种方法创建对象的过程。

例 3.5 用 new 语句和反射手段分别创建 Student 学生对象的示例。

```
public class Student {
    private String stuName;        //名字
    private int stuAge;            //年龄
    private int stuScore;          //分数
    //带参数构造方法
    public Student(String stuName, int stuAge, int stuScore) {
        this.stuName = stuName;
        this.stuAge = stuAge;
        this.stuScore = stuScore;
        System.out.println("Call first constructor");
    }
    //不带参数构造方法
    public Student() {
        this("unknown",0,0);
        System.out.println("Call default constructor");
    }
    //重写 toString()方法
    public String toString() {
        //输出具体信息
        return "name=" + stuName + ",age=" + stuAge + ",score= " + stuScore;
    }
    public static void main(String args[]throws ClassNotFound Exception,
Instantiation Exception, Illegal Access Exception){
        //用 new 语句创建 Student 对象
        Student c1 = new Student("Mary",21,98);
        System.out.println("c1: "+c1.toString());
        //用反射手段创建 Student 对象
        Class obj = Class.forName("Student");
        Student c2 = (Student)obj.newInstance();
                                    //会调用 Student 类的默认构造方法
        System.out.println("c2: "+c2);
    }
}
```

以上程序的输出结果为：

```
Call first constructor
c1: name=Mary,age=21,score=98
Call first constructor
Call default constructor
c2: name=unknown,age=0,score=0
```

其中，第一种 new 语句创建对象的方法比较常见，这里不多加描述。第二种采用反射手段创建对象的方法，因为 Java 虚拟机在加载一个类时产生一个 Class 类，Class 类没有构造方法，只能通过调用它的静态工厂方法 forName(String name)，由其返回值获得 Class 实例，再由

Class 实例调用 newInstantce()方法获得参数“name”所指定的类的对象。

不论使用哪种方式创建对象，Java 虚拟机创建对象时都包含以下几个步骤：

(1)给对象分配内存；

(2)将对象的实例变量自动初始化为对应类型的默认值；

(3)人工初始化对象，为对象的实例变量赋予指定的初值。

2. 垃圾回收的过程

当对象被创建后，在 Java 虚拟机的堆区里会拥有一块内存，在 Java 虚拟机的生命周期中，会有许多对象陆续被创建，如果不及时清理内存空间，那么内存空间终会耗尽，从而引发内存不足的错误。因此必须采取措施，及时清理不常用的对象空间，以保证内存空间可以被反复利用。

在 Java 语言中，垃圾回收的工作是由 Java 虚拟机来完成的，无需程序员编程实现垃圾回收。这不仅减轻了程序员的编程负担，也保证了内存空间的安全性。内存不会被程序员错误地释放，也不会因程序员的粗心而忘记释放内存空间，从而使系统更加健壮稳定。

Java 的垃圾回收机制具有以下特点：

(1)只用当对象不再被程序中的任何引用变量引用时，它的内存才可能被回收；

(2)程序无法迫使垃圾回收机制立即回收垃圾；

(3)垃圾回收机制要释放对象的内存时，先调用该对象的 finalize()方法，该方法有可能使对象复活，导致取消对该对象内存的回收。Java 的 Object 祖先类中提供了 protected 类型的 finalize()方法，系统在释放内存前会自动调用此方法，也可以重写此方法，人工调用此方法。

一个对象从创建作为生命周期的开始，到由垃圾回收机制回收内存空间，对象的生命周期终止，其中经历了三种状态：可触及状态、可复活状态和不可触及状态。

(1)可触及状态：当一个对象被创建后，只要程序中还有引用变量引用它，那么它就处于可触及状态，如例 3.5 中的 c1、c2 引用的 Student 对象都处于可触及状态。

(2)可复活状态：当程序不再有任何引用变量引用某对象时，它就进入可复活状态。在这种状态下，垃圾回收机制就准备释放对象所占内存，在释放之前，程序会调用本对象和其他可复活对象的 finalize()方法，这些 finalize()方法会根据内存的需要决定是否释放对象内存，也有可能使可复活状态的内存再次转到可触及状态。如，例 3.5 的 main()方法最后添加语句 c1=c2;，则此时 c1 原来引用的名为 Mary 的 Student 对象就处于可复活状态。

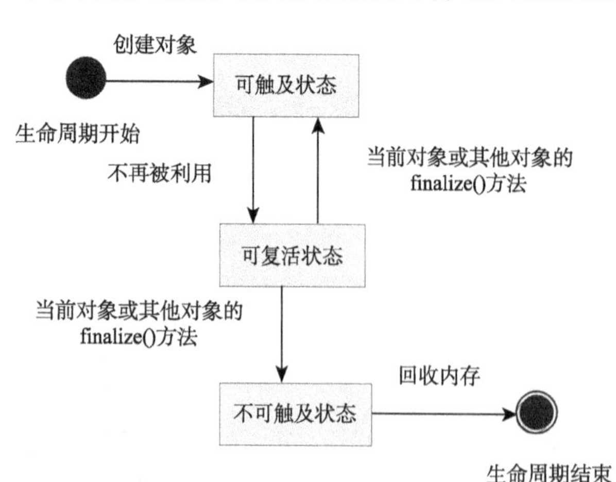

图 3.15　对象生命周期的状态转换图

(3)不可触及状态：当 Java 虚拟机执行完所有可复活对象的 finalize()方法后，如果这些对象都没有转为可触及状态，就进入不可触及状态。此时，垃圾回收机制才会真正回收对象的内存空间。

图 3.15 显示了对象生命周期中三种状态的转换过程。

由此可见，当一个对象处于可复活状态时，垃圾回收机制何时执行它的 finalize()方法，何时使它转到不可触及状态，何时回收它占用的内存，对于程序来说都是不可控的。程序只能决定一个对象何时不再被任何引用变量引用，使它成为可以被回收的垃圾。就像每个居民把无用的垃圾放在指定的地点，等垃圾清理工来清理，但是具体何时清理，居民是不必知道的。与 finalize()类似的方法还有 System.gc()或 Runtime.gc()，它们也都只能提醒垃圾回收器尽快执行垃圾回收，但不能迫使垃圾回收立即执行，也不能保证垃圾回收器一定会执行回收操作。

下面对例 3.5 进行修改，添加 finalize()方法，回收 c1 的内存空间。具体见例 3.6。

例 3.6 用 finalize()方法回收 new 语句创建的 Student 学生对象示例。

```
public class Student {
    private String stuName;              //名字
    private int stuAge;                   //年龄
    private int stuScore;                //分数
    private static int count = 0;       //静态成员变量，用于实例计数
    //带参数构造方法
    public Student(String stuName,int stuAge,int stuScore) {
        this.stuName = stuName;
        this.stuAge = stuAge;
        this.stuScore = stuScore;
        System.out.println("Call first constructor");
        count++;
    }
    //不带参数构造方法
    public Student() {
        this("unknown",0,0);
        System.out.println("Call default constructor");
    }
    //重写 toString()方法
    public String toString() {
        //输出具体信息
        return "name=" + stuName + ",age=" + stuAge + ",score= " + stuScore;
    }
  //析构方法，提醒系统释放内存
    public void finalize(){
        System.out.println("释放对象(" +this.toString()+")");
        Student.count--;
    }
    //显实当前对象数目
    public static void howMany(){
        System.out.println(Student.count+"个 Student 对象");
    }
    public static void main(String args[]){
        //用 new 语句创建 Student 对象
        Student c1 = new Student("Mary",21,98);
        System.out.println("c1: "+c1.toString());
        //用反射手段创建 Student 对象
        Class obj = Class.forName("Student");
        Student c2 = (Student)obj.newInstance();
                                    //会调用 Student 类的默认构造方法
        System.out.println("c2: "+c2);
        c1.finalize();                   //调用析构方法，释放对象 c1
```

```
        Student.howMany();           //通过类名调用静态成员方法
    }
}
```

以上程序的输出结果为：

```
Call first constructor
c1: name=Mary,age=21,score=98
Call first constructor
Call default constructor
c2: name=unknown,age=0,score=0
释放对象(c1: name=Mary,age=21,score=98)
1 个 Student 对象
```

3.3　Java 类库包

Java 将其应用程序接口 API(Application Program Interface)中相关的类及接口组织成一个包(package)。这些 class 和 interface 之间不需要有明确、密切的关系，如继承等，但一般它们共同工作，可互相访问彼此的成员。

3.3.1　创建和使用包

Java 中的包使类和接口的组织更加合理，它的优势主要体现在以下几个方面。

(1)使其他编程人员可以轻易地看出你的程序中类和接口的相关性，提高了程序的可读性。举例说明。假如你要编写一个绘图程序，其中有圆、矩形等图形类，还有一个用于鼠标拖动的接口，它们分别存放在不同的 Java 文件中，如下：

```
// Graphic.java 文件
public abstract class Graphic {...}
// Circle.java 文件
public class Circle extends Graphic implements Draggable {...}
// Rectangle.java 文件
public class Rectangle extends Graphic implements Draggable {...}
//Draggable.java 文件
public interface Draggable {...}
```

如果把这些类和接口打成一个包，那么阅读程序的人员就能很方便地了解所有这些类和接口之间的联系，使程序更加易于理解。

(2)使编写的类名不会和其他包中的类名相冲突。因为每个包有自己的命名空间，两个类如果名字相同，只要所属的包不同，Java 就会认为它们是不同的类，这样在设计类时，就不需要考虑它会不会与现有的类(包括 Java 系统类)重复，只需要注意别与同一个包里的类重复就可以了。

(3)可以让包中的类相互之间有不受限制的访问权限，与此同时包以外的其他类在访问本包的类时仍然受到严格限制。在 3.1.5 节中我们学习过类中的成员具有限制访问权限的修饰符，其中 protected 修饰的成员能够被同一个包中的类，及不同包中的子类访问，而不同包中的非子类是不能访问保护级成员的；同样，不加任何修饰符的成员只能被同一个包中的类访问，不同包中的类是不能访问默认的包级别成员的。由此可见，包对类中成员的安全性也起到一定保护作用。

1. 创建包

包(package) 是 Java 类库中相关类的集合。比如，java.lang 包有像 Object，String 和 System 这样的类，它们在 Java 语言中处于很重要的位置。几乎所有的 Java 程序都要使用到这个包的类。Java.awt 包提供了象 Button、TextField 和 Graphics 这样的类，它们用在图形用户界面(GUIs)中。Java.net 包提供了用于实现网络任务的类，而 java.io 则提供用于实现输入、输出操作的类。

所有的 Java 类，包括程序员定义的类，都属于某个包。为了把类分配给包，需要在包含类定义的文件中加入一个 package 语句作为第一行语句。比如，定义了包含在 java.lang 包中的类的文件都以下面的语句开始：

```
package java.lang;
```

如果你省略了 package 语句，Java 会把这样的类放在没有名字的默认的包里面。

这样，任何 Java 类的全名就包含了它所在的包的名字。比如，System 类的全名是 java.lang.System，String 类的全名是 java.lang.String。相似地，Graphics 类的全名是 java.awt.Graphics。总之，Java 类的全名都具有以下的形式：

```
package.class
```

换句话说，任何类的全名必须以包的名字为前缀。

在 Java 库的所有包中，只有 java.lang 包的类可以通过简写的名字来被所有的 Java 程序调用。也就是说，当程序使用 java.lang 包的类时，它可以直接使用类的名字。比如，在 main() 方法的参数里，直接使用 String，而不是 java.lang.String。

2. 使用包

import 语句的使用是为了引用包中的类，便于用类的简称(类名)直接访问该类。任何 Java 类库的 public 类都可以通过其全名来被程序调用，这样，如果程序使用 Graphics 类，它总是可以以 java.awt.Graphics 的方式来被调用。但是，使用简称不仅能使程序简短并且更具可读性。

注意 import 语句实际上并不把类加载到程序中去，它只是为了方便用简称调用其他包中的类。比如，第 2 章中 Applet 小程序开头的 import 语句，可以在类定义和类体中直接使用简称来调用 Applet 和 Graphics 类。

import 语句有两种可能的形式：

```
import package.class
import package.*
```

第一种形式使一个类能通过它的简称而被调用；第二种形式，通过使用“*”，能使一个包的所有类都能通过简称而被使用。第一种形式如下：

```
import java.applet.Applet.
```

下面的例子：

```
import java.lang.*;
```

能使 java.lang 包中的所有类都能通过简称而被调用。实际上，在每个 Java 程序里，这个特殊的 import 语句是隐含的。

3.3.2 常用类库包

接下来要来看 Java 提供的应用程序接口(Application Program Interface，API)中有哪些 Packages 可让我们来使用。下面介绍这些 Packages 是如何组织的，每一 Package 里的 Interface、Class method 之间的关系又是如何。

我们可以通过网址：http://docs.oracle.com/Javase/8/docs/api 获得标准版的 API 文档。根据对应的 JDK 的版本，API 有很多的版本，同时呈现 API 文档的方式也有多种方式，网页结构形式的居多。文档中以树状目录的形式给出了所有系统包，包中的类、接口，以及类和接口中的属性、方法。Java 标准版 API 文档页面如图 3.16 所示。

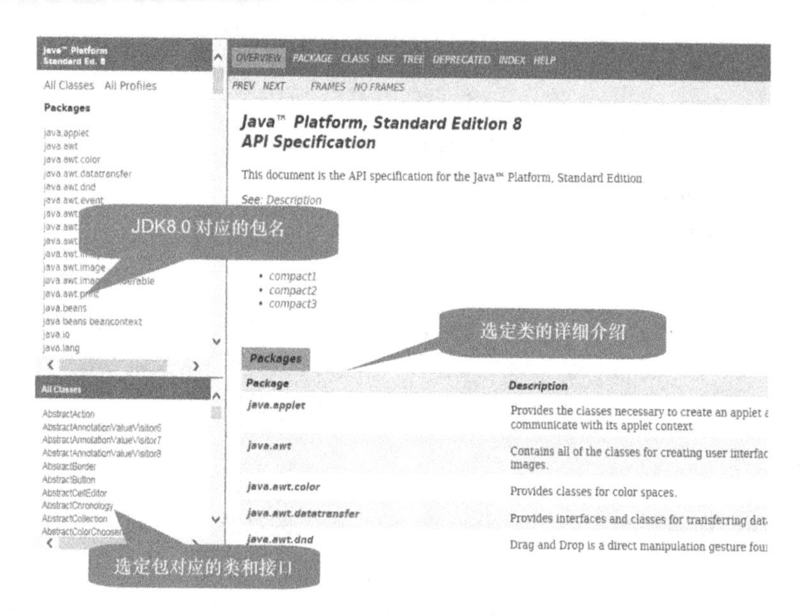

图 3.16 Java 标准版 API 文档页面

API 文档中包含所有 Java 标准包，其中还可能包含子包，每个包对应一个链接，点击进入介绍该包的界面。看到这么多的 Packages、Classes，或许你看得头昏眼花，不知从何着手。没关系，我们可以按照这些包的重要性，并依一般初学者学习过程的需要(而不按字母顺序)，略加整理依次介绍给读者。将这些包分组如表 3.3 所示。

表 3.3 Java 标准包分组表

基本类	图形接口类	数据库类	网络程序设计类	其他
java.lang java.io java.math java.util java.text	java.awt javax.swing java.applet	java.sql	java.net java.security java.servlet java.rmi	java.beans java.corba

现在首先进入整个 API 最核心的包——java.lang package 来看看。在程序中，java.lang package 并不需要像其他包需用 import 来引入。系统会自动加载，在程序中可直接取用其中所有的类。正如在前面的 Application 范例中，并没有 import 任何包，即可使用 System.out.println( ) 这个方法。

接着看看在这个包中有哪些可用的接口与类：

1)接口

Cloneable：实现此接口的类，可合法地通过调用 Object.clone( )方法来对此类的实例作 field-for-field 复制。

Comparable：可把实现此接口的类的对象进行比较。

Runnable：实现此接口的类，其实例可以线程来执行。

2)类

Object：Object 类是所有 Java 类层次的根。

System：提供 Java 系统层次功能。

Boolean：将一个 boolean 值包裹成一个对象。

Byte：将一个 byte 值包裹成一个对象。

Character：将一个 char 值包裹成一个对象。

Double：将一个 double 值包裹成一个对象。

Float：将一个 float 值包裹成一个对象。

Integer：将一个 int 值包裹成一个对象。

Long：将一个 long 值包裹成一个对象。

Short：将一个 short 值包裹成一个对象。

Math：提供基本数学运算，像指数、对数、平方根、三角函数等。

Number：此抽象类是 Byte、Double、Float、Integer、Long 及 Short 类的超类。

String：字符串。

StringBuffer：可变长度及顺序的字符串。

Character.Subset：此类的实例代表 Unicode 字符集的特别子集。

Character.UnicodeBlock：代表由 Unicode2.0 规格所定义字符区块的家族字符子集。

Class：此类的实例代表了一个正在执行的 Java 类。

ClassLoader：处理加载类动作的抽象类。

Compiler：提供支持及相关服务给 Java-to-native-code 编译器。

InheritableThreadLocal：提供子线程从父线程继承所得的数值。

Package：提供包信息。

Process：此抽象类提供处理程序所需的方法定义。

Runtime：每一 Java 应用程序均有此类的一个实例，使应用程序存取执行环境的资源。

RuntimePermission：提供执行时期的许可。

SecurityManager：允许应用程序实现一个安全原则。

StrictMath：提供基本数学运算，像指数、对数、平方根、三角函数等。

Thread：管理线程的类。

ThreadGroup：线程群组类。

ThreadLocal：提供 ThreadLocal 变量。

Throwable：所有 Java 语言中错误及异常的超类。

Void：此最终类保存了代表 void 类型的 Class 对象的参考(referance)。

第一个要来看的是 java.lang.object 类。因为在整个 API 的类层次结构设计中，

java.lang.Object 类被设计成为所有类的根(root)，在最顶层。它不继承任何类，而其他所有类都继承于它。这个类定义了所有对象共同的状态与行为，所以在这个类中定义了一些方法可供：对象比较、复制、返回代表对象字符串、线程用的唤醒其他对象等功能 。具体可见图 3.17 中 Object 的结构图。

构造函数	
Object()	
方法	
protected Object	clone()制造和返回此对象的复制
boolean	equals(Object obj)意指其他对象是否与此对象“相等”
protected void	finalize()当资源回收测知对此对象无任何的参考时，由资源回收器调用此方法
Class	getClass()返回对象的执行时间（runtime）类
int	hashCode()返回对象的散列码
void	notify()唤醒正等待于此对象manitor上的单一线程
void	notifyAll()唤醒所有等待于此对象manitor上的线程
String	toString()返回代表此对象的字符串
void	wait()使目前线程等待，直到被其他线程调用
void	wait(long timeout) 使目前线程等待，直到被其他线程调用，或一定时间timeout（毫秒）过去后 。
void	wait(long timeout, int nanos)使目前线程等待，直到被其他线程调用或中断，或一定时间nanos（秒）过去后 。

图 3.17　Object 类结构图

接着，我们再看看 java.lang 包中的另一个重要的类：System。此类用来处理与系统层次有关的信息。常用到的系统调用有：标准输入输出，如：System.io，System.out，System.err；取得系统性质，如：System. getProperty("user.name")；取得现在时刻如：System.currentTimeMillis( )或执行系统操作，如：System.exit(0);System.gc( );等。这个类的 API 与所在的操作系统是独立分开的，这样的好处是，每到一个新的系统环境下，无需重新改写系统调用程序代码。至于与系统有关的 API，则另外放在 Runtime 类中。不过只有较少的机会会用到此类。

其他常用类还有 Boolean、Byte、Character、Double、Float、Integer Long、Short——处理基本数据类型(primary data type)的类，而这些类均继承于 Number 这个抽象(abstract)类。其中规定了数据类型的最大值、最小值；给出了构造函数：如 new Integer(10);完成不同数据类型间转换，注意不同的数据类使用的方法会有不同，如：Double.toString(0.08)、Integer.parseInt(“123”)、Float.valueOf(0.08)等，具体可见 API 文档。

Math 类用来完成常用的数学运算。其中包括：数学常量：E、PI；数学运算：

```
Math.abs(- 8.09);
Math.exp(5.7);
Math.random();
Math.sqrt(9.08);
Math.pow(2,3);
Math.round(99.6);
```

均为 static，使用时无需创建实例。

当然除了详细介绍的核心包 java.lang 之外，还有许多其他经常用到的包：

java.util：提供实现各种使用功能的类，主要有日期类、数组类和集合类。

java.applet：提供制作一个 Applet 所需的类，以及与此 Applet 内容相关的类。

java.awt：包含所有制作用户接口以及绘图、影像所需的类。其中还包含许多子包：颜色包 java.awt.color、事件包 java.awt.event、字体包 java.awt.font、图形包 java.awt.image 等。

java.beans：包含 Java 接口组件(Java Beans)发展所需的类。

java.io：提供数据流，完成流式系统输入和输出。

java.math：提供任意精确度的整型及浮点数运算。

java.net：网络应用程序类。

java.rmi：远程方法调用(RMI)类。

思考题

(1) 试着查阅 Java API 文档，了解 java.util 包中的 Scanner 类是如何进行标准输入的；再从键盘输入一个整数，采用 java.lang.Integer 类的进制转换方法，将整数对应的的二进制、八进制、十六进制分别输出。

(2) 试着查阅 Java API 文档，了解 java.util 包中的 Calendar 类和 Date 类，编程显示系统当前时间，并计算当前时间和 2015-10-1 之间相隔的天数。

3.3.3 综合示例

本节重点讲述了类库包的应用，结合面向对象的封装性，以一个学生信息管理系统为例，将包的使用和类的封装性综合在案例中，以巩固本章的重要知识点。

模拟一个学生类型，该学生类就是一个实体类，抽象一个班级类，并添加学生集合，对学生集合中的元素进行按不同条件排序。排序的方式有以下两种方式：

(1) 按照成绩排序；

(2) 按照年龄排序。

先抽象出一个学生类型，如图 3.18 所示。

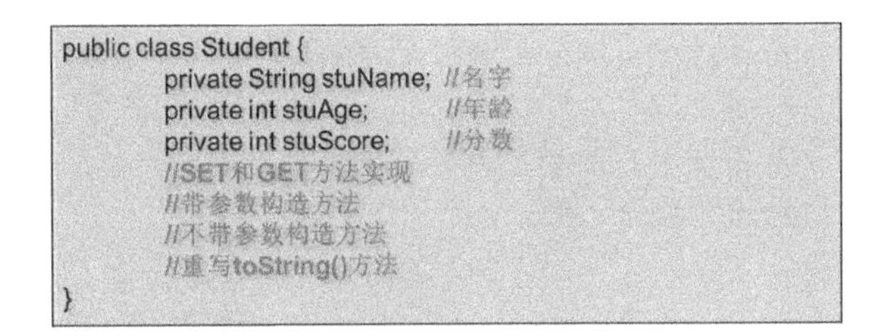

```
public class Student {
        private String stuName;  //名字
        private int stuAge;      //年龄
        private int stuScore;    //分数
        //SET和GET方法实现
        //带参数构造方法
        //不带参数构造方法
        //重写toString()方法
}
```

图 3.18　学生实体类

在一个班级类中，用数组作为学生集合，定义添加学生到集合的业务方法，定义按学生成绩排序的方法，定义按照年龄排序的方法，如图 3.19 所示。

编写测试类 School，在其中添加主方法，创建班级类，初始化学生集合，添加学生到集合，按要求进行按成绩排序，或者进行按年龄排序，如图 3.20 所示。

```
public class ClassCenter{
        private Student[] students;
        //初始化学生数组
        public void init(int count){
                students = new Student[count];
        }
        //按照学生年龄排序
        public void sortedByAge(){ … }
        //按照学生成绩排序
        public void sortedByScore(){ …}
        //添加学生到集合，返回值为true表示添加成功，否则失败
        public boolean addStudent(Student student){ …}
}
```

图 3.19　班级业务类

```
public class School{
        public static void main(String[] args){
                ClassCenter cc = new ClassCenter();
                cc.init();
                cc.addStudent(new Student());
                //按年龄排序结果输出
                …
                //按成绩排序结果输出
                …
        }
}
```

图 3.20　学校测试类

系统中包含三个类：实体类(Student)，业务类(ClassCenter)和测试类(School)。其中 Student 类和 ClassCenter 类包含在同一个包 edu.jit.pac1 中，School 类包含在另一个包 edu.jit.pac2 中，因此存在包的引用关系；同时 ClassCenter 类中又包含 Student 的数组对象成员，因此存在对象的组合关系。三个类之间的类图关系如图 3.21 所示。

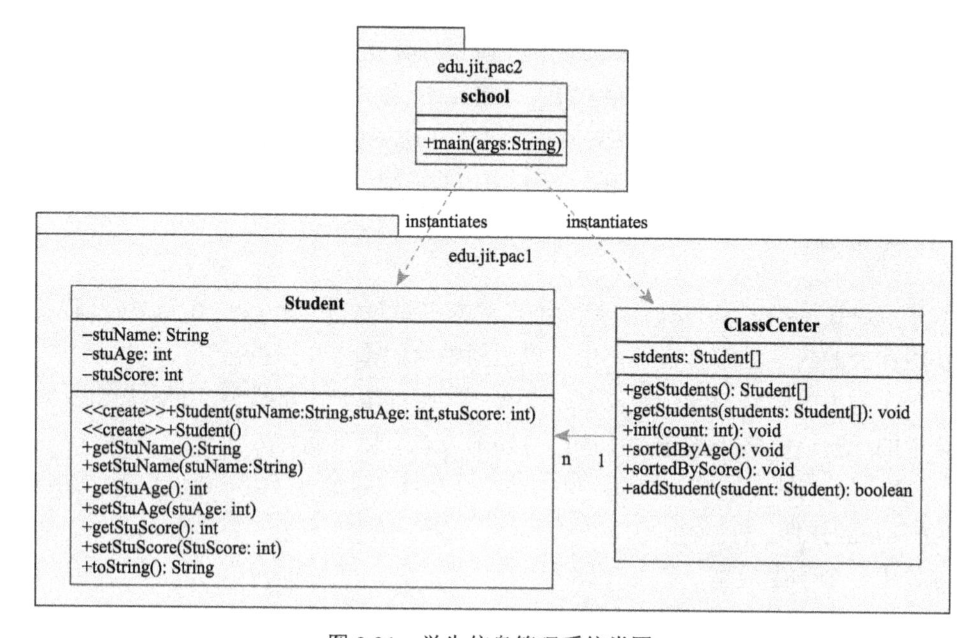

图 3.21　学生信息管理系统类图

下面例 3.7 给出了学生信息管理系统的完整代码。

例 3.7　包的使用和封装性综合示例。

学生实体类：

```
package edu.jit.pac1;                //为 Student 类打包为 edu.jit.pac1
public class Student {
      private String stuName;        //名字
      private int stuAge;            //年龄
      private int stuScore;          //分数
      //SET 和 GET 方法实现
      public String getStuName() {
           return stuName;
      }
      public void setStuName(String stuName) {
```

```
        this.stuName = stuName;
    }
    public int getStuAge() {
        return stuAge;
    }
    public void setStuAge(int stuAge) {
        this.stuAge = stuAge;
    }
    public int getStuScore() {
        return stuScore;
    }
    public void setStuScore(int stuScore) {

        this.stuScore = stuScore;
    }

    //带参数构造方法
    public Student(String stuName, int stuAge, int stuScore) {
        super();
        this.stuName = stuName;
        this.stuAge = stuAge;
        this.stuScore = stuScore;
    }
    //不带参数构造方法
    public Student() {
        super();
    }
    //重写toString()方法
    public String toString() {
        //输出具体信息
        return "name=" + stuName + ",age=" + stuAge + ",score= " + stuScore;
    }
}
```

班级业务类:

```
package edu.jit.pac1;                   //为ClassCenter类打包为edu.jit.pac1
import java.util.Arrays;                //引用Java.util包的Arrays数组类
import java.util.Comparator;            //引用Java.util包的Comparator比较器类
public class ClassCenter {
    private Student[] students;
    public Student[] getStudents() {
        return students;
    }
    public void setStudents(Student[] students) {
        this.students = students;
    }
    //初始化学生数组
    public void init(int count){
        students = new Student[count];
    }
    //按照学生年龄排序
    public void sortedByAge(){
        if(students.length > 0){
            Arrays.sort(students, new Comparator<Student>() {
                public int compare(Student o1, Student o2) {
                    return o1.getStuAge() - o2.getStuAge();
                }
            });
            //foreach循环
            for(Student stu:getStudents()){
```

```
                    System.out.println(stu);
                }
            }
        }
        //按照学生成绩排序
        public void sortedByScore(){
            if(students.length > 0){
                Arrays.sort(students, new Comparator<Student>() {
                    public int compare(Student o1, Student o2) {
                        return o1.getStuScore() - o2.getStuScore();
                    }
                });
                //foreach 循环
                for(Student stu:getStudents()){
                    System.out.println(stu);
                }
            }
        }
        //添加学生到集合，返回值为 true 表示添加成功，否则失败
        public boolean addStudent(Student student){
            if(student != null && students.length > 0){
                for(int i=0;i<students.length;i++){
                    if(students[i] == null){
                        students[i] = student;
                        break;
                    }
                }
                return true;
            }else{
                return false;
            }
        }
}
```

学校测试类：

```
package edu.jit.pac2;               //为 School 打包为 edu.jit.pac2
import edu.jit.pac1.*;              //引用 edu.jit.pac1 包中的所有类
public class School {
    public static void main(String[] args) {
        //创建一个班级
        ClassCenter cc = new ClassCenter();
        //假设有三个人
        cc.init(3);
        cc.addStudent(new Student("James",28,2));
        cc.addStudent(new Student("Kobe",35,5));
        cc.addStudent(new Student("Yao",33,0));
        //按年龄排序结果输出
        cc.sortedByAge();
        //按成绩排序结果输出
        cc.sortedByScore();
    }
}
```

例 3.7 中学生实体类和班级业务类，同属于一个包，因此封装在另一个包中的学校测试类必须先引这两个类，才可以直接引用这两个类的类名创建 ClassCenter 和 Student 对象。

班级业务类中使用了数组的排序方法 sort()和比较器类的比较方法 compare()，所以必须先引用 java.util 包中的 Arrays 类和 Comparator 类。

此外，此例中将实体、业务和测试三者分别封装在不同类中的设计方法也是面向对象程

序设计中非常值得学习的手法。

3.4　封装的设计原则

封装是指将细节隐藏，而以一种新的形式来展现。封装的意义在于它屏蔽了细节，可以使数据或者业务得到有效的保护，降低耦合度，增强了可维护性等。

封装有三方面含义：类的封装，对象的封装，方法的封装。

(1) 类的封装：类型包括属性和行为，而类以一种概念的形式存在。

(2) 对象的封装：具有具体的属性值和具体的行为的实体对象。

(3) 方法的封装：将业务实现细节隐藏，而以方法名来抽象业务行为。

因此，可以说封装是采用类、方法、限定属性的可见性来实现。在面向对象程序设计中，尤以类的封装最为重要。它是将事物共有的特征抽象出来，封装成类，实现信息隐藏，即隐藏对象的实现细节，不让用户看到，就像将东西包装在一起，然后以新的完整形式呈现出来。例如，两种或多种化学药品组成一个胶囊；将方法和属性一起包装到一个单元中，单元以类的形式实现。

以本章开头的图 3.1 封装示例为例，法拉利汽车零件制造公司将所有的公司信息、雇员信息和配件信息等作为属性，将订单处理、配件制造和利润计算等作为方法，封装成零件制造商类。迪斯尼汽车制造商类将公司信息、雇员信息和汽车信息等作为属性，将订单处理、汽车组装和工资计算等作为方法，封装成汽车制造商类。在封装的同时，还要有选择地提供给合作方可访问数据，因此，要合理地选择公开的数据和私有的操作方法。我们可以将处理方法归纳为图 3.22。

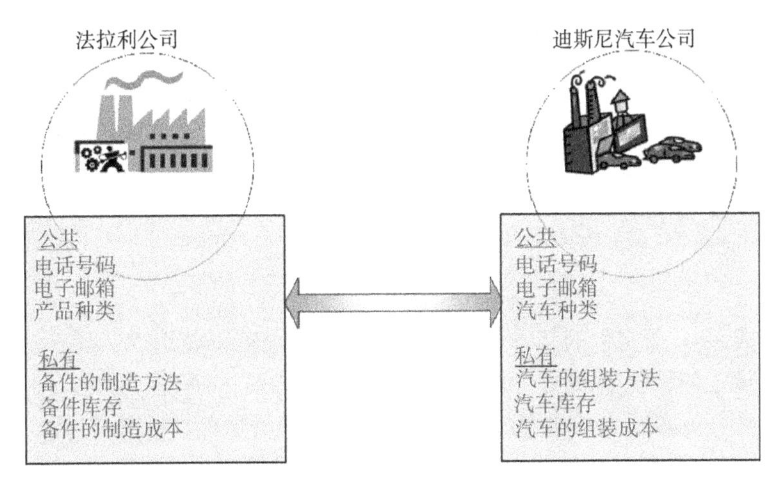

图 3.22　封装示例的处理方法

在图 3.22 的基础上，进一步细化类封装的细节，设计出符合面向对象封装原则的类模型，如图 3.23 所示。

由此可以看出，从问题的提出，到设计出高内聚、低耦合、信息隐蔽、接口清晰、通用性和可扩展性兼具的合理的类模型，通常需要明确以下六点设计原则：

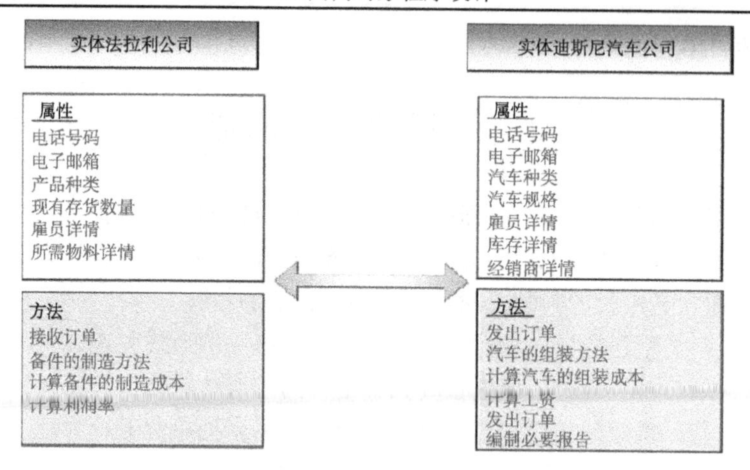

图 3.23　封装示例的类模型

(1)使用抽象的概念提取对象的主要部分，忽略次要部分。

(2)明确定义类模板的目的就是封装类的过程，最后抽象出的是类的属性(用于存储信息)方法(用于实现功能和业务逻辑)。

(3)类中的属性通常使用 private 定义，使用 public 方法来操作数据。

(4)封装类、封装属性、封装方法都是面向对象(OO)的思想，整体而言是为了让程序更方便调用。

(5)把逻辑上相关联的数据封装成新的类来使用，不要定义太庞大的类，要把无关的功能适当分离。

(6)通常在 main 方法中创建类的对象，也叫实例化对象，创建对象的实例。通过对象.属性，设置或获取属性值，通过对象.方法()，调用类的方法完成功能。

思考题

根据图 3.23，写出法拉利公司实体类和迪斯尼公司实体类的完整定义；并编写测试类，模拟两个公司间收发订单，购买备件组装汽车的过程。

3.5　小　　结

(1)类是组成 Java 源文件的基本元素，一个源文件由若干类组成。

(2)类中封装了两种重要成员：成员变量(属性)和成员方法(行为)。

(3)类的成员分为实例成员和类成员。类成员隶属于类模板，被所有对象共享，可以由类名直接调用；实例成员隶属于对象，不同的对象的实例成员互不相同，必须由对象来调用。类成员不能用 this 关键字调用，类成员方法中不能使用 this 引用，且只能直接访问类成员。

(4)类中通常使用一对 SET 和 GET 方法实现成员的赋值和取值，提供外界访问内部成员的接口。

(5)类的初始化通常使用构造方法。一个类中可以包含多个与类同名的构造方法，称为构造方法的重载。可以通过 this()的形式在一个构造方法中调用另一个带参数的构造方法。

(6)对象的生命周期因调用构造方法实例化对象而开始，因自动垃圾回收器调用 finalize()

方法，转换对象的生存状态，回收内存空间而结束。

(7) 对象访问自己的变量以及调用自己的方法均受访问控制权限的限制。

(8) 在 Java 源文件中，通常会把功能相关联的类封装在包中，可以使用 import 语句引入包中的类。

(9) 在 Java API 文档中提供了大量 Java 类库包的介绍，可以通过查阅 API 文档，引入系统包中的类，调用标准包中提供的基本功能。

(10) 通过封装性实现信息的隐藏，提高了程序的模块化及安全性，使程序易于维护，同时必须为外界提供功能清晰的接口，以便于模块的使用和功能的扩展。

习　题

一、选择题

1. 在 Java 中，在包 com.db 下定义了一个类，要让包 com.util 下的所有类都可以访问这个类，这个类必须定义为(　　)。

A. protected　　B. private　　C. public　　D. friendly

2. 在 Java 中，com 包中某类的方法使用下列(　　)访问修饰符修饰后，可以被 com..db 包中的子类访问，但不能被 com.db 中其他类访问。

A. private　　B. protected　　C. public　　D. friendly

3. 给定 Java 代码如下，编译运行，结果是(　　)。

```
public static void main(String args[]){
      int i;
      System.out.println("i="+i);
}
```

A. 编译错误　　B. 运行时出现异常

C. 正常运行，输出 i=-1　　D. 正确运行，输出 i=0

4. 在 Java 中，在方法前使用(　　)关键字，可以表示此方法为类方法，无需创建对象即可访问。

A. void　　B. final　　C. public　　D. static

5. 为 AB 类的一个无形式参数无返回值的方法 method 书写方法头，使得使用类名 AB 作为前缀就可以调用它，该方法头的形式为(　　)。

A. static　void　method()　　B. public　void　method()

C. final　void　method()　　D. abstract　void　method()

6. 对于构造函数，下列叙述错误的是(　　)。

A. 构造函数是类的一种特殊函数，它的方法名必须与类名相同

B. 构造函数的返回类型只能是 void 型

C. 构造函数的主要作用是完成对类的对象的初始化工作

D. 一般在创建新对象时，系统会自动调用构造函数

7. 在 Java 中，对象在何种状态下会被回收？(　　)

A. 当没有引用变量再指向该对象时

B. 当对象关系的引用变量消失时

C. 当没有任何程序再访问一个对象或对象的成员变量时

D. 当对象的所有成员函数都执行一遍以后

8．Java 中，类 Object 位于(　　)包中。

A. java.lang　　B. java.util　　C. java.sql　　D. java.io

9．给定 Java 代码如下，d 取值范围是(　　)。

```
double d = Math.random( );
```

A. d>=1.0

B. d>=0.0，并且 d<1.0

C. d>=0.0，并且 d<Double.MAX_VALUE

D. d>=1.0，并且 d<Double.MAX_VALUE

10．给定一个 Java 程序的方法结构，如下：

```
public Integer change(String s)
{
        ()//代码;
}
```

A. return Integer(s);

B. return s;

C. Interger t=Integer.valueof(s);　　return t;

D. return s.getInteger();

11．给定 Java 代码片段，如下：

```
Integer a=new Integer(3);
Integer b=new Integer(3);
System.out.println(a==b);
```

运行后，这段代码将输出(　　)。

A. true　　B. false　　C. 0　　D. 1

12．给定 Java 程序 Test.Java 如下，编译运行，结果是(　　)。

```
package com;
public class Test{
        protected void talk(){
             System.out.print("talk");
        }
}
```

给定 com.util 包下的测试类 Test2 如下：

```
package com.util;
import com.*;
public class Test2 {
        public static void main(String[] args){
        new Test().talk();
        }
}
```

A. 输出字符串：talk

B. 输出字符串：talk talk

C. 编译错误：在 com.util.Test2 中无法访问方法 talk()

D. 编译错误：com.Test 无法在包外访问

二、阅读程序题

1．给定 Java 代码如下，编译运行后，写出输出结果。

```
public class Test{
     static int i;
     public int aMethod(){
          i++;
          return i;
}
     public static void main(String args[]){
     Test test=new Test();
     int i = test.aMethod();
     System.out.println("i = "+test.aMethod());
}
}
```

2. 写出下列程序的运行结果。

```
class BankAccount{
      String ownerName;
      int accountNumber;
      float balance;
      public BankAccount()
      {
           this("lilei",123,10.0f);
      }
      public BankAccount(String name,int number,float bal)
      {
           ownerName=name;
           accountNumber=number;
           balance=bal;
      }
      public BankAccount(BankAccount ba)
      {
           ownerName=ba.ownerName;
           accountNumber=ba.accountNumber;
           balance=ba.balance;
      }
}
public class BankTester{
     public static void main(String args[]){
          BankAccount myAccount=new BankAccount();
          System.out.println("ownerName="+myAccount.ownerName);
          System.out.println("accountNumber="+myAccount.accountNumber);
          System.out.println("balance="+myAccount.balance);
          BankAccount yourAccount=new BankAccount("zhanghua",124,20f);
          System.out.println("ownerName="+yourAccount.ownerName);
          System.out.println("accountNumber="+yourAccount.accountNumber);
          System.out.println("balance="+yourAccount.balance);
          BankAccount hisAccount=new BankAccount(myAccount);
          System.out.println("ownerName="+hisAccount.ownerName);
          System.out.println("accountNumber="+hisAccount.accountNumber);
          System.out.println("balance="+hisAccount.balance);
     }
}
```

三、程序填空题

以下为一个 Java 的完整程序，它定义了一个类 Car，并在程序中创建了一个该类的对象 DemoCar，调用该对象的 set_number 方法设置车号属性为 3388，调用该对象的 show_number 方法输出车号。

```
//Car.java
package edu.jit.pac1;
class Car{
      int car_number;
      void set_number(int car_num){
```

```
        ________________//为成员变量 car_number 赋值
        }
        void show_number(){
                System.out. println ("My car No. is :"+car_number);
        }
}
//CarDemo.java
package edu.jit.pac2;
____________//引入 Car 类
class CarDemo{
        public static void main(String args[]){
______________//创建 Car 类对象 demoCar
______________//设置 car_number 为 3388
______________//调用成员方法显示车牌号
        }
}
```

四、编程题

1．编写程序。首先，创建一个类 Circle，添加静态属性 r(成员变量)，并定义一个常量 PI=3.142；其次，在类 Circle 中添加两种方法，分别计算周长和面积；最后，编写主类 TestCircle，利用类 Circle 输出 r=2 时圆的周长和面积。

2．设计复数类 Complex 继承于数字类 Number，私有成员变量包括 double 类型的实部 real(父类 Number 中已定义)和虚部 imag，公有成员方法包括两个构造方法(一个不带参数的和一个带两个参数的，调用父类构造函数初始化 real)、复数加法 public void add(Complex c)、复数减法 public void subtract(Complex c)、字符串描述 public String toString()。将复数类打包，包名为 mypackage，并编写测试类，验证复数 1+2i 和 3+5i 的结果为 4+7i。

3．设计计算器类 Calculator，计算加、减、乘、除和立方体体积，并且打包为 mypackage。在 Calculator.Java 同一目录下新建文件 PackageDemo.Java，其中设计测试类引用计算器类的各方法显示计算结果。

4．试编码实现简单的银行业务：处理简单账户存取款、查询。编写银行账户类 BankAccount，包含数据成员：余额(balance)、利率(interest)；操作方法：查询余额、存款、取款、查询利率、设置利率。再编写主类 UseAccount，包含 main()方法，创建 BankAccount 类的对象，并完成相应操作。

第 4 章　Java 的继承和多态

面向对象的三要素为封装、继承和多态。在第 3 章中已经了解了封装的特点和作用，本章将重点介绍另两个要素——继承和多态。

继承体现出对现实世界的抽象模拟，生活中继承的例子随处可见，如图 4.1 所示。

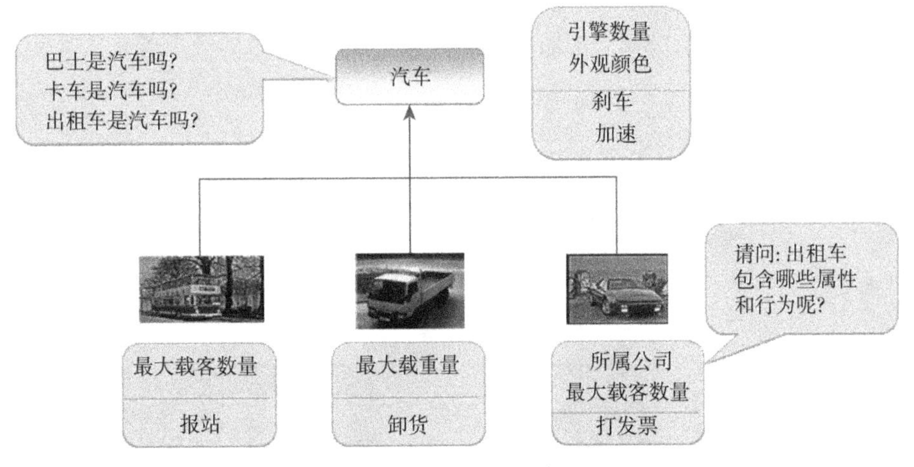

图 4.1　汽车的继承关系

如同“子承父业”的道理，每个孩子可以从父亲那里获得部分产业，同时又必须通过自身努力开创具有个人特色的事业。各类汽车中不论客车、货车，还是出租车，虽然它们的功能和特性不同，但都少不了汽车的共同特征，有引擎、能刹车、会加速……因此，我们认为客车、货车和出租车继承了汽车的属性和行为，同时扩展了自己的特性和功能。通过对个体共性的层层抽象，可以形成一棵倒置的“继承树”。面向对象的设计方法正是通过这种继承关系，搭建起各个类之间的桥梁，使处于“继承树”下层的子类可以复用上层父类的功能，同时扩展自己的特有功能。

继承为多态提供可能，这样不仅便于不同子类重新定义父类已有的行为，也可以让父类的引用指向不同的子类对象，从而体现出“同种定义，多种实现”的多态特性。

通过本章的学习，我们将学会构建更贴近社会生产实践的、复用性更好、代码冗余度更低、模块组合灵活性更高的大型系统。

4.1　Java 的继承机制

继承是复用程序代码的有力手段，当多个类之间具有相同的属性和方法时，可以从这些类中提取出共同的属性和方法组成新类，称此新类为父类。父类的属性和方法可以由不同的子类反复使用，而无需重新定义。

4.1.1　Java 类层次结构

类的继承是面向对象三要素中的一个重要要素，体现出类之间的继承关系，被继承的类称为父类或者超类，继承的类称为子类或者派生类，子类会继承父类的所有资源。继承的好处就是可以实现代码的重用，体现“write once, only once”的追求。

如果甲是乙的父类，乙又是丙的父类，习惯上称丙是甲的子孙类，甲是丙的祖先类。Java 的类按照继承关系形成具有层次结构的“继承树”(将类看成树上的结点)，在这个树形结构中，根节点是 Object 类，即 Object 类是所有类的祖先类。任何类都是 Object 类的子孙类，每个类(除了 Object 类)有且仅有一个父类(注意这是 Java 类的单重继承特性，不同于 C++)，可以有多个或没有子类。图 4.2 体现出类的层次结构在动物世界中的继承关系。

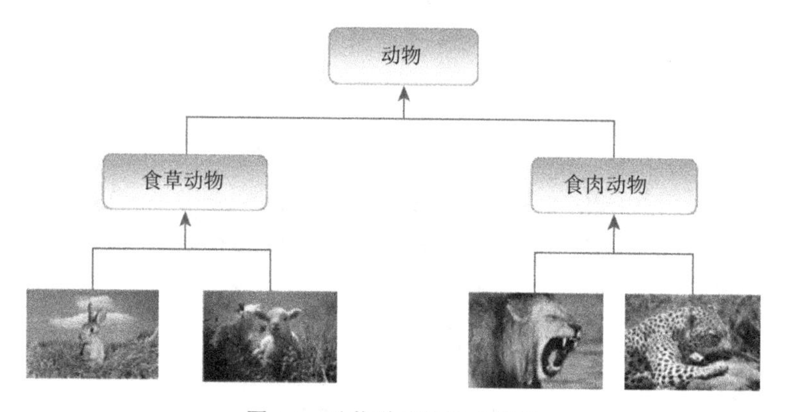

图 4.2　动物世界的继承关系

在图 4.2 的“继承树”中，我们把“动物”、“食草动物”、“食肉动物”、兔、羊、狮、豹都看作是类，其中，所有动物的祖先类为“动物”类；“食草动物”类是兔类、羊类的父类，且兔类、羊类只能有唯一的一个父类；兔类、羊类是“食草动物类”的子类，是“动物”类的子孙类。通过类间的继承关系形成一棵三层“继承树”。

在类的声明中，通过使用关键字 extends 定义一个类的子类。人们习惯于称子类与父类的关系是“is-a”关系，即子类即是父类。子类具有父类的一般特性(属性、行为)和自身特性，子类是父类的特殊化，父类更通用、子类更具体。例如，Teacher 类可以定义为 Person 类的子类，JavaTeacher 类可以定义为 Teacher 类的子类。定义形式如下：

```
class Teacher extends Person{
     ……
}
class JavaTeacher extends Teacher{
     ……
}
```

值得注意的是，Java 具有单重继承特性，一个子类不能同时继承多个父类，如下继承形式是错误的：

```
class JavaTeacher extends Person,Teacher{
     ……
}
```

关于如何解决 Java 类同时继承多个父类的属性和行为的问题，在下一章的接口知识中将提供解决方法。

思考题

试描述出 Object 类、Person 类、Student 类和 Teacher 类之间的继承关系，要求采用 UML 的类图形式。

4.1.2　继承示例

例 4.1　我们以计算机程序设计教师类为例，其中教师分为 C 语言教师以及 Java 语言教师，各自的要求如下：

C 语言教师：

属性：姓名、所属部门

方法：授课(步骤：打开 VC、实施理论课授课)、自我介绍

Java 语言教师：

属性：姓名、所属部门

方法：授课(步骤：打开 Eclipse、实施理论课授课)、自我介绍。

假如分别定义这两个类，代码如下所示：

```
public class CTeacher {
        private String name;    //教师姓名
        private String school; //所在学院
        public  CTeacher(String name, String school){
                this.name = name;
                this.school = school;
        }
        public void giveLesson(){
                System.out.println("启动 VC");
                System.out.println("知识点讲解");
                System.out.println("总结提问");
        }
        public void introduce() {
                System.out.println("大家好！我是"+school+"的"+name+".");
        }
}
```

```
public class JavaTeacher {
        private String name;    //教师姓名
        private String school; //所在学院
        public JavaTeacher(String name, String school) {
                this.name = name;
                this.school = school;
        }
        public void giveLession(){
                System.out.println("启动 Eclipse");
                System.out.println("知识点讲解");
                System.out.println("总结提问");
        }
        public void introduce() {
                System.out.println("大家好！我是" + school + "的" + name + ".");
    }
}
```

经过对比之后会发现，这两个类中的重复代码非常多，这违背了面向对象程序设计“write

once, only once”的原则。那么如何进行改进？方法就是采用继承原则，提取两个类的公共部分，作为父类，提取其公共属性和方法。提取父类方式如图 4.3 所示。

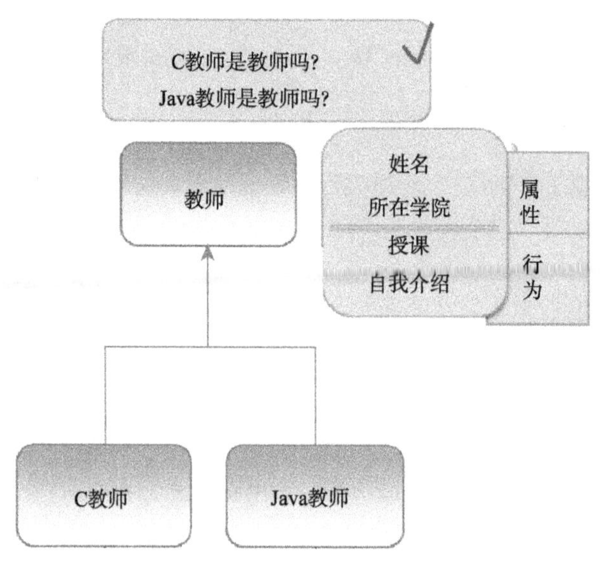

图 4.3　教师父类的提取方法

在父类中抽象两类对象通用的属性与方法，伪代码如下：

```
public class Teacher {
    private String name;     //教师姓名
    private String school;  //所在学院
    public Teacher(String name, String school) {
            //初始化属性值
    }
    public void giveLesson() {  //授课方法的具体实现  }
    public void introduce() {  //自我介绍方法的具体实现  }
}
```

子类 C 语言教师和 Java 语言教师类中可以省略所有父类中已经定义的属性和方法，例如 C 语言教师类的伪代码如下：

```
public class CTeacher extends Teacher {
    public CTeacher(String name, String school){
          //初始化
    }
}
```

子类却可以直接调用父类中定义的属性和方法，即继承特性使得子类直接继承了父类所有可访问的属性和方法。可以用如下测试类验证子类直接调用父类成员的结果：

```
public class TeacherTest {
    public static void main(String args[]) {
        CTeacher ct = new CTeacher("ZhangHong","jit");
        ct.giveLesson();   //调用继承自父类的方法
        ct. introduce();   //调用继承自父类的方法
    }
}
```

关于上例的类图结构如图 4.4 所示。

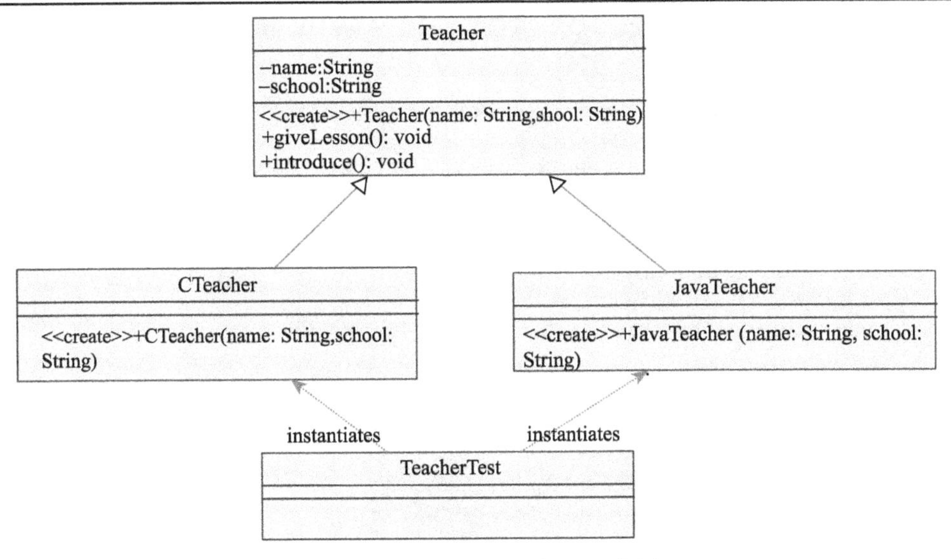

图 4.4　教师类继承关系 UML 类图

注意：

(1)用子类对象调用父类成员方法时，无法体现出不同子类方法执行的差异性。例如，此处 ct.giveLesson();语句执行授课方法时，无法体现出 C 语言教师打开 VC 和 Java 语言教师打开 Eclipse 的区别。对于这一问题的解决方法将在下一节中进行介绍。

(2)父类的 name 和 school 属性因其访问性为 private，因此虽然子类继承下来，却无法访问。解决方法可将其访问性修改为 protected 或 public，或者用公开的 SET 和 GET 方法进行访问。

4.1.3　super 关键字

super 关键字类似于第 3 章介绍的 this 关键字，也是指代特定对象。super 用于指代父类对象，可以用 super 调用父类的构造方法和父类的成员变量、成员方法。常用于子类在隐藏了父类的成员变量(子类出现和父类同名的成员变量)或覆盖了父类的方法(子类出现和父类同名的成员方法)后，常常还要用到父类的成员。

假设在确定教师类的继承关系的基础上，重新定义 CTeacher 类和 JavaTeacher 类，可以使用 super 关键字直接调用父类的构造方法和成员，具体代码见例 4.2。

例 4.2　利用继承关系实现教师类代码复用，利用 super 关键字实现子类功能扩充。

```
public class Teacher {
    private String name;    //教师姓名
    private String school;  //所在学院
    public Teacher(String name, String school) {
        this.name = name;
        this.school = school;
    }
    public void giveLession(){
        System.out.println("知识点讲解");
        System.out.println("总结提问");
    }
    public void introduce() {
```

```
            System.out.println("大家好！我是" + school + "的" + name + ".");
        }
    }
    public class CTeacher extends Teacher {
        private double salary;
        public  CTeacher(String name, String school, double salary) {
            super(name, school);
            this.salary = salary;
        }
        public void giveLesson(){
            System.out.println("启动 VC");
            super.giveLesson();
        }
    }
```

```
    public class JavaTeacher extends Teacher {
        private double salary;
        public JavaTeacher(String myName, String mySchool, double salary ) {
            super(myName, mySchool);
            this.salary = salary;
        }
        public void giveLesson(){
            System.out.println("启动 Eclipse");
            super.giveLesson();
        }
    }
```

注意：

(1) 利用 super() 调用父类的构造方法时，必须作为子类构造方法的第一条语句，这点和 this 关键字的使用形式相同。

上例中：

```
super(myName, mySchool);
this.salary = salary;
```

这两条语句的先后顺序不可颠倒，否则系统报错。

这一点说明系统默认必须先构建父类对象，才能构建子类对象。即使子类对象没有显示定义构造方法，或者子类对象的构造方法中没有采用 super() 调用父类构造方法，系统也会在构建子类对象时，自动调用 super();先构建起父类对象，再构建子类对象。

(2) 利用“super.成员方法”的形式调用父类同名成员，如在子类的 giveLesson() 方法中采用 super.giveLesson() 的形式调用父类同名的成员方法，这样可以便于在父类方法的基础上进行适当扩充，又不必重复书写相同功能的代码，从而减少了代码的冗余。例 4.2 中，既体现了 C 语言教师和 Java 语言教师启动运行环境的不同，又省略了相同授课环节代码的重复书写。

思考题

思考下列程序的输出是什么？为什么？你能否在程序中适当的位置添加 super() 调用语句，实现相同的输出？

```
class Meal {
    Meal() {
        System.out.println("Meal()");
    }
}
```

```
class Bread {
    Bread() {
        System.out.println("Bread()");
    }
}
class Lunch extends Meal {
    Lunch() {
        System.out.println("Lunch()");
    }
}
class PortableLunch extends Lunch {
    PortableLunch() {
        System.out.println("PortableLunch()");
    }
}
class Sandwich extends PortableLunch {
    Bread b = new Bread();
    Sandwich() {
        System.out.println("Sandwich()");
    }
    public static void main(String[] args) {
        new Sandwich();
    }
}
```

4.1.4　继承的使用原则

通过上述对继承特性的介绍，我们了解到继承就是子类在沿用父类属性和方法的同时，扩展自身的特殊功能。继承关系可以通过对子类共性的层层抽象，构成一棵父类在上层，子类在下层的继承关系树，从而实现子类对父类代码的重用，提高程序设计的复用性和可扩展性。关于继承的特点和优点，如图 4.5、图 4.6 所示。

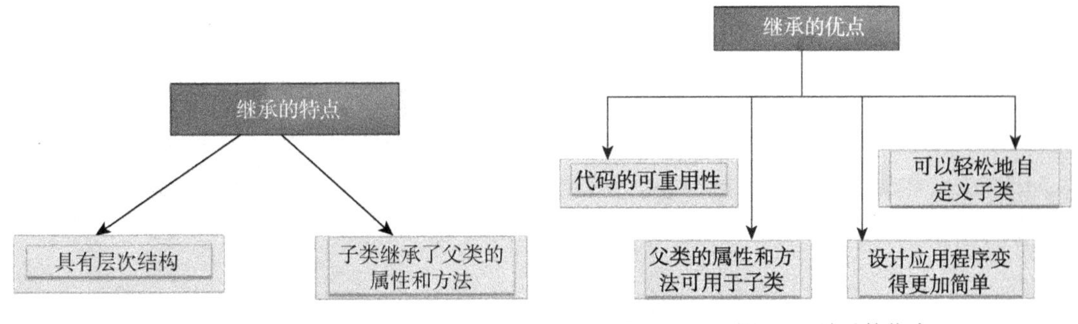

图 4.5　继承的特点图　　图 4.6　继承的优点

继承性虽然在面向对象程序设计中具有诸多优势，但在使用继承特性时，还需要遵循一定的使用原则，否则反而会削弱系统的可扩展性和可维护性。继承的使用原则主要体现在以下几点：

(1) 继承树的层次不可太多。

通常继承树层次保证在两到三层为宜，层次过多会导致系统模型过于复杂，继承树中子类执行覆盖方法(与祖先类同名的方法)时，很难确定覆盖的是哪个祖先类的成员方法，这增加了动态绑定的难度。

同时，继承树层次过多反而会影响到系统的可扩充性。在 4.1.3 节的学习中我们已经了解到创建子类对象时必须先构建父类对象，一旦类层次过多，在扩展新的子类分支时，需要创建的类对象就越多，大大增加了系统开销。

(2)继承树的上层为抽象层，应充分预计系统现有功能和将来可能扩展的功能，尽可能多地定义下层子类具有的属性，提供方法实现，从而提高代码的可重用性。

例如，在教师案例中，授课和自我介绍是所有教师共有的行为，可以抽象到父类 Teacher 中，由父类具体实现，从而减少代码的冗余，提高复用性。同时，当子类 CTeacher 和 JavaTeacher 在实现授课方法时，启动的授课软件各有不同，此时可以通过对父类的授课方法进行覆盖(重写)，扩展子类特有的功能。

(3)克服继承“打破封装”的弱点，精心设计专门用于继承的类。

在第 3 章中我们了解到面向对象的封装性保护了类的成员和实现细节不被任意访问，但因为父子类之间具有继承关系，子类可以访问父类中的大部分属性和方法，破坏了父类的封装性；同时，当父类的实现发生变化时，子类也会随之变化，破坏了子类的独立性。如，父类的授课方法更名为 haveLesson()，则例 4.2 子类中调用父类的语句都要作相应修改为 super.haveLesson()。这一点不符合面向对象程序设计原则中类模块之间保证相互独立的松耦合特性。

要解决继承性的这一缺陷，一方面，在系统模型构建初期就要充分考虑到哪些方法需要扩充，将这些方法定义到一个类中，也就是精心设计专门用于被继承的类，并对这些类作充分的文档说明，使得开发人员了解如何正确地扩展其功能；另一方面，将父类中具体实现细节和属性尽量定义为 private 访问权限，以避免子类的修改；另外，Java 还提供了一类特定的关键字 final，用于定义常量和终极方法，父类的属性定义为 final 型则不能被子类隐藏，父类的方法定义为 final 型，则不能被子类覆盖，关于 final 修饰符的具体应用将在 4.2.1 节中具体介绍。

思考题

假如银行账户类 Account 包含存款 save()方法和取款 withdraw()方法，它的子类 SubAccount 覆盖了它的存取款方法，修改了取款方式为无限取款，存款方式为按实际存款金额的 5 倍存款。修改程序，防止子类对父类实现细节的恶意篡改。

4.2　多　　态

面向对象中的多态性简单来说就是：同一种定义，有多种不同的实现形式。其主要体现在方法的多态性和类型的多态性两个方面。方法的多态又可以分为方法的重载和覆盖(重写)；类型的多态可以分为编译时多态和运行时多态两种形式。

4.2.1　方法的多态

方法的多态性是指同名的方法，具有不同的实现。比如，第 3 章中介绍构造方法时，可以在一个类中定义多个同名的构造方法，这种形式称为方法的重载；4.1 节中 CTeacher 和 JavaTeacher 中定义了与父类同名的授课方法 giveLesson()，这种形式称为方法的覆盖(重写)。

1. 方法的重载

方法的重载是指同类中或父子类中的同名方法。那么定义、调用时如何区分重载的是哪个方法呢？我们看看最典型的重载示例 print()和 println()方法。

```
print(char c);           println(char c);
print(int i);            println(int i);
print(double d);         println(double d);
print(float f);          println(float f);
print(String s);         println(String s);
print(Object o);         println(Object o);
```

显然，虽然打印方法名称均相同，但是它们的参数类型都不同，系统会自动根据实参传递过去值的类型判定调用哪个打印方法，例如，表达式 println('a')的实参是 char 类型，因此系统自动调用 println(char c)的方法，因为它的参数就是 char 类型的。也就是说，重载方法通过不同的参数列表来区别同名的不同方法。

除了普通成员方法可以实现方法的重载，更多情况下方法的重载应用于构造方法的定义上，可以让一个类的对象具有多种创建方式。这一点在 3.1.4 节中已经详细介绍。

值得注意的是，方法的重载只能通过参数列表的不同来区分同名方法，可能参数类型不同，或者参数的个数不同，但不能通过返回类型的不同来区分重载的方法。

我们可以通过方法的重载，为同一种方法功能的实现提供多种可能性。比如，可以对例 4.1 作如下修改：

```
public class JavaTeacher {
    private String name;    //教师姓名
    private String school; //所在学院
    private double salary; //月薪
    public JavaTeacher(String name, String school,double salary) {
       this.name = name;
       this.school = school;
       this.salary = salary;
    }
    public void giveLession(){
       System.out.println("启动 Eclipse");
       System.out.println("知识点讲解");
       System.out.println("总结提问");
    }
    public void introduce() {
       System.out.println("大家好！我是" + school + "的" + name + ","
                            +"月薪是"+salary);
}
    public void introduce(boolean  allInfor){
       if(allInfor == true){
              //调用同类同名的重载方法
              introduce();
       }else{
                  System.out.println(("大家好！我是"  + name);
              }
    }
}
```

经过对自我介绍方法 introduce()的重载，可以使教师根据具体情况决定自我介绍的详细程度，从而提高了代码的灵活性。

2. 方法的覆盖(重写)

方法的覆盖(重写)是指父子类中的同名方法，通常是子类重新定义父类中已经定义过的方法。通常要求覆盖的方法与被覆盖的方法具有相同的参数列表和返回类型，如果参数列表相同而返回类型不同，编译时出错。

方法覆盖时，如何区分定义、调用的是父类的方法还是子类重定义的方法呢？用子类对象调用的就是子类的覆盖方法，而用父类对象调用的就是父类被覆盖的同名方法。例如，我们可以为例 4.2 提供如下测试类，解决同名覆盖方法的区分问题。

```
public class TeacherTest {
     public static void main(String args[]) {
          CTeacher ct = new CTeacher("ZhangHong","jit",4000.0);
          ct.giveLesson();//调用子类覆盖的方法
          Teacher t = new Teacher("LiuMing","jit");
          t.giveLesson();//调用父类被覆盖的方法
     }
}
```

值得注意的是，方法的覆盖规则有以下两点：

(1)覆盖方法不能比被覆盖方法访问权限小，而反之称为方法的扩展覆盖，符合 Java 的覆盖规则。

下例为错误示例：

```
class SuperClass{
    protected void method(){...}
}
class SubClass extends SuperClass{
    //子类覆盖父类的method()方法，private访问权限小于protected，编译出错
    private void method(){...}
}
```

相反，修改子类的覆盖方法如下：

```
class SubClass extends SuperClass{
    //子类覆盖父类的method()方法，public访问权限大于protected，合法扩展覆盖
    public void method(){...}
}
```

(2)覆盖方法不能比被覆盖方法抛出异常更多。

下例为错误示例：

```
class SuperClass{
    public void method(){...}
}
class SubClass extends SuperClass{
    //子类覆盖父类的method()方法，额外声明异常IOException，编译出错
    public void method() throws IOException{...}
}
```

在 4.1.1 节中我们了解到所有的 Java 类都直接或间接地继承了 Java.lang.Object 类，Object 类是所有类的父类，其存在的价值主要体现出多态性，便于引用和扩展。Object 类中定义了许多常用的方法，一个实例效果如图 4.7 所示。

在 Object 类中有一个 toString()方法，该方法默认的业务功能可以输出对象的地址。在将类型的对象作为参数输出到控制台时，对象会自动调用 toString()行为，如下例 4.3，其 UML

类图如图 4.8 所示。

```
public class MyObject {
    public static void main(String[] args){
        MyObject obj = new MyObject();
        obj.
```

The precise ss of the object. the expression: quirements.	clone() Object - Object equals(Object obj) boolean - Object finalize() void - Object getClass() Class<?> - Object hashCode() int - Object notify() void - Object notifyAll() void - Object toString() String - Object wait() void - Object wait(long timeout) void - Object wait(long timeout, int nanos) void - Object main(String[] args) void - MyObject

图 4.7　一个实例可覆盖的 Object 方法

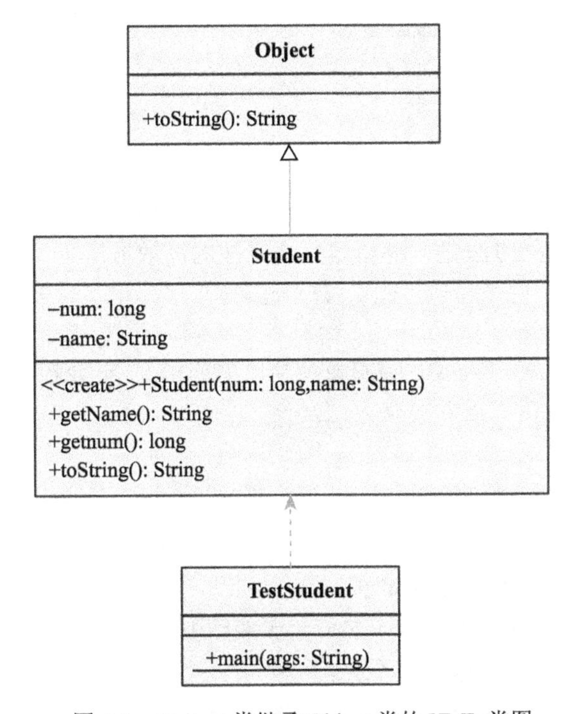

图 4.8　Student 类继承 Object 类的 UML 类图

例 4.3　Student 学生类继承 Object 类的 toString()方法，调用并重写 toString()方法。

```
public class Student {
    private long num;
    private String name;
    public Student(long num,String name) {
        this.num = num;
        this.name = name;
    }
    public String getName() {
        return name;
    }
    public long getnum() {
        return num;
    }
```

```
}
public class TestStudent {
    public static void main(String[] args) {
        Student s = new Student(201501,"LiLin");
        //以 Student 类对象为参数，自动调用 Object 类的 toString()方法
        System.out.println(s);
    }
}
```

输出结果为：

```
Student@c17164
```

显然，Object 类默认的 toString()方法对于输出显示来说没有任何作用。如果在某个类中重写了 toString()方法，将会在输出对象时，对象自动去调用 toString()方法，但是内容是子类重写之后的效果。如在例 4.3 中 Student 类重写父类的 toString()方法：

```
public String toString(){
    return "("+num+","+name+")";
}
```

则输出结果为：

```
(201501,LiLin)
```

这种对 Object 类中方法的重写覆盖，是用户自定义类时非常普遍的用法。对一个特定的子类来说，覆盖继承而来的方法是一种自定义该方法的高效方式。

3. 终极修饰符 final

终极修饰符 final 可以使得类或者类的成员性质更加稳定，不会轻易被外部类或子类修改。final 可以用来修饰类、成员变量和成员方法。

1)终极类

终极类是不能够被子类继承的类。终极类主要应用在以下情况：

(1)不是为继承而设计的类，类内方法间有复杂的调用关系，为了防止子类对类内部实现逻辑的改变，通常把此种类定义为 final 类。

(2)出于安全原因，类的实现细节不允许被子类改变。

(3)在创建类模型时，确定这个类不会再被扩展。

例如，一旦 Teacher 类被定义为 final 类，则以下代码段出错：

```
public final class Teacher{…}
public class JavaTeacher extends Teacher{…}
                              //编译出错，不允许创建 Teacher 类的子类
```

由此可见，终极类往往能提高类的封装性，防止子类对父类实现细节的修改，克服了继承性对封装性的不利影响。

2)终极变量

用 final 修饰的变量称之为终极变量，表示为常量，只能在初次定义时被显式赋值一次，并且不允许子类中隐藏父类的终极变量。

final 变量具有以下特征：

(1)final 修饰符可以用来修饰类的成员变量，也可以修饰方法中的局部变量，分别表示成员常量和局部常量。

例如，在 Teacher 类中定义 final 成员变量和 final 局部变量：

```
class Teacher {
      public String name = "Zhanghong";
      int thisYear = 2015 ;
      private double salary;
      public static final int MAX_AGE = 60;      //定义终极静态成员变量
      public final int MIN_AGE = 24;             //定义终级实例成员变量
      void introduce() {
           final int BIRTH_YEAR = 1990;          //定义终极局部变量
           System.out.println("My name is " +name+" . " );
           System.out.println("I am "+ (thisYear- BIRTH_YEAR )+ " years old.");
           System.out.println("I have teach for 1 years.");
      }
}
```

(2) final 修饰的实例成员变量必须定义的同时显式初始化，或构造方法初始化；final 修饰的静态成员变量必须定义的同时显式初始化，或在静态代码块中初始化。不能采用默认值，否则会发生编译错误。

例如，在 Teacher 类中如果采用如下方法为终极变量赋初值会产生编译错误：

```
 class Teacher {
public String name = "Zhanghong";
     int thisYear = 2015 ;
     private double salary;
     public static final int MAX_AGE;
     MAX_AGE = 60;                    //终极变量必须在定义的同时初始化，编译错误
     static{
          MAX_AGE = 60;               //合法，终极静态变量可以在静态代码块中初始化
     }
     public final int MIN_AGE ;
     Teacher(){
          MIN_AGE = 24;               //合法，构造方法初始化终极常量
     }
}
```

(3) final 变量只能赋一次值。例如下面代码试图为 final 变量 MAX_AGE 和 MIN_AGE 重新赋值则会产生编译错误：

```
class Teacher {
      public String name = "Zhanghong";
      int thisYear = 2015 ;
      private double salary;
      public static final int MAX_AGE = 60; //定义终极静态成员变量
      public final int MIN_AGE = 24;         //定义终级实例成员变量
      public void change(){
           MAX_AGE = 65;               //编译出错，不允许改变 MAX_AGE 的值
           MIN_AGE = 22;               //编译出错，不允许改变 MIN_AGE 的值
           final int BIRTH_YEAR = 1990;
           BIRTH_YEAR++;               //编译出错，不允许改变 BIRTH_YEAR 的值
      }
}
```

在程序中采用 final 修饰符定义常量，具有以下作用：

(1) 提高代码安全性，禁止非法修改取值固定的数据；

(2) 提高程序的可维护性，主要体现在代码多处使用同一数据时，为了避免日后对此数据的大面积修改，而采用定义 final 常量的形式。

比如，定义圆类Circle，在计算周长、面积时多次运用到3.14这个值：

```
public class Circle {
    private double r;
    public Circle(double r) {
        this.r = r;
    }
    public double getPerimeter() {
        return 2*3.14*r;
    }
    public double getArea() {
        return 3.14*r*r;
    }
}
```

假如发生改变，要将3.14改为3.1415，那么需要改Circle类的多处代码。为了提高Circle类的可维护性，可以定义一个final类型的变量PI来表示π。

```
public class Circle {
    private double r;
    public static final double PI = 3.14;
    public Circle(double r) {
        this.r = r;
    }
    public double getPerimeter() {
        return 2*PI*r;
    }
    public double getArea() {
        return PI*r*r;
    }
}
```

此时程序变化时，只要修改PI的初始化代码一处即可。尤其对于规模较大，使用相同数值或变量较多的程序，此方法可以大大减少程序的修改量。

(3)提高程序的可读性。

final常量还经常用于表示不同状态的场合，提高程序的可读性，如电灯的开关、车辆的进出等。

```
private static final int STATUS_OPEN = 1;
private static final int STATUS_CLOSE = 0;
```

以下方法设置电灯的状态：

setStatus (STATUS_OPEN);

其含义非常明确，是将电灯设为打开状态。若将代码改为如下形式：

setStatus (1);

虽然也同样完成设置电灯打开状态，但显然削弱了代码的可读性。

3)终极方法

终极方法是用final修饰的方法，其子类不能覆盖终极方法。就如同终极类一样，不允许子类继承父类，修改父类的实现细节；终极方法出于安全原因，也不允许子类修改方法的实现细节。我们将例3.3修改如下，说明终极方法的不可覆盖性。

```
public class Teacher {
    public String name = "Zhanghong";
    protected  int  teachYears = 5;
    int age = 28;
```

```
        final void introduce() {                   //introduce()定义为终极方法
            System.out.println("My name is " + name + "." );
            System.out.println("I am " + age + " years old. ");
            System.out.println("I have teach for "+ teachYears + " years.");
    }
    public class JavaTeacher extends Teacher {
        void introduce() {                    //编译出错，不允许子类覆盖父类的终极方法
            System.out.println("My name is " + name + "." );
            System.out.println("I am " + age + " years old. ");
            System.out.println("I have teach for "+ (++teachYears) + " years.");
        }
    }
```

思考题

试在 Student 类中覆盖 Object 类的 equals(Object obj) 方法：

```
public boolean equals(Object obj) {
    return (this == obj);
}
```

使其从引用对象地址的比较转变为逻辑值的比较，并实现在测试类主方法中调用 equals 方法进行逻辑比较。如果，此方法不希望被别的类覆盖，应该如何实现？试定义 Student 类的子类 CollegeStudent，企图覆盖父类的 equals()方法，会发生什么情况？

4.2.2　类型的多态

类型的多态指子类即是父类。类型的多态属于引用类型的强制转换，通常是子类对象可以类型转换成父类对象，即“向上转型”，形式如下：

```
SubClass ba=new SubClass();
SuperClass  pa = ba;
```

或写成如下形式：

```
SuperClass ba=new SubClass();
```

反之，父类对象类型转换成子类对象，即“向下转型”，则有可能会报错，具体要看被转换的对象是不是可以强制转换为子类对象。这一点结合具体的继承关系很容易理解，比如，JavaTeacher 是 Teacher，但反之，Teacher 不一定都是 JavaTeacher。

“子类即是父类”带来的问题是如何确定调用的是哪一个的多态方法。类型的多态可以根据何时确定执行多态方法中的哪一个，分为两种情况：编译时多态和运行时多态。

1. 编译时多态

编译时多态可以在编译阶段确定执行的是多态方法中的哪一个。在程序编译时，Java 编译器通过静态绑定机制将方法调用与正确的方法实现联系起来。例如，方法的重载都属于编译时多态，编译时可以根据方法的参数列表确定调用的是哪一个多态方法；又如父类被声明为 final 或 private 型的方法，因为不能被子类覆盖或访问，所以在编译时也能确定调用的是父类的方法。

方法的覆盖表现出两种多态形式，当对象引用本类实例时，为编译时多态，否则为运行时多态。如例 4.2 中测试类调用覆盖方法 giveLesson()就属于编译时多态：

```
CTeacherct = new CTeacher("ZhangHong","jit",4000.0);
```

```
ct.giveLesson();//编译时多态，调用子类覆盖的方法
Teacher t = new Teacher("LiuMing","jit");
t.giveLesson();//编译时多态，调用父类被覆盖的方法
```

2. 运行时多态

运行时多态是在程序运行阶段确定调用的是多态方法中的哪一个。运行时多态通常由 Java 的动态绑定机制实现，由 Java 虚拟机(JVM) 在运行时把方法调用和正确的方法实现绑定到一起。例如，我们将例 4.2 中测试类的调用方法改变如下：

```
Teacher t = new CTeacher("ZhangHong","jit",4000.0);
t.giveLesson();//运行时多态
```

此处，父类对象引用子类实例(子类对象的向上转型)，调用的究竟是哪个类的 giveLesson() 方法呢？通过 Java 的动态绑定机制，在程序的运行过程中，Java 从实例所属的类开始寻找匹配的方法执行，如此处先在子类 CTeacher 中寻找匹配的 giveLesson()方法，如果子类中没有匹配的方法，则沿继承树层次逐层向上寻找，即再寻找父类 Teacher 中是否有 giveLesson()方法，直到找到公共父类 Object 类为止。

运行时多态中“子类即是父类”特性，使得系统可以以多种方式为外界提供服务，而这一切对系统的访问者来说都是透明的。比如驾驶员可以驾驶各种交通工具运送各种货物。图 4.9 显示驾驶员 Driver、货物 Goods 和交通工具 Transportation 及它们的子类框图。

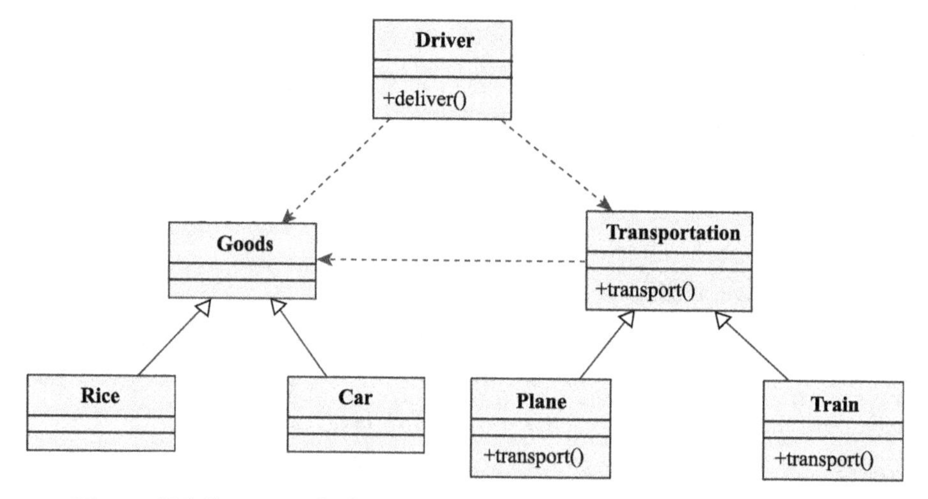

图 4.9　驾驶员 Driver、交通工具 Transportation 和货物 Goods 及它的子类框图

可以把 Driver、Goods 和 Transportation 都看成是独立子系统。Driver 类的定义如下：

```
public class Driver{
     public void deliver (Transpotation trans, Goods goods){
          trans.transport (goods );
     }
}
```

以下程序演示了一个驾驶员分别驾驶飞机运送大米，驾驶火车运送汽车：

```
Driver driver = new Driver( );
Transportation trans = new Plane( );
Goods goods = new Rice( );
driver.deliver( trans , goods );  //驾驶员用飞机运送大米
```

```
trans = new Train( );
goods = new Car( );
driver.deliver( trans, goods);    //驾驶员用火车运送汽车
```

以上 trans 变量被定义为 Transportation 类型，但实际上有可能引用 Plane 或 Train 的实例。在 Driver 类的 deliver() 方法中调用 trans.transport() 方法，Java 虚拟机会执行 trans 变量所引用的实例的 transport() 方法。可见 trans 变量有多种状态，可能是飞机，可能是火车，但不论驾驶员是驾驶飞机还是驾驶火车运送货物，货物的接收者只关心是否收到了自己想要的货物，至于怎么运送的，他们不必了解。这体现出多态性的特点是一种服务可以有多种实现方法，并且实现手段对用户透明。

运行时多态中的向上转型虽然使系统实现更加灵活多样，但采用向上转型对象调用成员变量和方法时应该注意以下几点：

(1) 向上转型时，子类对象会遗失一些和父类不一样的内容，即采用向上转型的对象不能调用子类中新增加的成员。

(2) 向上转型的对象不能访问到子类中跟父类同名的成员变量。

如图 4.10 所示，类 B 为类 A 的子类。类 B 包含变量 aM，隐藏类 A 的 aM；类 B 包含方法 aF()，覆盖类 A 的 aF()。

相应代码如下：

```
class A{
      int aM=1;
      void aF(){
            System.out.println("This is A.");
      }
}
class B extends A{
      int aM=2;
      void aF(){
            System.out.println("That is B.");
      }
}
```

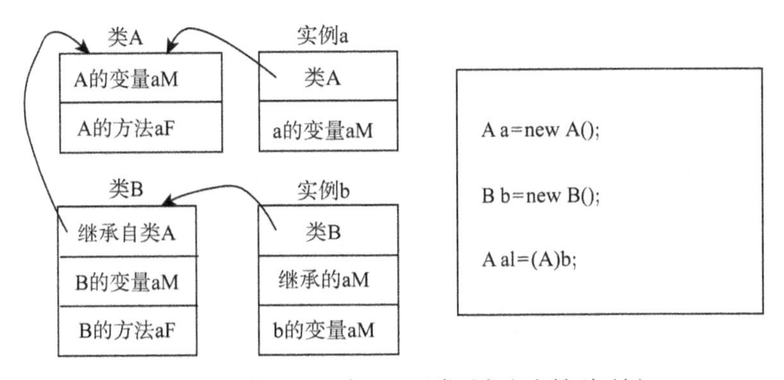

图 4.10　类 B 继承类 A，子类对象向上转型示例

假如在测试类的主方法中通过向上转型的对象调用，隐藏的变量 aM 和覆盖的方法 aF()，如下：

```
System.out.println(a1.aM);
a1.aF();
```

程序的输出结果为：

```
1
That is B.
```

由此可见，运行时多态的动态绑定机制只针对覆盖方法有效，而对于隐蔽变量无效，即向上转型的对象不能访问到子类中跟父类同名的成员变量。

同时，假设在类 B 中再定义一个新增变量 bM，企图用向上转型的对象调用这个子类特有的变量，如下：

```
System.out.println(a1.bM);
```

编译器会报如下错误：

```
bm cannot be resolved or is not a field
```

由此可见，向上转型的对象不能调用子类中特有的成员变量和成员方法，即向上转型的对象会遗失一些和父类不一样的内容。

Java 中运行时多态的向上转型还体现在参数的传递上，可以将子类对象作为实参，父类引用作为形参，接收子类实参传递过来的值。此时，父类在使用参数对象进行操作时往往要先判断究竟是哪个子类对象传来的值，这里要用到 Java 判断对象类型的运算符 instanceof。

3. 对象类型判断运算符 instanceof

instanceof 是个运算符，可以用于判断类型之间的关系。通过 instanceof 运算符运算完毕，可以得到一个 boolean 类型的值。当值为 true 时，表示是同种类型的事物，否则，不同类。

instanceof 运算符的运算语法为：

```
value instanceof  Btype ;  //此时结果为Boolean类型
```

如果运算之后的结果为 true，说明 instanceof 后面的类型是该运算符之前的父类，或者可以被 instanceof 后面的类型所引用。

在对象传参过程中向上转型，instanceof 通常用于判断对象属于哪一个类。例如有如下继承关系：

public class Employee extends Object

public class Manager extends Employee

public class Engineer extends Employee

父类包含一个 doSomething(Employee e) 方法用于接收测试类传递过来的对象参数，此参数可能是 Employee 类型、Manager 类型或 Engineer 类型，doSomething(Employee e) 方法必须判定传递过来的参数类型，以确定作何种操作，形式如下：

```
public void doSomething( Employee e) {
     if (e instanceof Manager) {
          // Process a Manager
     }
     else if (e instanceof Engineer) {
          // Process an Engineer
     }
     else {
          // Process any other type of Employee
     }
}
```

具体实现过程可以用 UML 类图描述，如图 4.11 所示，对应源程序如例 4.4 所示。

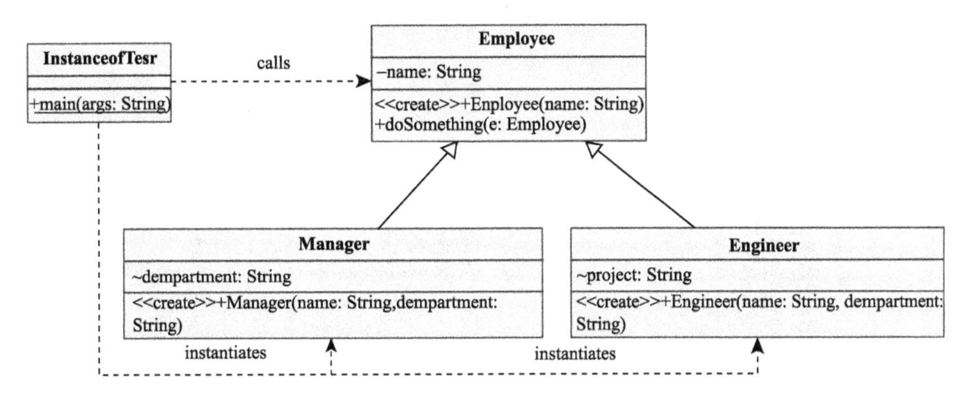

图 4.11　Employee 雇员类及其子类关系的 UML 类图

例 4.4　Instanceof 运算符在运行时多态中判定对象类型的应用。

雇员父类：

```
public class Employee{
     private String name;
     public Employee(String name) {
          super();
          this.name = name;
     }
     //通过参数传递实现向上转型的方法
     public void doSomething(Employee e){
         if(e instanceof Manager){
            //将向上转型的对象强制转换回子类对象，访问子类特有成员 department
            Manager e1 = (Manager)e;
            System.out.println("This manager's name is "+e.name+". He leads"+
            e1.dempartment+".");
         }
         else if(e instanceof Engineer){
            //将向上转型的对象强制转换回子类对象，访问子类特有成员 project
            Engineer e2 = (Engineer)e;
            System.out.println("This engineer's name is "+e.name+". He is in
               charge of"+e2.project+" project.");
         }
         else{
             System.out.println("new employee!");
         }
     }
}
```

经理子类：

```
class Manager extends Employee{
     String dempartment;
     public Manager(String name, String dempartment) {
          super(name);
          this.dempartment = dempartment;
     }
}
```

工程师子类：

```
class Engineer extends Employee{
     String project;
```

```
    public Engineer(String name, String project) {
        super(name);
        this.project = project;
    }
}
```

测试类：

```
public class InstanceofTest {
    public static void main(String[] args) {
        Employee em = new Employee("LiuMing");
        Manager mg = new Manager("LiHua", "personnel office");
        Engineer en = new Engineer("WangJun","traffic light");
        em.doSomething(mg);
        em.doSomething(en);
        em.doSomething(em);
    }
}
```

程序运行结果：

```
This manager's name is LiHua. He leads personnel office.
This engineer's name is WangJun. He is in charge of traffic light project.
new employee!
```

例 4.4 中值得注意的是，在参数传递的向上转型中，与赋值转型一样，会损失一些子类新增的成员，例如，在 if(e instanceof Manager)分支中直接用 e.department 无法正常调用经理类的特有成员 department。这时必须将向上转型的对象强制转换回子类对象(即“向下转型”)，访问子类特有成员，形式如：

```
Manager e1 = (Manager)e;
System.out.println(e1.department);
```

思考题

试为例 4.2 中的 CTeacher 类增加一个描述 C 竞赛的方法 contest()，为 JavaTeacher 类增加一个描述 Java 开发的方法 develop()，为父类 Teacher 类增加一个描述课外活动的成员方法 takeActivities(Teacher t)，采用 instanceof 运算符判定教师对象的参数类型，确定课外活动的方式，最后设计一个测试类 TestActivities，主方法中调用 takeActivities(Teacher t)，用不同的子类对象为实参 Teacher t 传参，测试不同教师开展的不同课外活动。

4.2.3　多态示例

以本章图 4.2 动物关系的继承树为例，总结说明 Java 运行时多态执行的方式和应该注意的问题。

例 4.5　编码实现动物世界的继承关系：

动物(Animal)具有行为：吃(eat)、睡觉(sleep)。

动物包括：食草动物(Herbivore)、食肉动物(Carnivore)。

食草动物包括：兔子(Rabbit)。

食肉动物包括：老虎(Tiger)。

这些动物吃的行为各不相同(兔子吃草，老虎吃肉)；但睡觉的行为是一致的，同时老虎还具有游泳的行为。

图 4.12 是动物、食草动物、食肉动物、兔子和老虎类的 UML 类图。

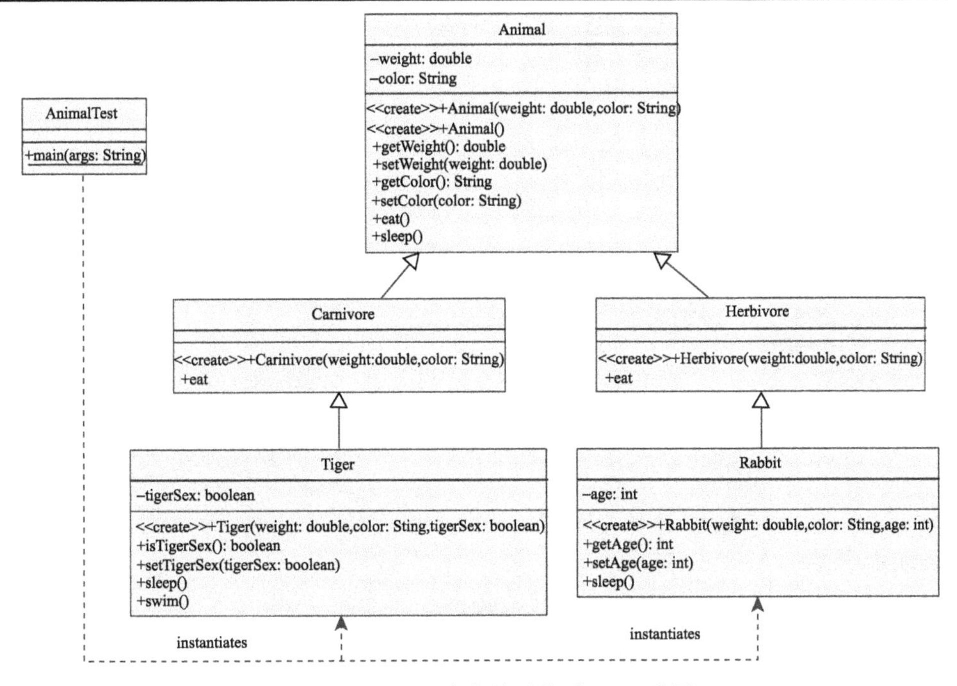

图 4.12　Animal 类的继承关系 UML 类图

动物父类：

```
public class Animal {
     private double weight;     //表示动物的重量
     private String color;      //表示动物的颜色
     //动物类的 SET 和 GET 方法
     public double getWeight() {
          return weight;
     }
     public void setWeight(double weight) {
         this.weight = weight;
     }
     public String getColor() {
         return color;
     }
     public void setColor(String color) {
         this.color = color;
     }
     //设置带参数构造方法
     public Animal(double weight, String color) {
         super();
         this.weight = weight;
         this.color = color;
     }
     public Animal(){  }
     /**
       * 此方法用于实现动物的吃行为，由于是父类，而且该行为是每个动物都有的行为，
       * 应该尽量抽象，不能太具体
       */
     public void eat(){
         System.out.print("张开大口，准备吃");
     }
     /**
```

```
        * 此方法用于实现动物的睡行为，由于是父类，而且该行为是每个动物都有的行为，
        * 应该尽量抽象，不能太具体
        */
    public void sleep(){
        System.out.println("闭着眼，打着呼噜，流着哈喇子睡觉！ ");
    }
}
```

食草动物子类：

```
public class Herbivore extends Animal {
    public Herbivore(double weight, String color) {
        super(weight, color);
    }
    public void eat() {
        super.eat();
        System.out.println("嫩草！ ");
    }
}
```

食肉动物子类：

```
public class Carnivore extends Animal {
    public Carnivore(double weight, String color) {
        super(weight, color);
    }
    public void eat() {
        super.eat();
        System.out.println("肥肉！ ");
    }
}
```

兔子子孙类：

```
public class Rabbit extends Herbivore {
    //定义 Rabbit 中特有的属性
        private int age;
        //添加属性的 SET 和 GET 方法
        public int getAge() {
            return age;
        }
        public void setAge(int age) {
            this.age = age;
        }
        //定义带参数构造方法
        public Rabbit(double weight, String color, int age) {
            //调用父类构造方法
            super(weight, color);
            this.age = age;
        }
        public void sleep() {
            System.out.println("兔子");
            super.sleep();
        }
}
```

老虎子孙类：

```
public class Tiger extends Carnivore {
    // 在继承父类的基础上，增加一个老虎性别属性
        private boolean tigerSex;
        // 添加 SET 以及 GET 方法
```

```
        public boolean isTigerSex() {
            return tigerSex;
        }
        public void setTigerSex(boolean tigerSex) {
            this.tigerSex = tigerSex;
        }
        // 添加带参数的方法
        public Tiger(double weight, String color, boolean tigerSex) {
            super(weight, color);
            this.tigerSex = tigerSex;
        }
        public void sleep() {
            System.out.println("东北虎");
            super.sleep();
        }
        //子类扩展游泳方法
        public void swim(){
            System.out.println("东北虎，一跃而起，跳入黑龙江开始仰泳");
            System.out.println("public swim()");
        }
}
```

测试类：

```
public class AnimalTest {
     public static void main(String[] args) {
          //创建一个动物变量，由于父类可以引用子类对象，所以，其子类兔子对象和老虎
          //对象都可以被引用
          Animal animal = new Rabbit(5,"白色",2);
          //根据引用的具体动物的不同，吃和睡的行为是不同的
          animal.eat();
          animal.sleep();
          Animal animal2 = new Tiger(100,"黄色",true);
          animal2.eat();
          animal2.sleep();
     }
}
```

通过例 4.5，可以总结出使用继承性和多态性编写面向对象程序需要注意的几点问题：

(1)父类中定义的方法尽可能抽象，不可太具体，具体的实现细节交给子类完成，这样有利于程序的可扩展性。如同 Animal 类中的 eat()和 sleep()方法，只要大概描述张嘴吃即可，至于怎么吃、吃什么交给子类 Carnivore、Herbivore 去完成，这样在扩展新的动物种类时，无需修改父类模块。

(2)构造方法的定义一般需要方法重载，以满足不同的对象构建方式需求，这样不仅增加了程序的灵活性，也提高了系统的可靠性。比如 Animal 类中提供了带参和不带参的两类构造方法，看似不带参构造方法没有任何作用，但当创建 Animal 对象时，调用者不慎采用 new Animal()方式创建该对象，系统不会出错。

(3)运行时多态的动态调用机制在调用覆盖方法时，通常先从对象所述的类寻找匹配方法，如果没有，则向继承树上层逐层寻找，直到找到为止。如测试类 AnimalTest 中下列语句：

```
Animal animal = new Rabbit(5,"白色",2);
animal.eat();
```

多态对象 animal 调用 eat()方法时，Java 运行时 JVM 先找 Rabbit 类中有无 eat()，如果

没有，再到它的父类 Herbivore 中找，找到则执行 Herbivore 类中的 eat()方法，否则，再到 Herbivore 的父类 Animal 中查找，执行流程如图 4.13 所示。

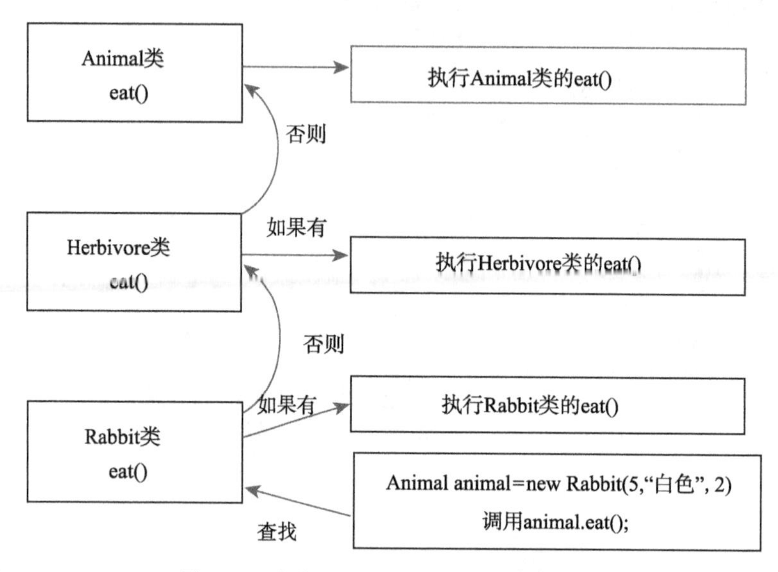

图 4.13　查找 animal.eat()匹配的执行流程

(4) 向上转型时，子类对象会遗失一些和父类不一样的内容，此时可以通过将该对象强制向下转型，实现对子类特有成员的访问。如 AnimalTest 类中：

```
Animal animal2 = new Tiger(100,"黄色",true);
animal2.swim(); //编译出错，无法访问 Tiger 特有方法 swim()
```

必须通过向下转换形式才可以访问到 Tiger 类特有的方法 swim()：

```
Tiger tig=(Tiger)animal2;
tig.swim();
```

(5) 用 instanceof 运算符判定对象类型时，当对象属于该类或为该类的子类时，都会得到 true。如在测试类 AnimalTest 中添加语句：

```
System.out.println(animal2 instanceof Animal);
```

因 Tiger 类是 Animal 类的子类，其对象 animal2 与 Animal 类匹配，所以此处返回结果为 true。

4.3　面向对象设计的原则

在面向对象程序设计中，既要考虑模块的独立性和安全性，尽量隐蔽内部实现细节，防止外部对内部代码的修改，又要兼顾系统的可扩展性和灵活性。这就需要应用到面向对象设计的“开-闭原则”。

所谓“开”是指对扩展开放，在系统设计初期应该充分考虑系统未来的变化和扩展要求，将应对用户需求变化的部分设计成对外开放的，通常定义为父类模块；所谓“闭”是指对修改关闭，要求精心设计系统的核心模块，该模块基本结构应尽量稳定，不随用户需求的变化而发生改变，这一部分通常定义为终极类模块，保护内部代码的稳定安全。

下面给出一个具体案例来说明“开-闭原则”的应用方式，图 4.14 是这个案例的 UML 类图。

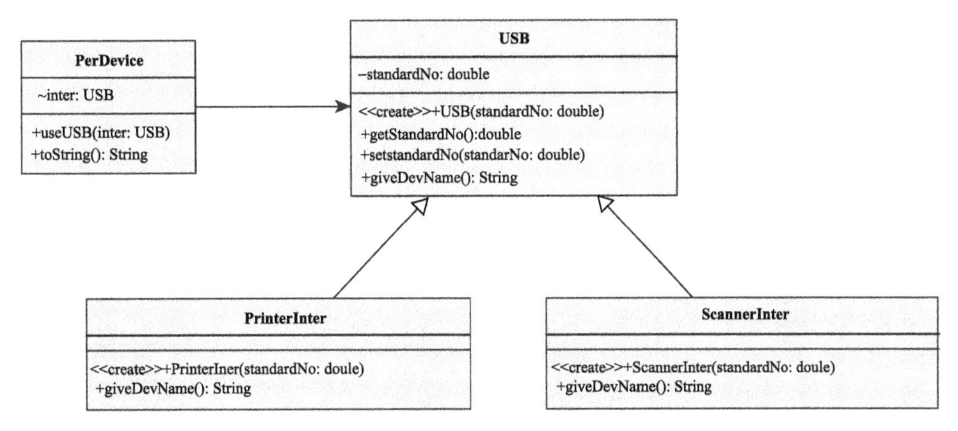

图 4.14　USB 类示例的 UML 类图

用类封装外设类的基本属性和功能，要求可以通过不同的 USB 接口连接打印机、扫描仪等多种外设。无论用 USB 接口连接多少外设，对外设类的属性和功能不会产生任何影响。这正符合了“开-闭原则”中对扩展开放，对修改关闭的原则。

例 4.6　说明“开-闭原则”的 USB 示例。

对修改关闭的外设类：

```
public class PerDevice {
    USB inter;
    public void useUSB(USB inter){
        this.inter = inter;
    }
    public String toString(){
        return "Use USB"+inter.getStandardNo()+inter.giveDevName();
    }
}
```

可对外扩展的 USB 类：

```
public class USB {
    private double standardNo;  //USB 接口标准号
    public USB(double standardNo) {
        super();
        this.standardNo = standardNo;
    }
    public double getStandardNo() {
        return standardNo;
    }
    public void setStandardNo(double standardNo) {
        this.standardNo = standardNo;
    }
    public String giveDevName(){      //获取连接的设备名称
        return " to connect computer peripherals: ";
    }
}
```

对 USB 类扩展的打印机接口类：

```
public class PrinterInter extends USB {
    public PrinterInter(double standardNo) {
        super(standardNo);
    }
    public String giveDevName(){
        return super.giveDevName()+"HP printer.";
    }
}
```

对 USB 类扩展的扫描仪接口类：

```
public class ScannerInter extends USB {
    public ScannerInter(double standardNo) {
        super(standardNo);
    }
    public String giveDevName(){
        return super.giveDevName()+"EPSON scanner.";
    }
}
```

USB 的测试类：

```
public class TestUSB {
    public static void main(String[] args) {
        PerDevice pDev = new PerDevice();
        USB usb = new PrinterInter(1.1);//定义连打印机的 USB 对象
        pDev.useUSB(usb);
        System.out.println(pDev);
        usb = new ScannerInter(2.0);//定义连扫描仪的 USB 对象
        pDev.useUSB(usb);
        System.out.println(pDev);
    }
}
```

程序执行结果为：

```
Use USB1.1 to connect computer peripherals: HP printer.
Use USB2.0 to connect computer peripherals: EPSON scanner.
```

从例 4.6 中我们可以看出，打印机接口类 PrinterInter 和扫描仪接口类 ScannerInter 都是 USB 类的子类，因此可以以运行时多态的形式定义 USB 的不同标准的对象，本例中以标准为 1.1 的打印机接口类构建 USB 对象，如下：

```
USB usb = new PrinterInter(1.1);//定义连打印机的 USB 对象
```

又因为 USB 类的引用作为外设类 PreDevice 的成员，使得两个类之间具有组合关系，通过语句：

```
pDev.useUSB(usb);
```

为外设类绑定特定的 USB 连接口，并通过 toString() 方法中调用 getStandardNo()、giveDevName() 获得绑定接口的标准号和可连接的外设名称。

以同样的方法，本例还定义了连接扫描仪的 USB2.0 接口，与外设类绑定，输出显示扫描仪接口的标准号和扫描仪名称。USB 接口类作为对外开放的接口还可以派生出更多子类接口，连接不同的外部设备，但无论怎么修改和扩展接口结构都不会对外设类产生影响。

由此我们可以总结出以下两点面向对象的设计原则：

(1) “开-闭原则”对扩展开放，对修改关闭，既满足了程序开发中用户需求的不断改变和扩充，又保证了系统核心代码的稳定性和可靠性。但在实际的系统开发中却很难做到保证整个系统遵循“开-闭原则”，只能尽可能地保证在用户需求已发生变化的模块中应用“开-闭原则”。

(2) 继承关系提高了代码的复用性和程序功能的可扩展性，但会破坏系统的封装性，父子类之间耦合性较高，不利于系统的维护。因此，某些情况下可以采用组合关系替代继承关系。比如例 4.6 中，USB 类和外设类 PerDevice 之间就是组合关系(USB 类的引用作为 PerDevice 类的成员变量)，PerDevice 类不仅可以使用 USB 类中的属性和功能，而且两者具有较好的松耦合性，不会因接口的结构发生变化而影响外部设备，因此系统的可维护性更高。

思考题

采用“开-闭原则”扩展例 4.6，添加一个连接鼠标的 USB 接口类 MouseInter，接口标准为 USB3.0，在主测试类中输出相应的连接信息。

4.4 小 结

(1) 继承是复用程序代码的有力手段，当多个类之间具有相同的属性和方法时，可以从这些类中提取出共同的属性和方法组成新类，我们称此新类为父类。父类的属性和方法可以由不同的子类反复使用，而无需重新定义。

(2) 子类继承了父类所有成员变量、成员方法(构造方法除外)。但子类不能访问父类 private 访问级的私有成员；父子类若不在同一包中，子类还不能访问父类缺省访问级的成员。

(3) 子类对父类可作扩展和特殊化：保留父类原有的成员变量和成员方法，创建新的成员变量和方法；重新定义父类中已有的变量(隐藏)；重新定义父类中已有的方法(覆盖)。

(4) 子类在隐藏了父类的成员变量或覆盖了父类的方法后，常常还要用到父类的成员，此时可以采用 super 关键字调用父类构造方法或引用父类成员。

(5) 继承的使用原则为：继承树的层次不可太多；继承树的上层应充分预计系统现有功能和将来可能扩展的功能，尽可能多地定义下层子类具有的属性，提供方法实现；克服继承“打破封装“的弱点，精心设计专门用于继承的类。

(6) 多态指同一种定义，有多种不同的实现形式。其主要体现在方法的多态性和类型的多态性两个方面。方法的多态又可以分为方法的重载和覆盖(重写)；类型的多态可以分为编译时多态和运行时多态两种形式。

(7) 方法的重载指方法名相同，而方法的参数个数或类型不同；方法的覆盖指父子类当中的同名方法，且方法名、参数列表和返回值必须完全相同。

(8) final 修饰的方法不能被覆盖；修饰的变量为常量；修饰的类不能被继承。

(9) 编译时多态可以在编译阶段确定执行的是多态方法中的哪一个，采用静态绑定机制，如方法的重载；运行时多态可以在运行阶段确定执行的是多态方法中的哪一个，采用动态绑定机制，通常表现为父子类之间的“is a”关系，子类对象为父类引用赋值或传参。

(10) 运行时多态中可以采用对象类型运算符 instanceof 确定对象类型。

(11) 面向对象程序设计中注意使用“开-闭原则”，对扩展开放，对修改关闭，增强系统可扩充性的同时，保证核心结构的稳定性；尽量用组合关系代替继承关系，既保证代码的复用性，又提高代码的可维护性。

习　题

一、选择题

1．下面(　　)Java 关键字表示一个对象或变量的值不能够被修改。

A. static　　B. abstract　　C. finally　　D. final

2．一个 Java 源文件 Child.Java，代码如下：运行后正确的输出结果是(　　)

```
class Parent{
    Parent(){
        System.out.print("parent");
    }
}
public class Child extends Parent{
    Child(String s){
        System.out.print(s);
    }
    public static void main(String[] args){
        Child child=new Child("child");
    }
}
```

A. child　　B. child parent　　C. parent child　　D. 编译错误

3．在 Java 中，关键字(　　)用来调父类的构造方法。

A. super;　　B. this;　　C. extends;　　D. abstract;

4．在 Java 中，下列(　　)类不能派生出子类。

A. public class MyClass{}　　B. class MyClass{}

C. abstract class MyClass{}　　D. final class MyClass{}

5．分析下面的 Java 代码：编译运行，结果是(　　)。

```
class A{
    protected int getNumber(int a){
    return a+1;
    }
}
class B extends A{
    public int getNumber(int a){
        return a+2;
    }
    public static void main(String args[]){
        A a=new B();
        System.out.println(a.getNumber(0));
    }
}
```

A. 输出 1　　B. 输出 2

C. public int getNumber(int a)处导致编译错误　　D. A a=new B();处导致编译错误

6．给定 Java 程序 Test.Java 如下：

```
package com;
public class Test{
    public void talk(){}
    protected void walk(){}
```

```
    private void climb(){}
    void jump(){}
}
```

给定 Test 的子类 Test2，代码如下：

```
package com;
public class Test2 extends Test{
   public static void main(String[] args){
       Test2 tt=new Test2( );
       //A
   }
}
```

不可以在 Test2 的 A 处加入的代码是(　　)。

A. tt.talk();　　B. tt.walk();　　C. tt.climb();　　D. tt.jump();

7．给定 Java 代码如下，关于 super 的用法，以下描述正确的是(　　)。

```
class C extends B{
    public C(){
        super();
    }
}
```

A. 用来调用类 B 中定义的 super()方法

B. 用来调用类 C 中定义的 super()方法

C. 用来调用类 B 的无参构造方法

D. 用来调用类 B 中第一个出现的构造方法

8．给定如下 Java 代码，以下(　　)修饰符可以填入下划线处。

```
Class Parent{
    protected void eat(){}
}
Class Child extends Parent{
    _________void eat(){}
}
```

A. final　　B. private　　C. static　　D. public

9．对于子类的构造函数说明，下列叙述中不正确的是(　　)。

A. 在同一个类中定义的重载构造函数可以相互调用。

B. 子类可以在自己的构造函数中使用 super 关键字来调用父类的含参数构造函数，但这个调用语句必须是子类构造函数的第一个可执行语句。

C. 在创建子类的对象时，将先执行继承自父类的无参构造函数，然后再执行自己的构造函数。

D. 子类不但可以继承父类的无参构造函数，也可以继承父类的有参构造函数。

10．设有下面的两个类定义：

```
class AA {
   void show(){
        System.out.println("我喜欢 Java! ");
   }
}
class BB extends AA {
   void show(){
         System.out.println("我喜欢 C++!");
   }
}
```

则顺序执行如下语句后输出结果为（　　）。

```
AA  a=new  AA();
a.show();
AA  b=new  BB();
b.show();
```

A. 我喜欢 Java!
　我喜欢 C++!

B. 我喜欢 C++!
　我喜欢 Java!

C. 我喜欢 Java!
　我喜欢 Java!

D. 我喜欢 C++!
　我喜欢 C++!

二、阅读程序题

1. 分析下列程序，写出运行结果。

```
class AddClass{
int i=0;
public int Add_ij(int j){
   i=i+j;
   return i;
   }
}
class NewAddClass extends AddClass{
   int i=0;
   public int Add_ij(int j){
   i=i+(j/2);
   return i;
   }
}
class TestClass{
public static void main(String args[]){
   AddClass ac=new AddClass();
   int result=ac.Add_ij(6);
   System.out.println("i in AddClass: "+ result);
   NewAddClass nac=new NewAddClass();
   result=nac.Add_ij(6);
   System.out.println("i in NewAddClass: "+ result);
   AddClass what=new NewAddClass();
   result=what.Add_ij(6);
   System.out.println("i in WhatClass: "+ result);
   }
}
```

2. 分析下列银行账户程序，写出运行结果。

```
class FixAccount{
   static double fixAcc;
   double interest;
   double rate=2.5;
   void calculateInterest(double fixAcc,int year){
   this.fixAcc=fixAcc;
   interest=fixAcc*rate/100*year;}
}
class SavingAccount extends FixAccount{
   double savAcc;
   double rate=3.0;
   void calculateInterest(double savAcc,int year){
   fixAcc=fixAcc+savAcc;
   interest=fixAcc*rate/100*year;}
}
public class Account{
```

```
    public static void main(String[] args) {
    FixAccount a=new FixAccount();
    FixAccount sa=new SavingAccount();
    a.calculateInterest(10000, 1);
    System.out.println("The interest of FixAccount is: "+a.interest);
    sa.calculateInterest(10000, 1);
    System.out.println("The interest of SavingAccount is: "+sa.interest); }
}
```

三、程序填空题

请将以下程序补充完整。Student类继承于Person类，为Person类的name和age属性重新赋值，并在测试类中进行自我介绍。

```
class Person{
   String name;
   int age;
   public Person(){
        System.out.println("PersonB()被调用");
   }
   public Person(String newName){
        name=newName;
        System.out.println("Person(String newName)被调用");
   }
   public void introduce(){
        System.out.println("我是"+name+",今年"+age+"岁");
   }
}
class Student ______________
{
   public Student(){
         System.out.println("Student()被调用");
   }
   public Student(String newName,int newAge){
       ____________ //调用父类构造方法，重命名
       ____________ //设置年龄
   }
}
public class Test {
   public static void main(String[] args) {
       Student s1=new Student();
       Student s2=new Student("张三",19);
       ____________//让张三进行自我介绍
   }
```

四、编程题

1．实现一个名为Person的类和它的子类Employee， Manager是Employee的子类，设计一个类Add用于涨工资，普通员工一次能涨10%，经理能涨20%。

具体要求如下：

(1)Person类中的属性有：姓名name(String类型)，地址address(String类型)，定义该类的构造方法；

(2)Employee类中的属性有：工号ID(String型)，工资wage(double类型)，工龄(int型)，定义该类的构造方法；

(3)Manager类中的属性有：级别level(String类型)定义该类的构造方法；

(4)编写一个测试类，产生一个员工和一个经理给该员工和经理涨工资，并输出其具有的信息。

2．假定根据学生的3门学位课程的分数决定其是否可以拿到学位，对于本科生，如果3门课程的平均

分数超过 60 分即表示通过，而对于研究生，则需要平均超过 80 分才能够通过。根据上述要求，请完成以下 Java 类的设计：

(1) 设计一个基类 Student 描述学生的共同特征。

(2) 设计一个描述本科生的类 Undergraduate，该类继承并扩展 Student 类。

(3) 设计一个描述研究生的类 Graduate，该类继承并扩展 Student 类。

(4) 设计一个测试类 StudentDemo，分别创建本科生和研究生这两个类的对象，并输出相关信息。

第 5 章　Java 的抽象类和接口

Java 中有三类多态： 覆盖一个继承方法；实现一个抽象方法；实现一个 Java 接口。

在前面章节中已经介绍过第一种多态。我们了解到大部分多态形式都是基于 Java 的动态绑定机制，它可以使一种方法有多种实现形式，从而提高代码的可扩充性和灵活性。在本章中，将介绍后两种多态形式：抽象类和接口，并讨论用它们实现多态的意义及具体应用方法。

抽象类和接口可以认为是面向对象概念中抽象性的体现。举一个最典型的抽象实例。要求一个柱体的体积，需要知道底面积和高，底面又是由平面图形组成的，根据平面图形的不同，可以求得圆柱体的体积、三棱柱的体积、四棱柱的体积等，因此为了使程序能够适应多种不同情况的需求，需要为底面构建一个包含共性的平面图形类，便于根据不同的图形底面求得各类柱体的体积。在这个平面图形类中我们只要关心需要做什么，比如要能求面积、能求周长等，至于怎么求，交给它的子类完成即可。假设各种图形类，包括平面图形类、立体图形类及它们的子类之间的关系用 UML 类图描述如图 5.1 所示。

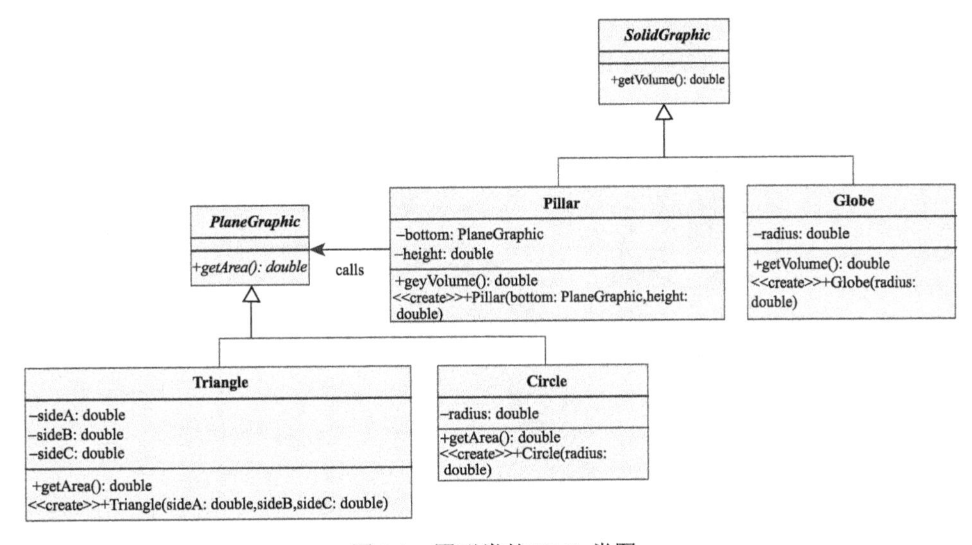

图 5.1　图形类的 UML 类图

在图 5.1 中，平面图形类 PlaneGraphic 就是对所有平面图形的一种抽象，如三角形类 Triangle、圆类 Circle，它们都可以求面积；立体图形类 SolidGraphic 是对所有立体图形的抽象，如柱体类 Pillar、球体类 Globe，它们都可以求体积。

通过本章的学习，你将学会如何构建项目蓝图。作为项目主管如何做到既通览大局，制定各部门共同行为目标，又不失部门特色，各自独立？答案就在本章。

5.1　Java 的抽象性

抽象作为一种哲学的基本特点，可以说与世间万事万物都有着密切联系。抽象是从众多的事物中抽取出共同的、本质性的特征，而舍弃其非本质的特征。例如，汽车、火车、轮船、飞机等，它们共同的特性就是交通工具。得出交通工具概念的过程，就是一个抽象的过程。

在面向对象程序设计过程中，就是抽取事物的共同的本质特征，归纳为问题域的类。例如，汽车类、火车类、飞机类具有交通工具的共性——都有发动机，都可以运载人或物……所以可以抽象出它们的父类——交通工具类。抽象本身是一种信息隐藏的方式，同时抽象程度越高，软件的复用程度和模块化程度也越高，这点与面向对象程序设计的思想是完全吻合的。

5.1.1　抽象性的表示方式

在 Java 中抽象性主要表现为当一些类具有共同的属性和行为时，将这些属性和行为抽象到一个新类中，这个新类作为原有类的父类。因此，从子类到父类的抽象包含如下两层含义。

(1) 不同的子类必须有相同的属性和行为。例如，针式打印机、喷墨打印机和激光打印机都是打印机，都具有品牌和价格，都能打印。在这种情况下，就可以将这些属性和行为放到一个叫作打印机的父类中实现，子类不必重复实现这些功能，从而提高了代码的可重用性和可维护性。

(2) 不同子类的相同行为具有不同的实现方式。例如，针式打印机、喷墨打印机和激光打印机虽然都能打印，但打印的方式却有所不同(图 5.2)。在这种情况下，可以暂时不实现打印机父类中的打印行为，而由它的子类去具体实现。这样保证了各个子类模块的独立性(松耦合性)，便于随时扩展新的子类模块，而不改动原有代码。

图 5.2　思考抽象类的作用和优势

如果问打印机类如何实现打印操作，我们无法直接回答，也无须关心打印实现的具体细节，因为抽象类作为设计轮廓，要关心的是需要哪些功能，而不必拘泥于具体的功能实现。细节实现应该交给抽象类的子类完成。

下面就以打印机抽象类为例，展示这种抽象性在类层次中的体现。图 5.3 给出了打印机类的层次结构。从图 5.3 中我们可以了解到所有打印机都有属性：品牌、价格；都有行为：初始化品牌和价格、设置和获取品牌价格、实现打印。但只有明确了打印机类型才能确定打印方式。因此打印机类 Printer 是一个抽象类型，用于描述打印机所共有的行为，其中的打印方法 print()是一个抽象行为，不能直接在打印机类 Printer 中实现，必须由打印机类的子类 LaserPrinter、NeedlePrinter 和 InkjetPrinter 去具体实现。

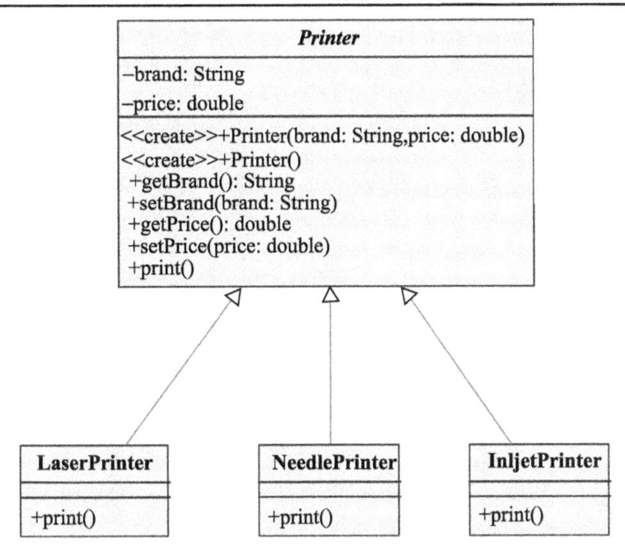

图 5.3　Printer 类层次结构

在面向对象的程序设计过程中，首先要进行自下而上的抽象，识别子类所具有的共性，然后抽象出共有的父类。在这个继承树中，最上层的父类描述系统对外提供的服务，对这些服务的实现分如下两种情况：

(1) 如果某种服务适用于所有子类或大多数子类，那么在父类中就实现这些服务；

(2) 如果某些服务的实现方式依赖于具体子类的实现细节，父类中无法实现，就由子类来实现这些服务。

5.1.2　抽象类和抽象方法

抽象类是指不具体、不能实例化对象的概念类型。抽象类通常作为父类给出设计概要，使用 abstract 关键字声明。例如，Printer 类是一个抽象类，在 UML 类图 5.3 中用斜体表示。抽象类中通常会包含用 abstract 关键字修饰的抽象方法，如 UML 类图 5.3 中的 print() 方法，同样是斜体表示，抽象方法是指方法定义中不包括方法实现的方法，也就是说，其方法定义只包括了方法签名，而没有方法主体。任何包括抽象方法的类自身都必须被声明为抽象的。下面是 Printer 类的定义：

```
public abstract class Printer {
    //定义属性
    private String brand;          //定义品牌
    private double price;          //定义价格
    //定义 SET 和 GET 方法
    public String getBrand() {
        return brand;
    }
    public void setBrand(String brand) {
        this.brand = brand;
    }
    public double getPrice() {
        return price;
    }
    public void setPrice(double price) {
        this.price = price;
```

```
    }
    //定义带参数的构造方法
    public Printer(String brand, double price) {
        super();
        this.brand = brand;
        this.price = price;
    }
    public Printer() {
        super();
    }
    //定义抽象行为
    public abstract void print();

}
```

其中 Printer 类是抽象类，在类声明时用 abstract 修饰，其中包含了一个抽象方法 print()，在方法声明时也用 abstract 关键字修饰，并且此方法只有声明，没有实现。

关于抽象方法应注意以下几点：

(1)抽象方法声明直接以“;”结束，没有方法体；

(2)构造方法、静态成员方法不能声明为抽象方法。

抽象类的定义应该分为以下几个步骤：

(1)确定抽象类的类型名称：如打印机类型 Printer。

(2)确定抽象类的属性：price 以及 brand。

(3)确定抽象类的行为：price 以及 brand 的 SET 和 GET 方法。

(4)确定抽象类的构造方法：带参数和不带参数的构造方法。

(5)确定抽象类的抽象行为：打印机的打印行为 print。

抽象类作为一种特殊的类具备以下特点：

(1)抽象类不能实例化对象。因为抽象类是不完整的类，它具有没有实现的抽象方法，就像一个模具在还没有成型之前是不能用其制造产品一样。因此，对于打印机抽象类不可以编写如下代码：

```
Printer pt = new Printer();// Error: Printer is abstract
```

(2)抽象类必须被继承。说到抽象类不能实例化，我们就会想如何使用抽象类提供的功能？这自然离不开实现抽象类的子类功劳。因为多态的动态绑定机制，在 Printer 的各子类中都实现了 print()抽象方法，当 Printer 类调用 print()方法时，Java 根据调用的 Printer 子类来决定到底调用哪个实际的 print()方法。Printer 的两个子类定义如下：

```
/**激光打印机子类 */
public class LaserPrinter extends Printer {
    /**实现抽象方法 */
    public void print() {
        System.out.println(getBrand()+"牌激光打印机，用电子照相方式记录图片");
    }
    /**构造方法 */
    public void LaserPrinter() {
        setBrand("HP");
        setPrice(2000.0);
    }
}
```

```
/**针式打印机子类 */
public class NeedlePrinter extends Printer {
    /**实现抽象方法 */
    public void print() {
        System.out.println(getBrand()+"牌针式打印机，用打印头上的打印针击打色带产
                                        生打印效果");
    }
    /**构造方法 */
    public NeedlePrinter() {
        setBrand("EPSON");
        setPrice(1500.0);
    }
}
```

给出这些定义之后，我们就可以演示继承和多态的强大的功能和灵活性了。考虑下面的代码段：

```
Printer pt = new LaserPrinter();
pt.print();
pt = new NeedlePrinter();
pt.print();
```

首先创建 LaserPrinter 对象，调用它的 print()方法，输出“HP 牌激光打印机，用电子照相方式记录图片”，接着创建 NeedlePrinter 对象，调用它的 print()方法，输出“EPSON 牌针式打印机，用打印头上的打印针击打色带产生打印效果”。也就是说，在各种不同情况下运行时，Java 都能够决定合适的 print()的实现。

因此，抽象类必须被子类继承，这样做的最大好处是给抽象类层次结构提供了可扩展性，我们完全可以定义或使用新的子类而不用重定义或重编译层次结构中的其他类。

(3)抽象类的子类必须实现抽象类中的抽象方法，否则子类仍为抽象类。抽象类的子类是对父类的扩展，这种扩展可能是完全的扩展，即实现父类的全部抽象方法，也有可能是部分的扩展，仅实现父类的部分抽象方法或增添了部分属性。例如，对 Printer 抽象类派生出一个彩打子类 ColorPrinter，虽然它相对于打印机类更加具体化，但还无法确定具体的打印方式，即无法实现 print()抽象方法，因此 ColorPrinter 应继续声明为 abstract。

(4)抽象类中一般都包含抽象行为，抽象行为是没有方法体只有方法名的抽象方法。当然抽象类中也可以不包含抽象方法，而只定义子类共有的一些属性和行为，例如 Printer 抽象类中的 brand 属性、price 属性，以及非抽象方法 setBrand()、getBrand()、setPrice()、getPrice()。

(5)抽象类中可以有属性、行为，甚至构造方法。这一点是抽象类和普通类具备的共性。

抽象类的主要优点之一在于，它提供了强大的灵活性与扩展性。我们可以定义新的 Printer 子类，并定义这些子类的 print()方法。它们都会正常运行，而不需要修改 Printer 中的 print()方法。使用抽象方法的另一个优点在于，它将 Printer 层次结构的控制权交给了设计者。通过定义抽象方法 print()，将 Printer 变成抽象类，任何非抽象的 Printer 子类必须实现其自身的 print()方法。这给层次结构中的子类提供了一定程度的可预见性，使它在应用中更方便。

综上所述，在设计抽象类时，应充分预计系统现在应具备的功能和将来准备扩展的功能，然后在抽象类中声明它们。抽象类的结构应相对稳定，以提高本系统的独立性和可维护性。

思考题

(1)根据本节中的例子，思考添加 Printer 类的子类 InkjetPrinter，并实现喷墨打印机的打印方法。

(2)根据本章导读中介绍的图形类类图，尝试自己定义抽象类：平面图形(PlaneGraphics)，并设计它的子类圆类(Circle)和三角形类(Triangle)，实现计算圆形和三角形面积。

5.1.3 抽象类的应用

抽象性是多态性的一种重要体现，作为面向对象的主要特性之一，抽象性体现了面向对象思想中的模板设计模式。

模板设计模式的要义就是父类制定算法骨架，让子类具体实现。模板方法模式(Template Method Pattern)，定义一个操作中的算法骨架，而将一些实现步骤延迟到子类当中。模板方法使得子类可以在不改变算法结构的情况下，重新定义算法中的某些步骤。它是代码复用的一项基本的技术，在类库中尤其重要，它遵循“抽象类应当拥有尽可能多的行为，应当拥有尽可能少的数据”的重构原则。

下面通过一个抽象类的具体应用实例说明模板设计模式的方法和设计思想。该类的具体功能描述如下：

抽象父类业务：编写一个大学类，其中抽象出大学宣传、招生、培养、就业等一系列教学工作的抽象行为，由这些抽象行为构成一个大学模板行为——教学工作。

具体子类业务：所谓的子类业务是指某个具体的大学，它继承自大学父类，对于教学工作中的一些工作要具体化，但是每个学校自己的具体工作细节是自由的，效果也是不同的。

此例的类图模式如图 5.4 所示。

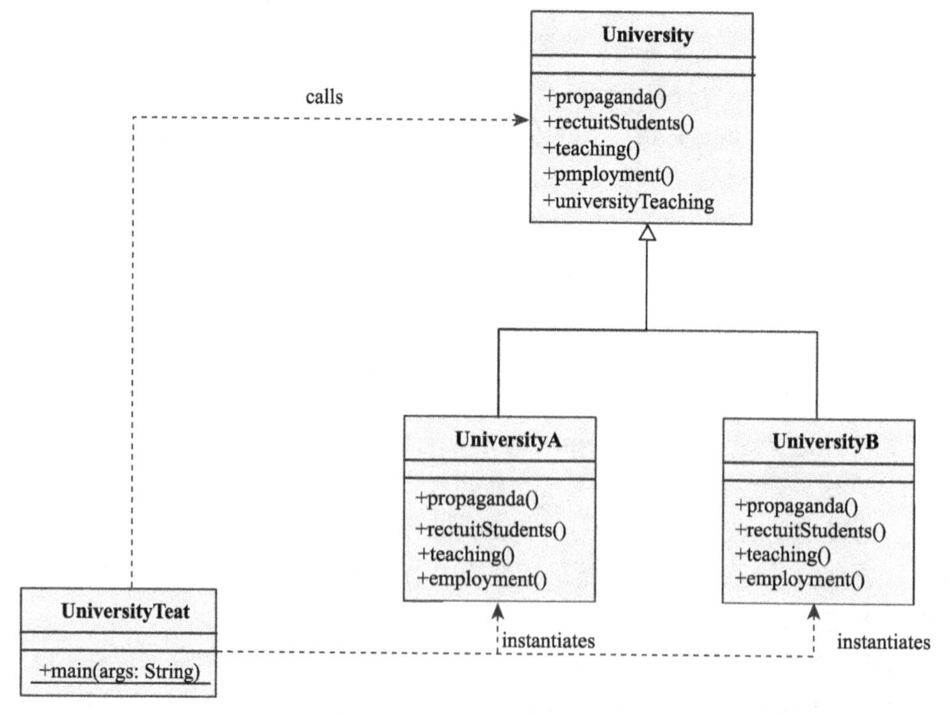

图 5.4 University 类图结构

例 5.1　模板设计模式在大学抽象类及其子类中的应用。

父类业务实现：

```
public abstract class University {
    //定义教学业务的宣传子业务
    public abstract void propaganda ();
    //定义教学业务的招生业务
    public abstract void recruitStudents();
    //定义教学业务的教学业务
    public abstract void teaching();
    //定义教学业务的就业业务
    public abstract void employment();
    //定义教学业务
    public void universityTeaching(){
        propaganda ();
        recruitStudents();
        teaching();
        employment();
    }
```

子类业务实现：

```
public class UniverstityA extends University {
    public void propaganda() {
    System.out.println("高考前，宣传！");
    }
    public void recruitStudents() {
        System.out.println("高考后，开始招生！");
    }
    public void teaching() {
        System.out.println("招生后，报名入校开始细心培训！");
    }
    public void employment() {
        System.out.println("培养后，达到学校毕业标准，推出就业！");
    }
}

public class UniversityB extends University {
    public void propaganda() {
        System.out.println("大学B比较有特色，在高考后，加大宣传力度！");
    }
    public void recruitStudents() {
        System.out.println("高考后，只招一本以上的考生！");
    }
    public void teaching() {
        System.out.println("招生后，军事化教学！");
    }
    public void employment() {
        System.out.println("培养后，自主就业！");
    }
}
```

测试类实现：

```
public class UniversityTest {
    public static void main(String[] args) {
        //如果引用的是大学A
        University university = new  UniverstityA();
        //如果是大学A，那么教学工作是大学A的特点
        university.universityTeaching();
```

```
            //如果引用的是大学 B
            university = new UniversityB();
            //如果是大学 B，那么教学工作是大学 B 的特点
            university.universityTeaching();
        }
    }
```

从上例可以看出模板方法模式所涉及的角色主要有如下两类。

(1)抽象模板角色(University 类)：定义了一个或多个抽象操作以便让子类实现，这些抽象操作叫做基本操作，它们是一个顶级逻辑的组成步骤，如 propaganda ()方法、recruitStudents()方法、teaching()方法和 employment()方法。而逻辑的实现在相应的抽象操作中，推迟到子类中去实现。同时，抽象模板角色还定义并实现一个或多个模板方法，这个模板方法是具体方法，它给出了一个顶级逻辑的骨架，所有子类共享骨架中的操作，如 universityTeaching()方法。

(2)具体模板角色(UniversityA 和 UniversityB)：实现父类中定义的一个或多个抽象方法，它们是一个顶级逻辑的组成部分，不同的具体模板都可以给出这些抽象方法的实现，从而使得顶级逻辑的实现各不相同，如 UniversityA 和 UniversityB 在实现宣传、招生、教学和就业时的方法各不相同。

综上所述，抽象类在模板设计模式中的应用需要抽象类和具体子类协调完成，抽象类负责给出一个算法的轮廓和骨架。具体子类负责给出这个算法的各个逻辑步骤，即具体子类负责填充这个轮廓和骨架，不同的子类有不同的填充方法。而将所有子类具有相同操作的基本方法汇总起来的方法叫做模板方法，这个模板方法是在抽象类中以具体方法定义的。

思考题

(1)根据本节中的例子，思考添加 University 类的子类 UniversityC(UniversityC 因其招生性质不同，包括定向、委培、统招等，所以就业方式也有所不同，所以在 UniversityC 中暂时不实现 employment()方法)，如何实现 UniversityC 类。

(2)根据模板设计模式的方法和设计思想，结合导读中图形类的类图结构，创建抽象类：立体图形类(SolidGraphic)，及其子类柱体类(Pillar)和球体类(Globe)，并利用前面创建的平面图形类(PlaneGraphic)作为柱体底面积计算不同类型柱体(圆柱、三棱柱)的体积。

5.2 接　　口

接口是 Java 语言中一种特定的数据类型，它也是 Java 多态性的一种体现。从某种程度上说，接口是一种特殊的抽象形式，它是比抽象类更高一级的抽象，可以帮助我们解决一些抽象类无法解决的问题。

在第 4 章中我们介绍了驾驶员 Driver、交通工具 Transportation 和货物 Goods 的例子。参见图 5.5。

在图 5.5 中，Car 类继承了 Goods 类，表明汽车属于一种货物，但实际上汽车也是一种交通工具。图 5.5 中无法给出汽车和交通工具之间的继承关系，因为受 Java 语言单重继承的影响，一个类只能继承唯一一个父类，所以无法表示出汽车既是货物，又是交通工具。

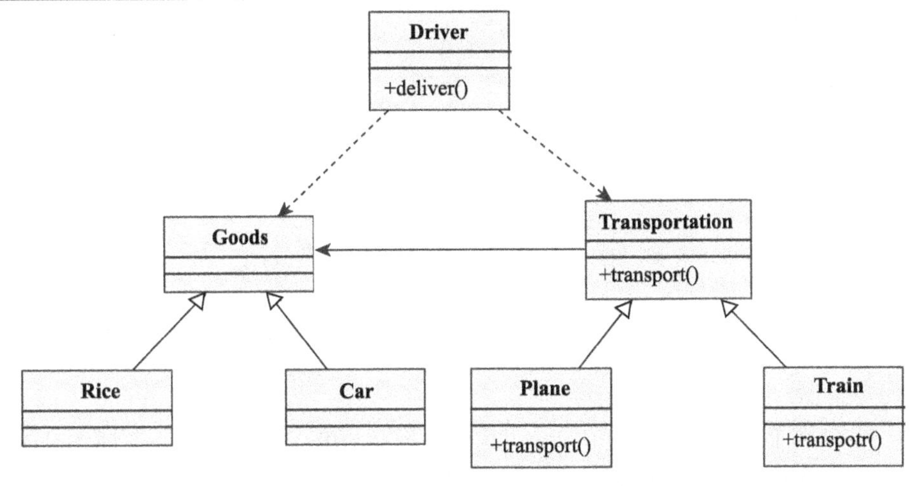

图 5.5　驾驶员 Driver、交通工具 Transportation 和货物 Goods 及它的子类框图

针对这一问题，Java 引入了接口的概念。一个类只能继承唯一一个父类，但能同时实现多个接口，从而打破了 Java 单重继承的局限。只要把图 5.5 中的 Goods 类改为接口，Car 类就可以在继承 Transportation 类的同时，实现 Goods 接口。参见图 5.6。

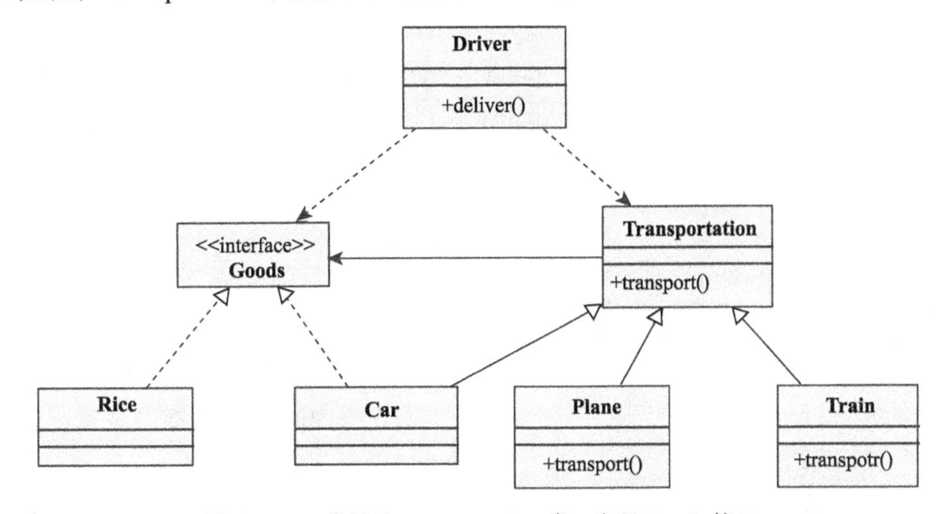

图 5.6　Car 类继承 Transportation 类，实现 Goods 接口

5.2.1　接口的特征

接口是一种数据类型，是作为一个整体声明的抽象方法和常量。也可以把 Java 接口看作一个特殊的类，即只包含抽象方法定义以及常量的类。接口不能包含实例变量和构造方法。

接口和抽象类的相似之处是都包含抽象方法，但不同的是接口中只能包含抽象方法，因此接口必须由某个类实现之后，它的方法才可以使用，而实现接口的类并不要求是此接口的子类。换句话说，接口为若干互不相关的类约定了共同的行为能力。

为了更好地理解接口的多态性原理，我们修改一下 5.1 节中打印机 Printer 抽象类的层次结构，不采用子类继承 Printer 类，实现 print()方法的形式，而是定义一个可打印接口 Printable，定义形式如下：

```
public interface Printable {
     public static final int NEEDLE = 1;     //针式
     public static final int LASER = 2;      //激光式
     public static final int INKJET = 3;     //喷墨式
     public String print();
}
Public class Printer {
      private String brand;              //定义品牌
      private String kind;               //定义种类
      public Printer() { }
      public String toString() {
         return "I am a "+kind+"and I work "+((Printable)this).print();
      }
}
```

注意 Printer 类的这种定义和以前定义的区别。此处 Printer 类中不再包含抽象方法 print()，因此，类本身不再是抽象类。我们在 Printer 类中调用 print()方法时必须把本类对象强制类型转换为 Printable 接口类型。

通过上例，我们可以把接口的定义归纳如下。

(1)接口是由关键字 interface 定义的。可以由 public 修饰，表示为公开接口，可以被任何一个类实现；如果不加 public 修饰，则为友好接口，只能被与此接口在同一个包中的类实现。

(2)接口中的属性都是常量，默认是 public、static、final 类型的(允许省略 public、static、final)，定义时必须被显式初始化，如 Printable 接口中定义了三个常量 NEEDLE、LASER 和 INKJET，并分别初始化为 1,2,3。

(3)接口中的方法都是抽象方法，默认是 public、abstract 类型的(允许省略 public、abstract)，如 Printable 接口中的打印方法 public String print();只有定义没有实现。

(4)接口没有构造方法，不能实例化，但可以定义接口的引用。如：上例程序中不允许出现 new Printable();创建接口对象，但可以用 Printable p;定义接口的引用。

尤其值得注意的是，接口打破了类的单重继承特性，一个接口可以同时继承多个父接口。比如可打印接口可同时继承可输出接口和可办公接口，使其既具有可输出接口的属性和行为，又具有可办公接口的属性和行为。表现形式如图 5.7 所示。

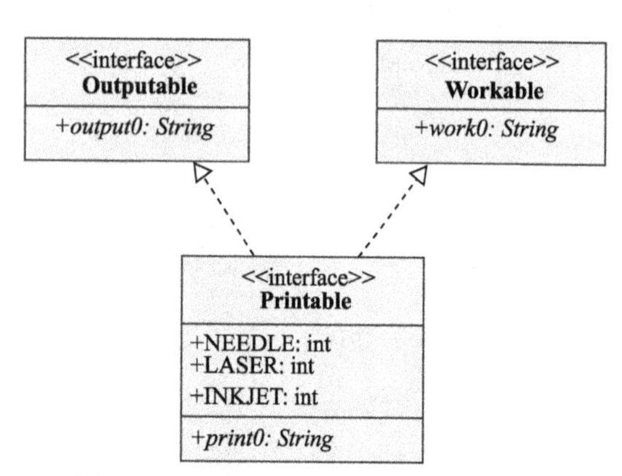

图 5.7　Printable 接口同时继承 Outputable 接口和 Workable 接口

图 5.7 实现代码如下：

```
interface Outputable {
     public String output();
}
interface Workable {
     public String work();
}
public interface Printable extends Outputable, Workable {
     public static final int NEEDLE = 1;          //针式
```

```
    public static final int LASER = 2;      //激光式
    public static final int INKJET = 3;     //喷墨式
    public String print();
}
```

思考题

请你定义一个可计算面积接口 Areable，一个可计算体积接口 Volumable，以及一个既可计算面积又可计算体积接口 AreaVolumable，它同时继承可计算面积接口和可计算体积接口。

5.2.2　接口的实现方式

在 Java 语言中，是由类来实现接口中的抽象方法。在类声明中通过 implements 关键字声明该类实现一个或多个接口，如果实现多个接口要用逗号分隔各接口名，如打印机类 Printer 实现了可打印接口 Printable 和可办公接口 Workable，定义形式如下：

class Printer implements Printable,Workable

类图形式如图 5.8 所示。

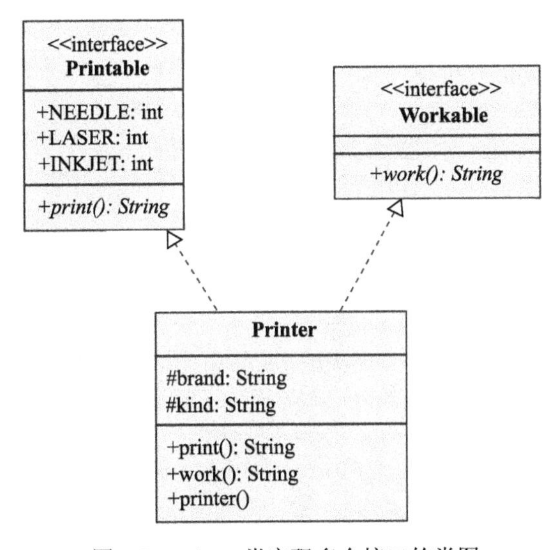

图 5.8　Printer 类实现多个接口的类图

图 5.8 对应的代码如下：

```
public interface Printable {
    public static final int NEEDLE = 1;     //针式
    public static final int LASER = 2;      //激光式
    public static final int INKJET = 3;     //喷墨式
    public String print();
}
interface Workable {
    String work();
}
class Printer implements Printable, Workable
{
    protected String brand;             //定义品牌
    protected String kind;              //定义种类
```

```
        public Printer() { }
        public String print() {
            return "I am a " + brand+ " and I work to print.";
        }
        public String work(){
            return "I can work in the office. ";
    }
```

注意：这里重写了 print()方法和 work()方法，这两种方法的访问权限必须显式声明为 public 的，因为接口中的所有方法默认为 public abstract，有时接口中会缺省说明，但类重写时千万别忘记加上 public，否则会降低方法的访问权限，发生错误。

一个类一旦实现了接口，就必须重写这个接口中的所有抽象方法，否则，这个类就是一个抽象类。如 Printer 类部分实现接口 Printable 和 Workable 的形式为图 5.9。

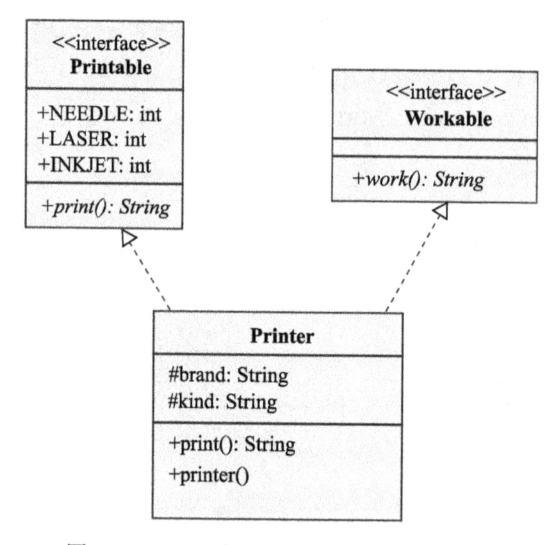

图 5.9　Printer 类部分实现多个接口的类图

图 5.9 对应的代码如下：

```
abstract class Printer implements Printable, Workable
{
    protected String brand;          //定义品牌
    protected String kind;           //定义种类
    public Printer() { }
    public String print() {
        return "I am a " + brand+ " and I work to print.";
    }
}
```

引入接口概念后，还可以使一个类既继承父类，同时又实现接口。比如下例是由针式打印机类 NeedlePrinter 在继承打印机类 Printer 的同时，实现可打印接口 Printable，其类图表现形式如图 5.10 所示。

图 5.10 对应的代码如下：

```
public class Printer {
    protected String brand;          //定义品牌
    protected String kind;           //定义种类
    public Printer() { }
    public String toString() {
```

```
        return "I am a " + kind + " and I work as" + ((Printable)this).print();
    }
    public static void main(String args[]){
        Printer p=new NeedlePrinter();
        System.out.println(p.toString());
        }
    }
    class NeedlePrinter extends Printer implements Printable {
      public NeedlePrinter() { kind = "Needle"; }
      public String print() {return "Needles beat the paper."; }
    }
```

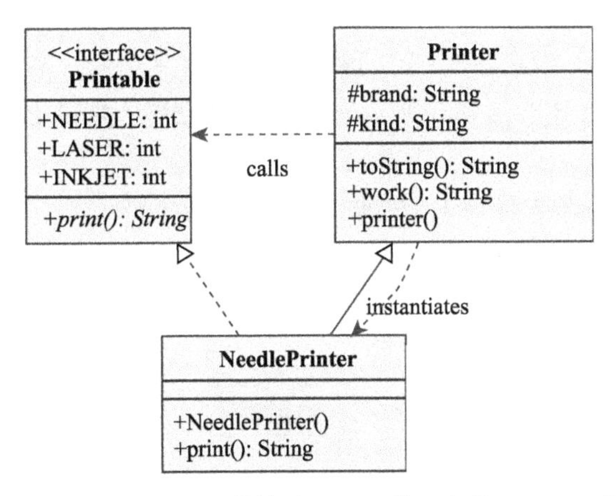

图 5.10　NeedlePrinter 类继承 Printer 类，实现 Printable 接口

再次注意，Printer 类中 toString()方法中的表达式：

```
((Printable)this).print();
```

它将 this 对象强制转换成 Printable 对象。因为 Printer 并未定义 print()方法，因此强制转换是必须的。然而，Printer 类的 NeedlePrinter 子类实现了 print()方法，并把它作为 Printable 接口的一部分。因此，为了使 Printer 类的对象能够调用 print()，那么这个对象必须是 Printable 类型的，因此这里必须执行强制转换。

由于扩展了 Printer 类并且实现了 Printable 接口，这表明 NeedlePrinter 既是 Printer 类型，也是 Printable 类型。总之，一个类实现了一个接口后，该接口就作为其类型之一。

接口实现本身就是一种继承形式。一个 Java 类仅继承一个父类，但是它可以实现任意数量的接口，这也是接口多重继承的另一种体现。

思考题

(1) 参考图 5.6 设计 Car 类，继承交通工具类 Tansportation 并实现货物接口 Goods，分别实现用汽车运送大米，用火车运送汽车。

(2) 设计圆椎体类 Cone，继承圆类 Circle 并实现可计算面积接口 Areable 和可计算体积接口 Volumable，计算表面积和体积。

5.2.3　接口的应用

接口和类一样，属于引用型变量，接口变量中可以存放实现该接口的类的实例的引用，即存放对象的引用。如，定义一个 PCI 接口，则可以声明一个引用型变量：

PCI card;

但因为接口没有构造方法，所以不能实例化，我们可以用实现了 PCI 接口的声卡类 SoundCard 来实例化接口的引用变量：

card = new SoundCard();

这种实例化接口变量的方法是接口多态性的体现，也使 Java 接口具有灵活性。我们可以利用接口的这种多态特性，设计出更低耦合度的系统模块，从而增强系统弹性，提高系统的可维护性。

所谓耦合度是指模块之间的关联程序。假设有两个类 A、B，它们之间的调用关系中如果 B 被 A 调用，那么它们之间就有一定的耦合性。为避免耦合，需要降低 A 与 B 之间的耦合度，目的就在于，无论 B 的形式如何，只要 B 仍然能够实现 A 所需要的功能，A 就不需要重写代码。

解决方法是令 B 实现某种接口 I，定义 I.Method()，同时 A 在调用 B 的方法时候直接调用 I 的方法即可。在这里，B 需要实现 I.Method() 方法，A 调用 I.Method() 方法即可，完全隐藏了 B 对 Method() 方法的实现细节。 这种解耦合的方法用类图描述如图 5.11 所示。

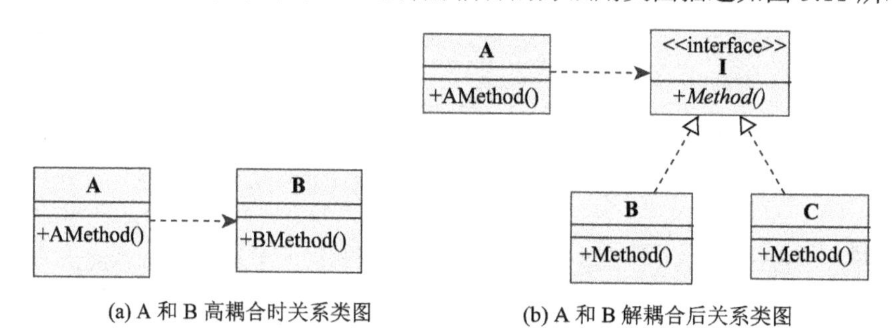

(a) A 和 B 高耦合时关系类图　　(b) A 和 B 解耦合后关系类图

图 5.11　A 和 B 解耦合前后的关系类图

这里总结给出解耦合时应该考虑的几个因素：

(1) 在引用类型 B 时，如果直接引用，B 的源码发生改变，会造成调用者的很大的改动，这样耦合度就高。

(2) 如果将 B 中被调用的行为，抽象出一个接口类型，在 A 中调用这种行为时，参数用接口变量来表达。执行时，只要是实现了接口的类(如图 5.11(b) 中类 B、类 C)，都可以被 A 间接引用，而不必改动类 A 的结构，从而提高了类 A 的可重用性。

(3) 不管实现接口的类如何改变，主要行为是一定有的，因此不会影响调用者的运行结果，此时的耦合度就要小很多，从而提高系统的可维护性。代码结构如图 5.12 所示。

```
{
        A.AMethod( B b ) {
                b.BMethod();
                /*....*/
        }
}
修改成：
{
        A.AMethod( I i ) {
                i.Method();
        } }
```

图 5.12　A 和 B 解耦合前后代码结构图

按照这种方法，实现了类与类之间的松散耦合，既大大增强了类的可重用性，又有效提高了系统的可维护性。

下面通过一个接口的具体应用实例说明抽象设计模式的方法和设计思想。该类的具体功能描述如下。

(1) 定义接口：定义一个 PCI 接口规范，要求抽象出 PCI 卡工作必要的行为：

开始工作：public abstract void start();

停止工作：public abstract void stop();

(2) 实现接口：分别定义 SoundCard、NetWordCard、VideoCard 三个 PCI 接口实现类。

(3) 应用接口：编写主板类 MainBoard，在该类主方法中模拟 PCI 插槽的应用。

此例的类图模式如图 5.13 所示。

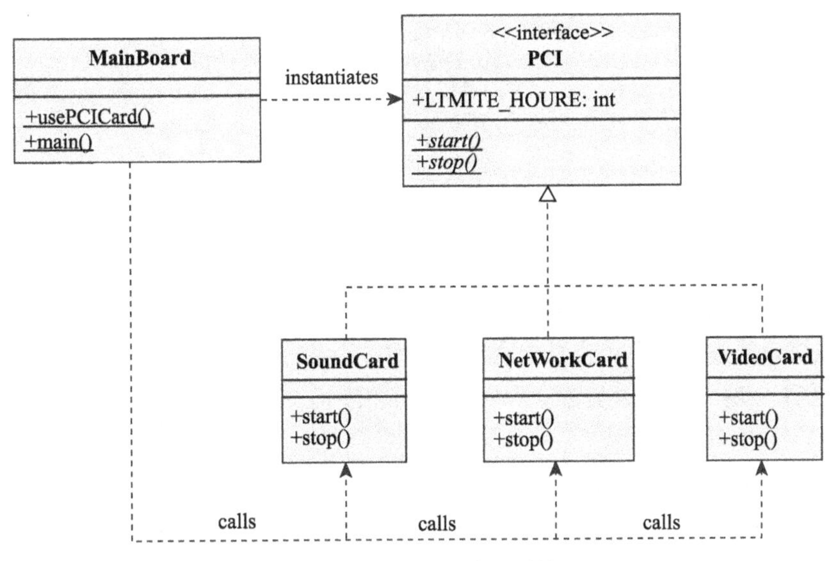

图 5.13　PCI 接口类图结构

例 5.2　采用 PCI 接口实现类间解耦合实例。

PCI 接口定义：

```
public interface PCI {
    //定义常量
    public static int LIMIT_HOURS = 100;
    //定义抽象行为，开始工作
    public abstract void start();
    //定义抽象行为，结束工作
    public abstract void stop();
}
```

声卡、网卡类实现 PCI 接口：

```
public class SoundCard implements PCI {
    public void start() {
        System.out.println("声卡嘀的一声，开始了工作！ ");
    }
    public void stop() {
        System.out.println("声卡嘀嘀两声，结束了工作！ ");
    }
}
```

```
public class NetWorkCard implements PCI {
    public void start() {
        System.out.println("网卡指示灯黄绿灯闪烁，网卡开始了工作！");
    }
    public void stop() {
        System.out.println("网卡指示灯黄绿灯闪烁，网卡停止了工作！");
    }
}
```

主板类应用 PCI 接口实现声卡的启动和停止操作：

```
public class MainBoard {
    //模拟主板上的 PCI 插槽，用于插入各种 PCI 卡
    public static void usePCICard(PCI card){
        card.start();
        card.stop();
    }
    public static void main(String[] args) {
        //创建一个 PCI 引用，可以接受任何实现了 PCI 接口的类
        PCI pci = new SoundCard();
        MainBoard.usePCICard(pci);
    }
}
```

通过上例，可以总结出：

(1)接口中通常定义所有类都要遵守的规则和通用的行为，如 PCI 接口中定义的时限常量 LIMIT_HOURS，和启动 start()、停止 stop()方法；

(2)实现接口的类之间不必相互关联，但它们都必须遵守接口定义的规则，实现接口定义的行为，如声卡、网卡和显卡类都必须实现启动和停止方法，且必须在时限范围内完成启动和停止操作；

(3)应用接口时，注意保证调用者和实现接口的类尽量低耦合。本例表现在主板类 MainBoard 中应用 PCI 卡时调用 usePCICard(PCI card)方法，其中参数为接口 PCI 的引用，而不是声卡、网卡或显卡对象引用，主方法 main()中，采用接口多态性，用声卡类对象实例化 PCI 接口的引用，并将此引用作为 usePCICard()方法的实参，从而完成了主板类和声卡类的解耦合，使得主板类可以应用于任何一个实现 PCI 接口的 PCI 插卡类。

综上所述，我们可以总结出接口应用的如下两大优势。

(1)通过 Java 接口可以将各种有用的方法与不同类型的对象关联起来，从而使面向对象设计更具有灵活性。

(2)利用接口来定义有用的方法签名，可以增加类层次结构的可扩展性。

思考题

(1)请模仿例 5.2 的解耦合方法，试着定义显卡类 VideoCard，实现 PCI 接口；主板类应用 PCI 接口实现显卡的启动和停止操作。

(2)只要是电器，都有开和关的特性，请抽象出一个电器接口 Electric，制定电器必须具有的方法开 open()和关 close()；编写电器的实现类，如风扇类 Fan，电灯类 Light，完成对接口的实现；编写测试类 ElectricTest，测试开关风扇，开关电灯。

5.3　抽象类和接口的比较

抽象类和接口在语法和作用上有很多相似之处，它们都是面向对象思想中抽象性的体现，通过抽象的约定来定义类型，构建方法声明和方法实现相分离的机制；在实现过程中又都体现出面向对象的多态特性，使得一种变量定义，具有多种实现形式，增强了程序的灵活性和可重用性。

5.3.1　抽象类与接口的共同点

可以将抽象类和接口的共同点概括如下。

(1) 抽象类和接口都代表系统的抽象层。抽象层位于继承树的顶层，在定义引用类型变量时，通常定义为抽象类或接口类型，由此降低系统之间的耦合性。这一点在例 5.1 的测试类 UniversityTest 中体现为：

```
University university = new UniverstityA();
```

在例 5.2 的主板类 MainBoard 中体现为：

```
PCI pci = new SoundCard();
```

(2) 抽象类和接口都不能被实例化。因为它们是不完整的定义，就像不完整的模具是不能用来制造零件的。

(3) 抽象类和接口通常都含有 abstract 的抽象方法。这些抽象方法用来描述系统提供的服务有哪些，但不必具体实现。就像例 5.1 的大学抽象类中，包含招生业务、教学业务等抽象方法，说明每所大学都该有这些业务，但实现方式不同，所以抽象类里只给出业务说明，但不用具体实现；例 5.2 的 PCI 接口中，包含启动和停止业务，说明每类 PCI 板卡都有这两项业务，却有不同的实现方法，所以接口自身也不宜实现这两项业务。

(4) 值得注意的是，抽象类和接口中的抽象方法都不能是 static 的。如果是 static 的方法，表示可以不需实例化类就能执行，显然不符合抽象方法把细节交给子类的设计初衷。

5.3.2　抽象类与接口的区别

抽象类和接口除了具有上述的共同点之外，它们还具有如表 5.1 所示的诸多不同之处。

表 5.1　抽象类和接口的区别

	抽象类	接口
成员方法	具有类成员的四种访问权限；可以包含抽象方法，也可以包含非抽象方法	仅具有 public 的访问权限；仅包含抽象方法
成员变量	具有类成员的四种访问权限；可以是变量，也可以是常量	仅具有 public 的访问权限；仅包含 static final 修饰的常量
抽象方法数量	包含部分或不包含抽象方法	包含全部抽象方法
是否有构造方法	有	无
继承性	类的单继承性	多继承性
实现抽象方法的方式	由抽象类的子类实现	由和接口互不相关的类实现

从表 5.1 可以总结出抽象类和接口的最大不同在于以下两点：

(1)抽象类中为部分方法提供了实现过程，而接口中仅包含抽象方法，没有实现过程。这点使得抽象类代码的可重用性高于接口，子类可以重复使用抽象父类中已经定义好的常规方法；同时，在抽象类中添加新的方法(只要不是抽象方法即可)不会对子类结构造成影响，参见图 5.14。而接口一旦对外公布，就必须非常稳定，不能轻易改动，否则其所有实现类的结构也要产生相应改动，因此抽象类的可扩展性亦高于接口，参见图 5.15。

图 5.14　在抽象类中加入非抽象方法不会影响子类结构

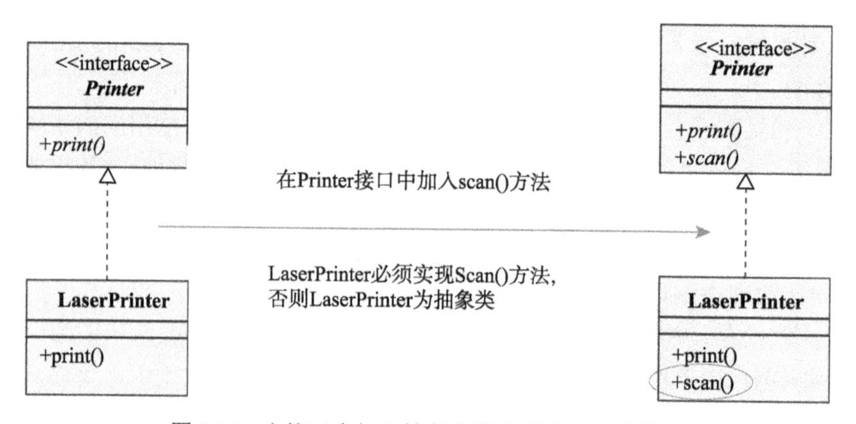

图 5.15　在接口中加入抽象方法会影响实现类结构

(2)一个类只能继承一个直接父类，却可以实现多个接口。这点使得在现有继承树中，可以方便地抽象出新的接口，却很难抽象出新的抽象类，而为了促进系统之间的松耦合，往往希望将各系统共有的功能抽象出来，因此接口更容易实现软件系统的重构和维护。如对于 PC 机和手机类都可以上网，因此抽象出可上网接口，同时手机类和照相机类也都可以实现可拍照接口，如图 5.16 所示，手机类可以同时具有两个接口提供的服务；但如果是在类层次上的抽象，手机类作为抽象类的子类，要么具有可上网抽象类的服务，要么具有可拍照抽象类的服务，因受类的单重继承性影响，两者不可兼具。

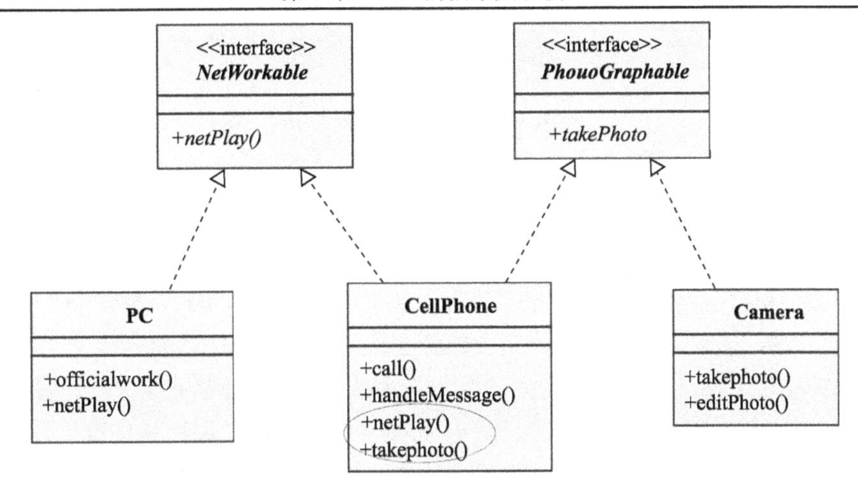

图 5.16　接口的多继承性可以使得实现类同时享受多接口提供的服务

5.4　抽象的设计原则

就像本章前面在图 5.5Driver 例子中提出来的一样，你能从抽象接口和超类的抽象方法中获得同样的功能。在什么情况下应该把抽象方法放到超类中，又在什么情况下应该把抽象方法放到接口中呢？

一个有用的原则就是超类应该包括定义一个特定类型对象的基本的公有属性和方法，而没有必要定义对象所执行功能确定的方法。例如，在例 5.1 中，universityTeaching()是高校教学业务的基本部分，没有这个方法就不能定义一所高校。相反，如宣传业务 propaganda()、招生业务 recruitStudents()等对于高校教学工作的开展是很重要的，但是它们对于高校教学的定义并没有决定性作用，因此最好把它们的定义放到接口中去。因此，一条重要的设计原则就是：在超类中定义的抽象方法应该是对该类对象的基本定义起决定作用的方法，而不应该仅仅是它的一个角色或子功能。

另一个原则是接口作为系统与外界交互的窗口，外界使用者依赖于系统的接口，同时系统内部必须实现接口功能，所以接口自身必须非常稳定，一旦定义，就不能随意修改，否则对外部使用者和系统内部都会造成影响。例如，在例 5.2 中，接口 PCI 一旦增加一个暂停方法 pause()，其所有实现类 SoundCard、NetworkCard 和 VideoCard 都必须实现 pause()方法，同时主板类 MainBroad 在使用各种 PCI 板卡时，还要考虑如何调用新增功能。

综上所述，抽象类和接口在应用中各有利弊，在程序设计时应该根据具体的分析来确定是使用抽象类还是接口。

(1) 当需要为某个特定系统定制扩展点时，可以采用抽象类。抽象类力所能及地完成部分实现，但还有一些功能有待于它的子类实现。

(2) 任何一个独立的系统都可以通过实现某个已定义好的接口来扩展新的功能。我们已经知道使用 Java 接口可以增加设计的灵活性和可扩展性，在接口中定义的方法具有与特殊类层次结构无关的独立性。鉴于其真正本质，接口能与任何类相关联，这样就使我们可以非常灵活地来使用它们。

5.5　小　　结

(1) 接口和抽象类都位于系统的抽象层，它们都是面向对象中多态性的体现，两者有着不同的特点和用处。

(2) 抽象类中可以包含 abstract 方法，也可以包含部分方法的实现，是介于“抽象”和“实现”之间的半成品，抽象类力所能及地完成部分实现，但还有一些功能有待于它的子类实现。

(3) 抽象类体现了面向对象思想中的模板设计模式。模板设计模式定义一个操作中的算法骨架，而将一些实现步骤延迟到子类当中，从而提高程序的可扩展性和可重用性。

(4) 接口中只能包含 abstract 方法和常量，且由于接口描述系统对外部使用者提供的服务，因此接口成员必为 public 的，以确保外部使用者能访问它们。和抽象类一样，接口也是 Java 中一类重要的引用类型。

(5) 接口和抽象类都不能实例化。抽象类变量中只能存放其子类实例(对象)的引用；接口变量中只能存放实现该接口的类的实例(对象)的引用。

(6) 接口相对于抽象类的优势是具有多继承性。一个接口可以同时继承多个父接口；一个类可以同时实现多个接口；一个类在继承父类的同时可以实现接口。接口的多继承性提高了系统的灵活性和可扩展性。

(7) 变量的定义类型尽可能为高层抽象类型，实现由下层子类或实现类完成。系统之间通过接口进行交互，降低系统之间的耦合度，可以提高系统的可重用性和可维护性。

(8) 为某个特定系统定制扩展点时，可以采用抽象类；提供系统与外界交互的窗口时，可以采用接口。

习　　题

一、选择题

1. 在 Java 中，使用接口弥补了 Java(　　)的缺点。

A. 一个父类只能有一个子类　　B. 只能单重继承

C. 同名类会引发冲突　　D. 不能隐藏复杂实现细节

2. 在 Java 中，如果父类中的某些方法不包含逻辑，并且需要有子类重写，应该使用(　　)关键字来声明父类的这些方法。

A. final　　B. static　　C. abstract　　D. void

3. 在 Java 中，下面关于抽象类的描述正确的是(　　)。

A. 抽象类可以被实例化

B. 如果一个类中有一个方法被声明为抽象的，那么这个类必须是抽象类

C. 抽象类中的方法必须都是抽象的

D. 如果一个类中没有抽象方法，那么这个类一定不是抽象类

4. 在 Java 中，已定义两个接口 B 和 C，要定义一个实现这两个接口的类，以下语句正确的是(　　)。

A. interface A extends B，C　　B. interface A implementsB，C

C. class A implements B，C　　D. class A implements B，implements C

5. 在使用 interface 声明一个接口时，只可以使用(　　)修饰符修饰该接口。

A. private　　B. protected　　C. private protected　　D. public

6. 下列选项中正确的是(　　)。

A. 允许接口中没有抽象方法

B. 一个类只能实现一个接口

C. 如果一个抽象类实现某个接口，则必须重写接口中所有抽象方法

D. 如果一个非抽象类实现某个接口，那么它可以只重写接口中的部分方法

7. 以下接口中的方法声明错误的是(　　)。

A. public void fun();　　B. public abstract static void fun();

C. int fun();　　D. abstract float fun();

8. 下列程序：

```
interface Int{
    int X=100;
    int fun();
}
class ImpInt implements Int{
    (代码)
}
```

其中(代码)处应添加的语句为(　　)。

A. public float fun() {return 3.5;}　　B. int fun() {return 200;}

C. public abstract int fun();　　D. public int fun() {retrun 100+X;}

二、阅读程序题

1. 请说出 C 类中(代码 1)和(代码 2)的输出结果。

```
interface A {
    double fun(double x, double y);
}
class B implements A {
    public double fun(double x, double y) {
        return x*y;
    }
    int add(int x, int y) {
        return x+y;
    }
}
public class C {
    public static void main(String args[]) {
        A a = new B();
        System.out.println(a.fun(3,5));  //(代码 1)
        B b = (B) a;
        System.out.println(b.add(3,5));  //(代码 2)
    }
}
```

2. 请说出 D 类中(代码 1)和(代码 2)的输出结果。

```
interface Int {
    int add(int x, int y);
}
abstract class A {
```

```
    abstract int add (int x, int y);
}
class B extends A implements Int {
    public int add (int x, int y) {
        return x+y;
    }
}
public class D {
    public static void main(String args[]) {
        B b = new B();
        Int i = b;
        System.out.println ( i.add(15,7));  //(代码1)
        A a = b;
        System.out.println( a.add(10, 5));  //(代码2)
    }
}
```

三、程序填空题

以下程序编写一个乐器接口 Instrument，试着完善程序，由弦乐器类 Stringed 和鼓乐器类 Percussion 分别实现乐器接口，进行演奏。

```
interface Instrument {
    public static int i =5;
    public void play();
    String what();
}
class Percussion implement Instrument {
    public void play() {
        System.out.println("Percussion.play()");
    }
    public String what() { return "Percussion"; }
}
class Stringed implement Instrument {
    public void play() {
        System.out.println("Stringed.play()");
    }
    public String what() { return "Stringed"; }
}
public class Music {
    public static void main(String[] args) {
        Instrument test1=______________;
        ____________//由弦乐器实现演奏
        Percussion test2=______________;
        ____________//由鼓乐器实现演奏
}
```

四、编程题

1．利用接口继承完成对生物、动物、人三个接口的定义。其中生物接口定义呼吸抽象方法；动物接口除具备生物接口特征之外，还定义了吃饭和睡觉两个抽象方法；人接口除具备动物接口特征外，还定义了思维和学习两个抽象方法。定义一个学生类实现上述人接口。

2．定义一个接口 CanFly，描述会飞的方法 public void fly()；分别定义飞机类和鸟类，实现 CanFly 接口。定义一个测试类，测试飞机和鸟。测试类中定义一个 makeFly() 方法，让会飞的事物飞起来。然后在 main 方法中创建飞机对象和鸟对象，并在 main 方法中调用 makeFly() 方法，让飞机和鸟起飞。

3．用面向对象的思想设计以下程序：

(1) 定义一个接口 Area，其中包含一个计算面积的方法 calsulateArea()；

(2) 然后设计 MyCircle 和 MyRectangle 两个类都实现这个接口中的方法 calsulateArea()；

(3) 分别写出两个类中的构造方法并计算圆和矩形的面积；

(4) 在 Circle 类中增加方法改变圆的半径；

(5) 最后写出测试以上类和方法的程序。

4. 试编码实现多态在工资系统中的应用：给出一个根据雇员类型利用 abstract 方法和多态性完成工资单计算的程序。Employee 是抽象类，Employee 的子类有 Boss(每星期发给他固定工资，而不计工作时间)、CommissionWorker(除基本工资外还根据销售额发放浮动工资)、PieceWorker(按其生产的产品数发放工资)、HourlyWorker(根据工作时间长短发放工资)。该例的 Employee 的每个子类都声明为 final，因为不需要再继承它们生成子类。在主测试类 Test 中测试各类雇员工资计算结果。

第 6 章　Java 异常处理

程序在运行过程中出现异常是不可避免的，因此在程序中需对异常进行处理。本章主要介绍异常的定义和常见异常分类，以及处理异常的 try-catch 语句还有如何自定义异常。通过本章的学习，可以对程序中的异常进行处理，提高程序的健壮性。

6.1　Java 异常处理机制概述

异常是指程序运行时可能出现的一些错误,例如访问磁盘上不存在的文件,操作数超出范围,数组下标越界,除数为 0 等。在不支持异常处理的程序设计语言中，运行时的错误必须由程序员手动处理,这样给程序员增加了很多的工作量。Java 语言通过异常处理机制避免了这个问题。

在 Java 异常处理机制中，所有的异常都是以类的形式存在的。异常类可以通过内置的异常类或自定义异常类来实现。当程序中如果发生了异常，会由 JVM 或程序本身抛出异常。异常抛出后，Java 运行系统会将相应的异常对象提交给含有 try-catch 语句的方法进行捕获处理。通过 Java 异常处理机制对程序中产生的异常进行捕获并处理，使得程序避免中断，能够继续正常运行。

6.1.1　什么是异常

异常是指程序运行时可能出现的一些错误,是特殊的运行错误对象，在 Java 中都是使用 Throwable 的子类进行描述。

6.1.2　可控异常和不可控异常

在 java.lang 包中有一个 Throwable 类，它是 Java 中所有异常类的父类。该类派生了两个子类：Error 和 Excepiton 类。其中 Error 类描述的是应用程序无法捕捉的错误，如内存溢出错、硬件错误等。这类称为不可控异常，程序无法抛出这种类型对象、此类对象也不能捕获和恢复，出错时所能做的事情就是系统通知用户并终止程序。通常在程序中我们不需要对这种错误进行直接处理，这种错误需要交给操作系统处理。

Excepiton 类是应用程序能够捕获到的异常情况，这类错误一般是可以恢复的，不影响程序的运行，因此称为可控异常。通过对这类异常进行检测和处理的程序可以继续正常执行。

由于应用程序不处理 Error 类，因此一般所说的异常都是指 Excepiton 及其子类。一般情况下，可以产生 Excepiton 的子类来创建自己的异常。

Excepiton 类中有一些方法用于得到或输出异常对象的相关信息，如图 6.1 所示。

(1) public String toString()：　该方法返回描述当前 Excepiton 对象的字符串。

(2) public void printStackTrace()：　该方法是在当前标准输出设备(一般是屏幕显示器)上输出当前异常对象的堆栈跟踪信息，即程序先后调用并执行了那些对象或类的哪些方法，使得运行过程中产生了这个异常对象。

(3) public String getMessage()： 该方法返回异常的详细描述字符串。

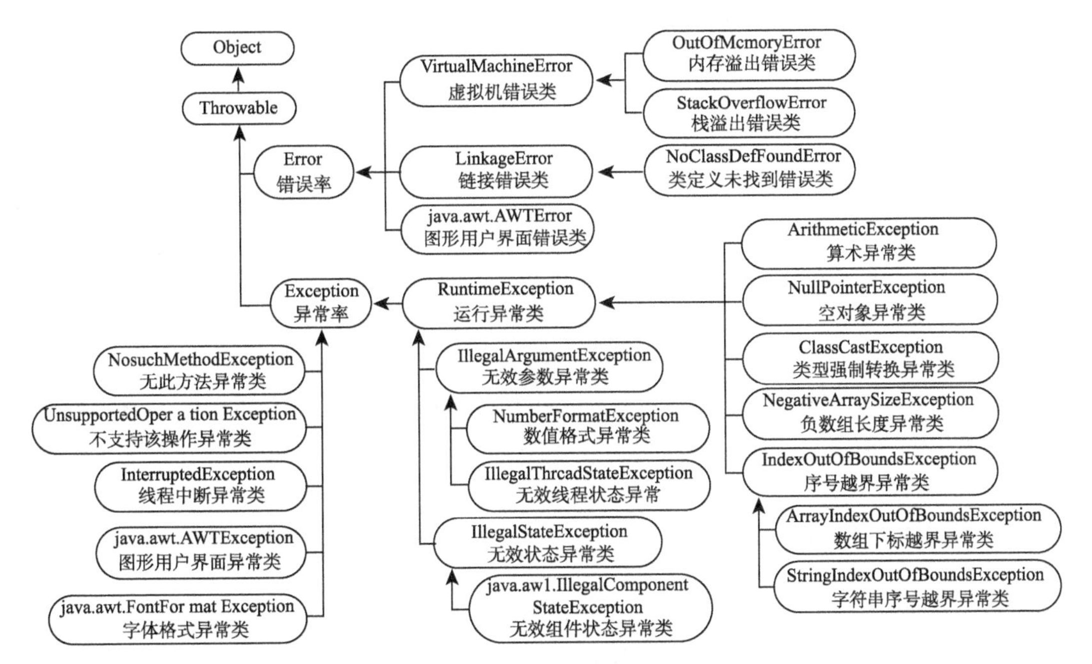

图 6.1 异常类的层次结构

Exception 的子类如果按照定义者划分可以分为：系统定义的异常类和用户自定义的异常类。如果按照处理方式进行划分：可以分为运行时异常和非运行时异常。

对于系统定义的异常是 Java 事先定义好在 Java 类库中的，这些异常描述经常出现的系统运行时错误。这些错误通常是可以防止的，这些错误绝大部分都继承于 RuntimeException 类。系统定义的异常出现在不同 Java 包中。

例如，在 java.lang 包中有以下几种异常：

(1) ArithmeticException：表示的是算术运行时发生的异常，如除数为 0。

(2) ArrayIndexOutOfBoundsException：数组下标越界异常。

(3) ArrayStoreException：数组存储异常，通常是将一个错误类型对象存储进入数组。

(4) IllegalArgumentException：将错误的参数传递给方法。

(5) NoSuchFieldException：类中没有相应的字段。

(6) NoSuchMethodException：类中没有相应的方法。

(7) NullPointerException：空对象引用异常，对象没有实例化。

(8) NumberFormatException：将一个不合法的字符串转换成数值。

在 java.io 包中含有以下几种异常用来描述在进行 I/O 读写时可能产生的：

(1) EOFException：表示在读写数据时，指针已经达到文件尾部。

(2) FileNotFoundException：表示文件无法找到。

(3) IOException：某种类型的 I/O 异常发生。

在 java.net 包中有一些与网络编程相关的异常：

(1) ConnectException：当试图连接远程地址或端口时，连接请求被拒绝。

(2) MalformedURLException：创建了一个不正确的 URL 地址。

(3) ProtocolException：协议错误，例如 TCP 错误。

(4) UnknownHostException：主机 IP 地址无法确定。

对于这些系统定义的异常，当程序中相应类型错误产生时，系统会自动产生对应的异常对象并抛出，程序可用相应控制结构对这些异常进行处理，避免程序产生更大的问题。

对于用户自定义异常，将在 6.3 节中详细介绍。

此外，在 Exception 中有一个直接子类 RuntimeException 类，它代表的是在程序运行时才有可能产生的运行时异常，由于这类异常很普遍，并且数量较多，Java 编译器允许可以不对运行时异常进行捕获和处理，而交给默认的异常处理程序或根本不进行任何处理。所以 RuntimeException 异常可以不编写异常处理的程序代码，依然可以成功编译，一旦这类异常发生，JVM 将终止程序的执行，并在屏幕上输出异常的内容和异常产生的位置。

RuntimeExcepiton 常见的子类有 ArithmeticException、ArrayIndexOutOfBoundsException、ArrayStoreException、IllegalArgumentException、NullPointerException 等，它们大多在 java.lang 包中。

对于 RuntimeException 类及其子类对象也可以在必要的时候，声明、抛出和捕获运行时异常。

除 RuntimeExcepiton 类及其子类外，其他是非运行时异常，如输入输出异常、文件未找到等。Java 规定这类异常必须捕获所有的非运行时异常，即需要使用 try-catch 语句去进行捕获并进行相应处理，否则编译时会出错。

6.2 Java 异常处理方法

6.2.1 try-catch-finally 语句捕获异常

在 Java 中使用 try-catch-finally 语句来处理异常，其中 finally 子句可选。try-catch 语句语法格式如下：

```
try{
    可能产生异常的语句序列
}
catch(ExceptionSubClass1 e){
    处理异常的语句序列
}
catch(ExceptionSubClass2 e){
    处理异常的语句序列
}
……
finally{
    无论异常是否发生都会执行的语句序列
}
```

将可能产生异常的语句放在 try 语句体内，如果有异常产生，那么异常对象将会被抛出，try 部分会停止执行，转而执行 catch 部分。catch 语句可能有若干个，每一个 catch 语句分别用来处理不同的异常子类对象。程序会首先匹配程序抛出的异常对象是否跟第一个 catch 语句圆括号里的参数类型匹配，如果类型一样或者是它的父类，那么程序流程就执行这个 catch 语句，其他的 catch 语句就不会执行。如果跟第一个 catch 语句参数不匹配，那么系统会转到第二个 catch 语句进行匹配。如果第二个不匹配，就转向第三个，一直匹配下去。

如果所有的 catch 语句都不能与当前的异常对象匹配，程序会返回调用该方法的上层方法。如果上层方法仍找不到匹配的 catch 语句，会继续回溯到再上层的方法。如果所有方法都找不到合适的 catch 语句，将由 Java 运行系统来处理这个异常对象，即终止程序执行，退出 JVM 返回操作系统，并输出相关异常信息。

对于 finally 子句无论异常是否发生，finally 子句里面的程序代码都会被执行到。finally 子句可用于一些物理资源的回收。比如：在 try 语句中打开了数据库的连接，但如果发生异常，剩余的 try 语句不会执行，会转向 catch 子句。如果数据库关闭语句写在 try 部分往往得不到执行，因此应写在 finally 语句中。

举例：

```
public class Example_1 {
    public static void main(String args[]) {
        int x=0,y=0,z=1000;
        try{
        x=Integer.parseInt("123");
        y=Integer.parseInt("a666");//发生异常转到 catch 语句执行
        System.out.println("此句将不被执行");
    }
        catch(NumberFormatException e){
            System.out.println("产生异常"+e.toString());
        }
    }
}
```

6.2.2 throw 和 throws 语句

在 Java 中，throw 语句通常用于直接抛出异常，而 throws 语句用于在方法头部声明异常而间接抛出异常，由上层调用方法进行处理。

1. throw 语句

在捕获一个异常前，必须生成一个异常对象并抛出。通常有两种方法抛出异常：系统自动抛出异常和使用 throw 语句抛出异常。

所有系统定义的异常都可以由系统自动抛出。例如：对于试图将一个非法的字符串转换成数值而产生的 NumberFormatException。而用户程序自定义的异常不能依靠系统自动

抛出，需要使用 throw 语句用来明确地抛出一个异常。throw 语句的通常形式如下：

throw 由异常类所产生的对象；

其中，由异常类所产生对象是从用户自定义从 Exception 类派生的异常子类对象。

2. throws 语句

在程序中，如果在当前方法对产生的异常不进行处理，需要使用 throws 子句进行异常的

声明。这表明该方法会将这个异常交给该方法的调用者负责处理。

throws 语句添加在方法声明中，表示该方法声明了可能出现的异常。具体格式如下：

返回值类型 方法名([参数列表]) throws 异常类列表

其中，异常类列表中列出的是方法中要抛出的异常类名字，如果多于一个，需要使用逗号进行分隔。

一个方法抛出异常后，该方法内又没有处理异常的语句，则系统就会将异常向上传递，由调用它的方法来处理这些异常。若上层调用方法中仍没有处理异常的语句，则可以再往上传递，一直传递到 main() 方法。也就是说某个方法声明异常，则调用它的方法必须捕获并处理异常，否则会出现错误。

举例：

```
class Example_2  {
    static void throwOne() throws IllegalAccessException {
        System.out.println("Inside throwOne.");
        throw new IllegalAccessException("demo");
    }
    public static void main(String args[]) {
        try {
            throwOne();
        }
        catch (IllegalAccessException e) {
            System.out.println("Caught " + e);
        }
    }
}
```

6.3　自定义异常

系统定义的异常通常用来处理系统较常出现的错误。在编写程序时也可以编写 Exception 的子类来创建自定义的异常，这类异常同时是针对应用程序特定的应用环境而定义的，例如在处理银行账户时定义存款金额必须为正数，当如果存款金额为负数就抛出异常。通过自定义异常使得用户程序中的逻辑错误能及时被系统识别处理，使程序的稳定性更好。

创建用户自定义异常时，主要通过以下几个步骤：

(1) 声明一个新的异常类，用户自定义的异常类必须是 Throwable 类的直接或间接子类，一般以 Exception 为直接父类，也可以使用某个已经存在的系统异常类或用户已自定义的异常类为父类。

(2) 为用户自定义的异常类定义属性和方法，或者重载父类的属性和方法，用于描述该类所对应的异常信息。

用户自定义异常通常不能由系统自动抛出，因而必须借助于 throw 语句来定义在某种条件下进行自定义异常对象的抛出。

举例：定义自己的异常类，如果输入值小于 0.0，则抛出异常，如果不小 0.0，则计算平方根。

```
import java.util.*;
class MyException extends Exception{
    String message;
    public MyException(double n){
```

```
            message="输入错误。"+n+"是负数，不符合要求";
        }
        public MyException(){
        }
        public String toString(){
            return message;
        }
    }
    public class Example_3  {
        public static void main(String args[]) {
            double d;
            try {
                    Scanner sc=new Scanner(System.in);
                    d=sc.nextDouble();
                    if (d<0)
                        throw new MyException(d);
                    else
                        System.out.println("平方根的值为"+Math.sqrt(d));
            }
            catch (MyException e) {
                    e.printStackTrace();
            }
        }
    }
```

6.4　小　　结

(1) 异常是 Java 程序中可能出现的错误。Java 中异常有系统异常类和自定义异常类两类。系统异常类是 Java 预先定义好的，而自定义异常类需要用户继承 Throwable 类来定义。

(2) Java 程序可以自动抛出异常和用 throw 语句抛出异常。

(3) 一旦有异常抛出，JVM 需要找到符合该异常类的处理程序，通常是通过 Java 捕获机制中的 catch 语句块程序去处理。

习　　题

一、选择题

1. Java 中用来抛出异常的关键字是(　　)。

A. try　　B. catch　　C. throw　　D. finally

2. (　　)类是所有异常类的父类。

A. Throwable　　B. Error　　C. Exception　　D. AWTError

3. 在异常处理中，如释放资源、关闭文件、关闭数据库等由(　　)来完成。

A. try 子句　　B. catch 子句

C. finally 子句　　D. throw 子句

4. 当方法遇到异常又不知如何处理时，下列哪种说法是正确的(　　)。

A. 捕获异常　　B. 抛出异常

C. 声明异常　　D. 嵌套异常

二、简答题

1．异常(Exception)和错误(Error)有什么区别？

2．简述 Java 的异常处理机制。

3．简述系统定义的异常和用户自定义异常。为何用户需要自定义异常。

4．创建一个程序，能够捕获数组下标为负数的错误。

5．给定以下代码，分析运行结果：

```
public class TryThis{
    public static void main(String args[]){
            try{
                System.out.println("1");
                throw new Exception();
            }
            catch(RuntimeException e){
                System.out.println("2");
            }
            catch(Exception e){
                System.out.println("3");
            }
            finally{
                System.out.println("4");
            }
    }
 }
```

6．写出下列程序的执行的结果。

```
public class Multi{
     public static void main(String args[]) {
           try{
                int a=args.length;
                int b=18/a;
                int c[]={1};
                c[2]=99;
                System.out.println("b="+b);
           }
           catch(ArithmeticException e){
                System.out.println("除 0 异常: "+e);
           }
           catch(ArrayIndexOutOfBoundsException e){
                System.out.println("数组超越边界异常: "+e);
           }
     }
}
```

三、编程题

1．从命令行得到 5 个整数，放入一整型数组，然后打印输出，要求：如果输入数据不为整数，要捕获 Integer.parseInt()产生的异常，显示“请输入整数”，捕获输入参数不足 5 个的异常(数组越界)，显示“请输入至少 5 个整数”。

2．写一个方法 void sanjiao(int a,int b,int c)，判断三个参数是否能构成一个三角形，如果不能则抛出异常 IllegalArgumentException，显示异常信息 a,b,c“不能构成三角形”；如果可以构成则显示三角形三个边长，则在主方法中得到命令行输入的三个整数，调用此方法，并捕获异常。

第 7 章　I/O 流及文件

I/O(输入/输出)是指应用程序与外部设备及其他计算机进行数据交换的操作，如读/写硬盘数据、向显示器输出数据、通过网络读取其他节点的数据等。I/O 处理是程序设计中非常重要的环节，任何一种程序设计语言都会涉及数据的 I/O 相关操作。在 Java 语言中，I/O 数据是以流的形式出现的，并且为此提供了大量的流类，通过调用这些流类对象提供的操作，来具体完成相关数据的输入与输出。

7.1　I/O 流概述

流是什么？流是如何工作的？Java 选择流作为 I/O 的主要方式究竟具有怎样的优势？鉴于流在 Java 程序运行中的重要地位，Java 提供了具体的数据流分类和完善的处理流类库。下面就对流的这些基本概念展开介绍。

7.1.1　什么是流

所谓流是指同一台计算机中或网络中不同计算机之间有序运动着的数据序列。Java 的 I/O 流是实现 I/O 的基础，它可以方便地实现数据的 I/O 操作，在 Java 中把不同的源(键盘、文件、网络连接等)抽象表述为“流”(Stream)，通过流的方式允许 Java 程序使用相同的方式来访问不同的 I/O 源。

7.1.2　流的作用

Java 的 java.io 包提供了大量的流类，在 java.io 包下主要包括输入、输出两种 I/O 流。输入流、输出流提供了一条通道程序，用户可以使用这条通道读取源中的数据或把数据传送到目的地。输入流(图 7.1)的指向称为源，程序从指向源的输入流中读取源中的数据；而输出流(图 7.2)的指向是数据要去的一个目的地，程序通过向输出流中写入数据把数据传送到目的地。

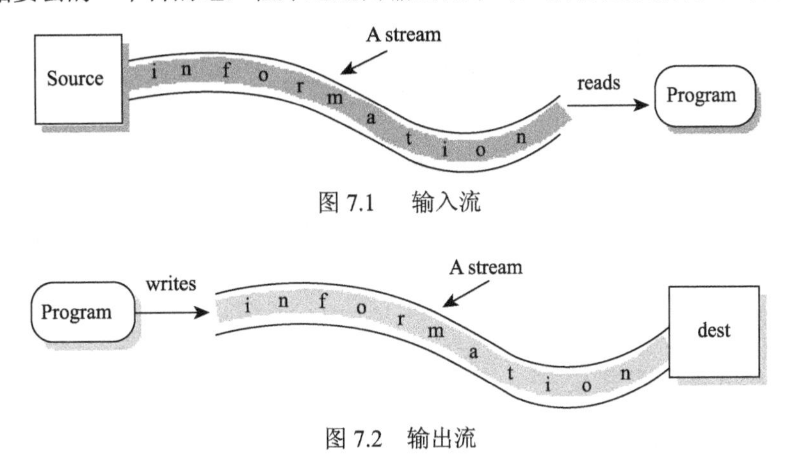

图 7.1　输入流

图 7.2　输出流

7.1.3　流的分类

根据不同的分类方式，可以将流分为不同的类型， 下面我们从不同的角度来对流进行分类。

按照流向不同，分为输入流和输出流：

输入流：只能从中读取数据，而不能向其写入数据。

输出流：只能想其写入数据，而不能从中读取数据。

按照处理单位的不同，可以把流分为字节流和字符流：

字节流：以字节为基本操作单位。

字符流：以字符为基本操作单位。

一般来说字符流比字节流更高的处理效率，然而在有些情况下，如二进制文件的读/写，只能采用字节流。

按照流的角色来分，可以把流分为节点流和过滤流。

节点流：可以从数据源向一个特定的 I/O 设备(如磁盘、网络)读/写数据的流。图 7.3 显示了节点流。

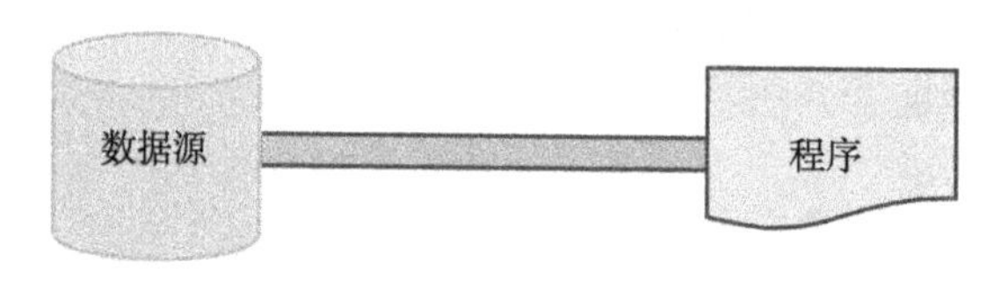

图 7.3　节点流

过滤流：用于对一个已存在的流进行连接或封装，通过封装后的流来实现读/写功能。从图 7.4 可以看出，当使用过滤流进行输入输出时，程序并不会直接连接到实际的数据源，没有和实际的 I/O 节点连接。使用过滤流的一个明显好处是，只要使用相同的过滤流，程序就可以采用完全相同的 I/O 代码来访问不同的数据源，随着过滤流所包装节点流的变化，程序实际所访问的数据源也相应地发生变化。

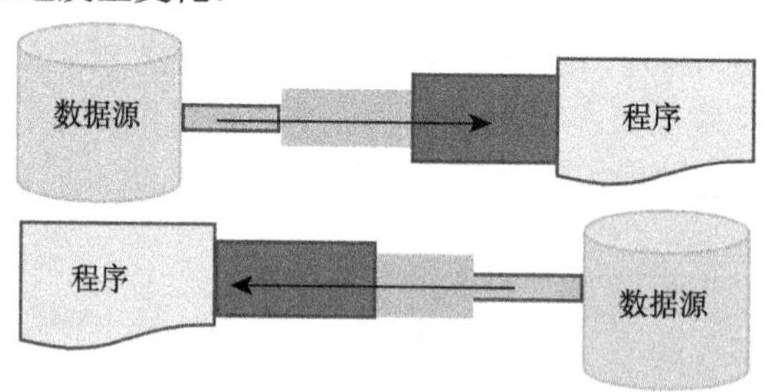

图 7.4　过滤流

提示：Java 使用过滤流来包装节点流是一种典型的装饰器设计模式，通过使用过滤流来包装不同的节点流，既可以消除不同节点流的实际差异，也可以提供更方便的方法来完成 I/O 功能。因此，过滤流也被称为包装流。

7.1.4　文本文件与二进制文件

Java 有两种文件类型：二进制和文本文件。这两种文件在计算机文件系统中的物理存储都是二进制的，也就是说都以一系列位的形式保存数据，即一系列的 0 和 1。因此，这两种文件类型之间的区别在于它们通过对其读写的程序被解释的方式。二进制文件被一系列的字节处理，而文本文件被作为一系列的字符处理。

1) 文本文件是便携的

文本编辑器和其他处理文本文件的程序把文件的位序列解释为一系列的字符——一个字符串。你编写的 Java 源程序(*.java)是文本文件，构成万维网之一的 HTML 文件也是如此。文本文件的一大优点在于它们的便携性。由于它们的数据都以 ASCII 码表示，它们只要通过任何有关文本处理的程序就可以被读和写。因而，在一台 Windows/Intel 计算机上由一个程序创建的文本文件可以被一个 Macintosh 程序读取。

2) 二进制文件是一个独立的平台

在非 Java 环境中，二进制文件中的数据以字节保存，并且计算机与计算机之间采用的表示方式存在差别。一台计算机的存储器以什么样的方式保存二进制数据取决于它在文件中是怎样被表示的。因而，二进制数据不太具有便携性。例如，在一台 Macintosh 计算机上创建的整数二进制文件不能被一个 Windows/Intel 程序读取。

缺少便携性的原因之一在于每一种类型的计算机对整数都有自己的定义。一个整数在一些系统上可能是 16 位，而在其他系统上它可能就是 32 位了，因此即使你知道一个 Macintosh 二进制文件的内容是整数，你仍然不能通过 Windows/Intel 程序使其可读。另外一个问题是即使两台 0 计算机使用了相同的位数表示一个整数，但它们可能使用了不同的表示方式。例如，一些计算机可能使用 10000101 作为数字 133 的 8 位表示，而其他的计算机可能使用相反的 01111010 来表示 133。

好的消息是 Java 的设计者们通过仔细定义必须被用于整数和所有其他原子类型的精确尺度和表示，使得 Java 的二进制文件具有平台无关性(platform independence)。因而，由 Java 程序创建的二进制文件可以在任意平台上被 Java 解释。

注意：文本文件和二进制文件主要是 windows 下的概念，UNIX/Linux 并没有区分这两种文件，它们对所有文件一视同仁，将所有文件都看成二进制文件。

7.2　字节流与字符流

7.2.1　InputStream 类和 OutputStream 类

Java 具有多种用于执行 I/O 操作的流。它们都在 java.io 包中定义，这个包必须被执行 I/O 的任意程序导入。用作读写二进制数据的根类 InputStream 和 OutputStream 是抽象类。用作读写二进制数据的根类 InputStream 和 OutputStream 是抽象类。它们最常使用的子类是 DataInputStream 和 DataOutputStream，被用作处理 String 型数据和任意 Java 的原子类型数据——char，boolean，int，double 等。这些类的类似情况是用于处理文本数据的 Reader 和 Writer 类，它们用作所有文本 I/O 的根类。

InputStream 类是字节输入流的抽象类，是所有字节输入流的父类。InputStream 类的具体层次结构如图 7.5 所示。

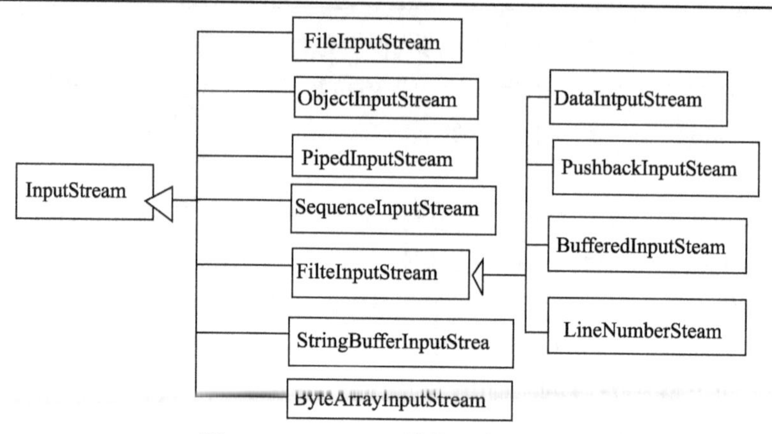

图 7.5　InputStream 类的层次结构图

InputStream 类提供了输入数据所需的基本方法，如表 7.1 所示。

提示：输入流中的方法都声明抛出异常，所以调用流方法时必须进行异常处理，否则不能通过编译。

注意：并不是所有的 InputStream 类的子类都支持 InputStream 中定义的所有方法，例如 skip()、mark()、reset()等只对某些子类有用。

表 7.1　InputStream 类常用的方法

public abstract int read() throws IOException	从输入流读取下一个数据字节
public int read(byte[] b) throws IOException	从输入流中读取一定数量的字节并将其存储在缓冲区数组 b 中
public int read(byte[] b, int off, int len) throws IOException	将输入流中最多 len 个数据字节读入字节数组
public long skip(long n) throws IOException	跳过和放弃此输入流中的 n 个数据字节
public void mark(int readlimit)	在此输入流中标记当前的位置
public void reset() throws IOException	将此流重新定位到对此输入流最后调用 mark 方法时的位置
public boolean markSupported()	测试此输入流是否支持 mark 和 reset 方法
public void close() throws IOException	关闭此输入流并释放与该流关联的所有系统资源

与 InputStream 类似，OutputStream 类是字节输出流的顶层类，它也是一个抽象类。OutputStream 类的派生结果，如图 7.6 所示。

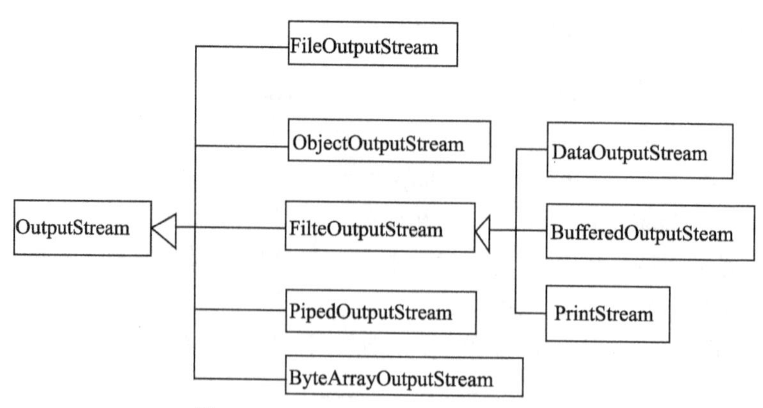

图 7.6　OutputStream 类的层次结构图

OutputStream 类提供了用来完成从输出流输出数据的一系列方法。常用的方法及说明如表 7.2 所示。

表 7.2　OutputStream 类常用的方法

方法	说明
write (byte[] b) throws IOException	将 b.length 个字节从指定的字节数组写入此输出流
write (byte[] b, int off, int len) throws IOException	将指定字节数组中从偏移量 off 开始的 len 个字节写入此输出流
write (int b) throws IOException	将指定的字节写入此输出流
flush () throws IOException	刷新此输出流并强制写出所有缓冲的输出字节
public void close () throws IOException	关闭此输出流并释放与该流关联的所有系统资源

提示：输出流中的方法都声明抛出异常，所以调用流方法时必须进行异常处理，否则不能通过编译。

如前所述，使用字节输入流和字节输出流的操作需要创建 InputStream 类和 OutputStream 类的子类对象来实现。由于应用程序经常需要和文件打交道，所以专门提供了读写文件的子类：文件字节流 FileInputStream 和 FileOutputStream 类。如果程序对文件的操作比较简单，只是顺序的读写文件，那么就可以使用 FileInputStream 和 FileOutputStream 类创建的流对文件进行读写操作。

下面介绍文件字节输入流 FileInputStream 类和文件字节输出流 FileOutputStream 类。

1. FileInputStream 类

构造方法如下：

FilteInputStream (File file)：以 file 指定的文件对象创建文件输入流。

FilteInputStream (String name)：以字符串 name 指定的文件名创建文件输入流。

2. FileOutputStream 类

当程序需要把信息以字节为单位写入到文件时，可以使用 FileOutputStream 类来创建指向该文件的文件字节输出流。其构造方法如下：

FilteOutputStream (File file)：以 file 指定的文件对象创建文件输入流。

FilteOutputStream (String name)：以字符串 name 指定的文件名创建文件输入流。

7.2.2　Reader 类和 Writer 类

Reader 类和 Writer 类都是抽象类，其中规定了字符流的基本输入/输出操作方法，它们的每个子类实现一种特定的字符流输入/输出操作。Reader 类和 Writer 类是用来读写文本文件的根类的抽象类。它们最常使用的子类是文件输入流 FileReader 和文件输出流 FileWriter 类，缓冲输入流 BufferedReader 和缓冲输出流 BufferedWriter 类。Reader 类的派生结构如图 7.7 所示。

如前所述，必须创建 Reader 类的子类对象进行流的操作，Reader 类定义了读取字符流的常用方法，如表 7.3 所示。

与 Reader 类一样，Writer 类是字符输出流的顶层类，它也是一个抽象类。Writer 类的派生结构如图 7.8 所示，其常用方法如表 7.4 所示。

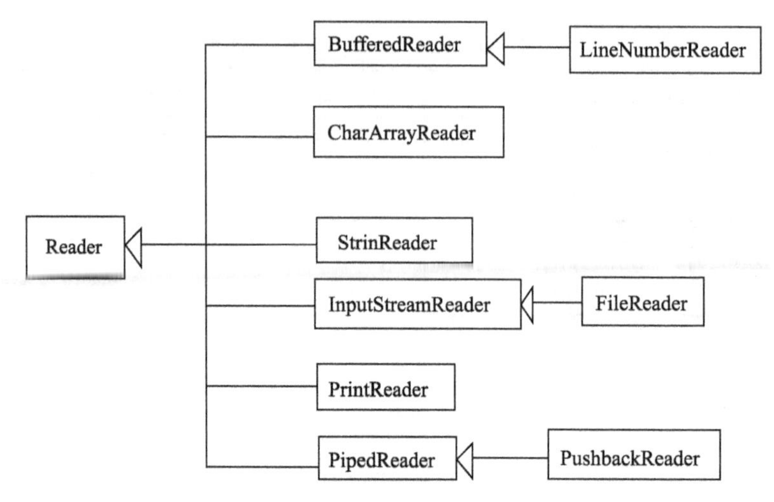

图 7.7　Reader 类的派生结构图

表 7.3　Reader 类常用的方法

int read()	读取单个字符
public int read(char[] cbuf)	将字符读入数组
public abstract int read(char[] cbuf, int off, int len)	将字符读入数组的某一部分
public long skip(long n) throws IOException	跳过字符
public void close()	关闭此输入流并释放与该流关联的所有系统资源

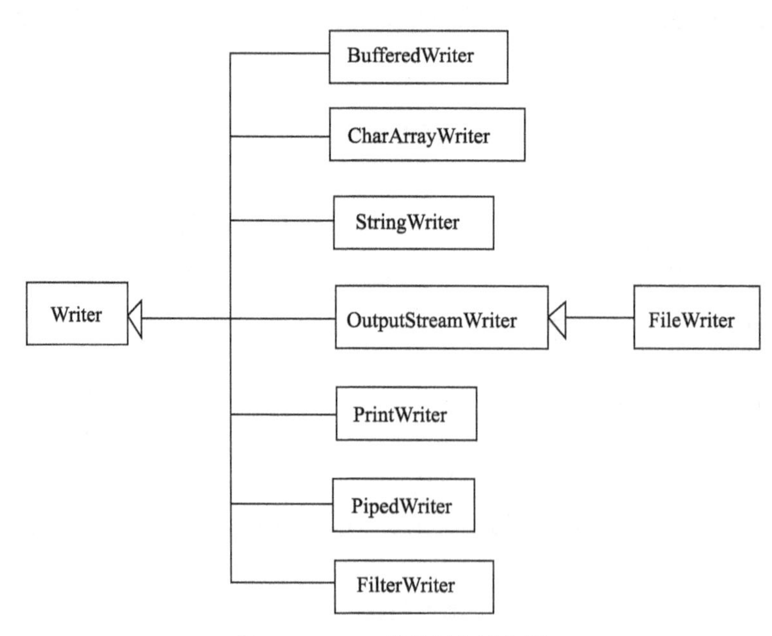

图 7.8　Writer 类的派生结构图

字节输入流和字节输出流的 read 和 writer 方法是以字节为单位处理数据。因此，字符流不能很好地操作 Unicode 字符。例如，一个汉字在文件中占用 2 字节，如果使用字节流，读取不当会出现“乱码”现象。字符输入流和字符输出流的 read 和 writer 方法使用字符数组读写数据，即以字符为基本单位处理数据。

表 7.4　Writer 类常用的方法

public void write(int c) throws IOException	写入单个字符
public void write(char[] cbuf) throws IOException	写入字符数组
void write(String str, int off, int len) throws IOException	写入字符串的某一部分。参数： str ——字符串 off ——相对初始写入字符的偏移量 len ——要写入的字符数
flush()	强制性清空缓存
public void close()	关闭此输出流并释放与该流关联的所有系统资源

与 FileInputStream、FileOutputStream 字节流相对应的是 FileReader、FileWriter 字符流。FileReader 和 FileWriter 分别是 Reader 和 Writer 的子类，其构造方法分别是：

```
FileReader(String filename); FileReader(File filename);
FileWriter(String filename); FileWriter(File filename);
```

注意：对于 Writer 流，write 方法将数据首先写入到缓冲区，每当缓冲区溢出时，缓冲区的内容被自动写入到目的地，如果关闭流，缓冲区的内容会立刻被写入到目的地。流调用 flush() 方法可以将当前缓冲区的内容写入到目的地。

7.3　实例分析：读写文本文件

下面我们写一个图形用户界面应用程序使其能够从一个文本文件读取和写入数据。要实现这个应用程序需要一个可输入和显示文本数据的 JTextArea 和一个用户可键入文件名的 JTextField，两个 JButton，分别用来读取文件到 JTextArea，另一个用于把 JTextArea 中的数据写进一个文件，如图 7.9 所示。

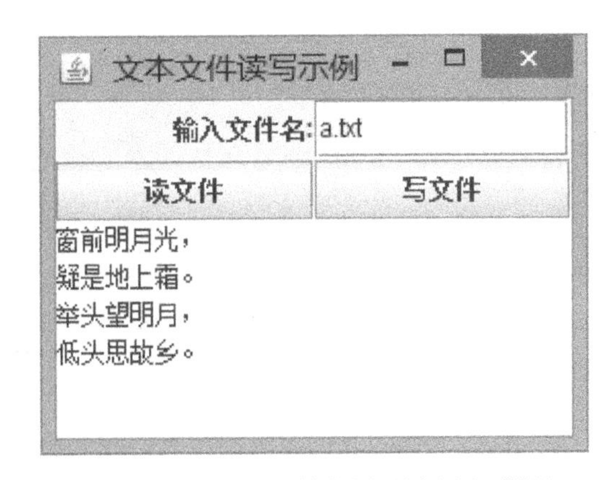

图 7.9　读写文本文件的图形用户界面设计

7.3.1 写入一个文本文件

下面介绍怎样把数据写入一个文本文件。这个程序中我们把 JTextArea() 中的整个内容写到文本文件。一般而言，把数据写入文件需要如下三步：

(1)连接一个输出流到文件；

(2)写文本数据到输出流，可能要使用循环；

(3)关闭流。

如图 7.1 所示，连接一个流到文件像是做了一个管道设备。第一步连接一个输出流到文件。输出流像是程序和命名文件之间的一个管道，它打开文件并准备从程序接收数据。如果文件已经存在了，那么打开的文件将销毁它之前所包含的任何数据。如果文件还没存在，那么它将重新创建一个新的文件。

一旦文件被打开，下一步将文本数据写到流，流将会把文本传递到文件上。这一步可能需要一个循环，在每一次迭代上输出一行数据。最后，一旦所有的数据都被写到了文件，流应该被关闭。

如上例所示，假定想要写的文本包含在一个 JTextArea 中，这样，需要设计一个把 JTextArea 的内容写进一个命名文件的方法。

对于这个任务，实际上是把一个 String 型数据写进一个命名文件，那么接下来我们应该使用什么输出流呢？当写一个文本文件时必须使用一个 Writer 子类。但是选择哪一个子类呢？通过查找 Java 的 API 文档，看看在各种子类中哪些方法是可以利用的。

假设选择其中的 FileWriter 类(图 7.10)。它的名称和描述(表)表示它被设计用于写文本文件，并且它的第一个构造函数的参数是以文件名作为参数的，第二个构造函数的参数使用了 boolean 参数，在默认情况下，它可以使我们追加数据到一个文件而不是重写整个文件。

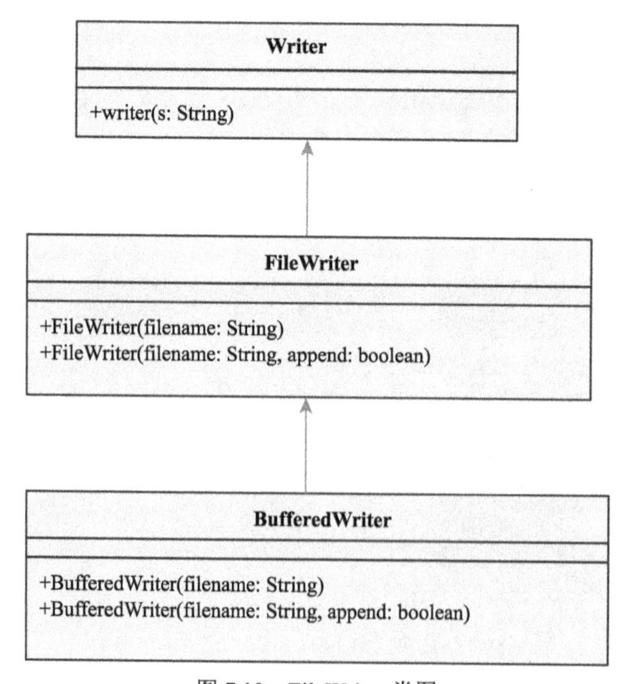

图 7.10　FileWriter 类图

选定 FileWriter 类后，FileWriter 使用方法如下：

```
private void writeTextFile(JTextArea content, String fileName){
      FileWriter out = new FileWriter (fileName);
                    //创建一个文件输出流对象
      out.write (content.getText());
                    //将文本域的内容写到输出流中
      out.close(); //关闭输出流对象
  }
```

注意：关闭文件。当一个程序正常终止时，Java 会关闭任何打开的文件和流，但是你自己使用一条 close()语句可以降低破坏文件的概率。

由于在一个 I/O 操作期间可能会产生多种不同的故障，因此，有必要把 I/O 操作嵌入到 try/catch 语句里面。在这个例子中，可能会抛出一个 IOException 异常，因此，需要放置一个 try/catch 块以捕捉 IOException 异常：

```
private void writeTextFile(JTextArea content, String fileName){
     try {
          FileWriter out = new FileWriter (fileName);
          out.write (content.getText());
          out.close();
     } catch (IOException e) {
          content.setText("IOERROR: " + e.getMessage() + "\n");
          e.printStackTrace();
     }
} //writeTextFile()
```

7.3.2　文本文件的输出

WriteTextFile()方法提供了向文本文件写入数据的简单方法。要设计有效的 I/O 方法可以有多种选择方法，但是必须考虑清楚两个重要问题：

(1)根据要执行的任务选择所需要的方法；

(2)什么样的流包含了上述所需要的方法。

与前面我们已经实现的其他例子类似，设计一个方法来执行一项任务通常需要在 Java 类层次中找到合适的方法的问题。

注意：开发高效的 I/O 程序主要是选择正确的库方法的问题。从自己选择需要的方法开始，找到包含那些合适方法的流类。

现在我们一起来完成文本文件的输出。正如前面所述，首先需要选择使用一个高效的对象来完成上面的工作，假设选择 BufferedWriter 对象作为输出流。这个类(图)包含了用于将文本写入字符输出流，缓冲各个字符，提供单个字符、数组和字符串的高效写入方法。根据 API 文档，这个流属于过滤流，它包含一个构造方法允许根据文件的名称创建一个流。它的构造函数需要一个 Writer 对象：

```
BufferedWriter out = new BufferedWriter(new FileWriter (fileName));
     out.write (content.getText());
     out.close();
```

过滤流的功能如图 7.4 所示，它可以隐藏底层设备上节点流的差异，并对外提供更加方便的 I/O 方法，让程序员只要关心高级流的操作。

因此，我们使用过滤流时的典型思路是，使用过滤流来包装节点流，程序通过处理过滤流来实现输入输出功能，让节点流与底层的 I/O 设备、文件交互。

过滤流的构造函数参数不是一个物理节点，而是已经存在的流，而节点流的构造函数参数都是以物理 IO 节点作为构造函数参数的。

提示：过滤流有如下优势：

(1) 对开发人员来说，使用过滤流进行 I/O 操作更简单；

(2) 使用过滤流的执行效率更高。

7.3.3 读取一个文本文件

前面我们学习了如何写入数据到文本文件，现在一起看看如何读取已经保存过的文件或者读取电子邮件内容。一般来说，从一个文本文件读取数据需要以下步骤：

(1) 建立一个输入流和文件相连；

(2) 使用循环读取文本数据；

(3) 关闭流。

如上述步骤所示，选择一个输入流连接到文件(当然，如果文件存在，它只能被读)。输入流作为程序和文件之间的一个管道，它打开文件并使文件准备就读。假设我们想把图 7.9 的文件数据放进一个 JTextArea 中显示，首先需要选择一个输入流，与前面的类似，需要一个构造函数，当构造函数被给定的文件名称时，它连接一个输入流到文件。

文件 shiju.txt 是一首诗，每两句占用一行。如果想读取诗句，那么每次必须读取一行，使用 FileReader 很难完成任务，因为 FileReader 没有提供读取一行的方法。然而当我们希望能够一次读取一行，显然，FileReader 类仅有 read() 方法，但是不包含 readLine() 方法。查找 API 文档，可以看出 BufferedReader 类包含了 readLine() 方法，如图 7.12 所示。因此，可以结合 BufferedReader 和一个 FileReader 对文件建一个输入流。

Java 提供了更高级的流，字符缓冲输入/输出流即 BufferedReader/BufferedWirter。

BufferedReader 类创建对象对象方法如下：

```
FileReader inone=new FileReader(filename);
BufferedReader intwo=new BufferedReader(inone);
```

或

```
BufferedReader in = new BufferedReader (new FileReader(fileName));
```

我们已经找到了一次读取一行的方法,下面需要做的是读取整个文件的算法。当 readLine() 方法达到文件尾时它将返回 null 作为它的值。因此，可以使用下面的循环：

```
String line = in.readLine();
    while (line != null) {
    content.append(line + "\n");
    line = in.readLine();
}
```

注意：readLine() 方法没有返回行结束字符及其返回值，因此要在追加到 JTextArea 前要加一个\n。

结合异常处理，设计 readTextFile() 方法定义如图 7.11 所示。

注意：在使用过滤流包装了底层节点流之后，关闭 I/O 流资源时，只要关闭最上层的过滤流即可。关闭最上层的过滤流时，系统会自动关闭被该过滤流所包装的节点流。

```
private void readTextFile(JTextArea content, String fileName){
try{
     BufferedReader in = new BufferedReader(new FileReader(fileName));
                                        //创建并新建一缓冲输入流对象
         String line=ln.readline();   //读取一行
     while(line !=null){              //如果文件没有遇到文件尾
     content.append(line+"\n");       //显示一行
         line=in.readLine();          //读取下一行
   } Catch (IO Exception e){content setText("IO ERROP:"+e.get Message()+"ln");}
         in.close();                  //关闭输入流对象
```

图 7.11　读取一个文本文件的方法

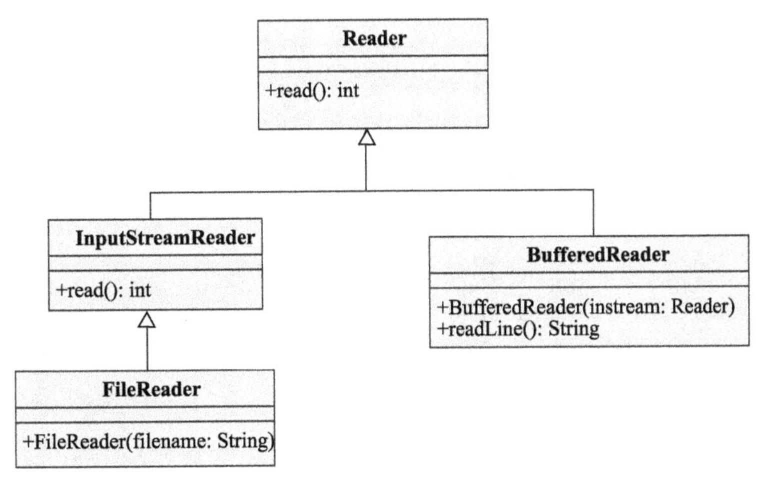

图 7.12　BufferedReader 类图

上面的例子使用了 BufferedReader.readerLine()在操作中从文件读取一整行数据，但这并不是读取数据的唯一方式。假设我们使用 FileReader 流，就必须使用 InputSreamReader.read()方法。此方法从一个输入流读取字节并将它们转化为 Java 的 Unicode 字符。read()方法返回单个的 Unicode 字符作为 int 型数据：

```
int ch = in.read();
while (ch != -1) {                        //遇到文件尾字符时返回值为-1
   content.append((char)ch + "");
   ch = in.read();
}
```

提示：read 和 readLine 比较。除非对文本文件中的每一个字符进行操作是必需的，否则一次读取一整行更有效率，并且更可取。

7.3.4　文本文件读写应用小程序

根据前一节写的文本 I/O 方法，实现图 7.13 的 GUI 的文本文件读写。

```
import javax.swing.*;           //引入 Swing 组件
import java.awt.*;
import java.io.*;
import java.awt.event.*;
public class TextFileIO extends JFrame implements ActionListener{
   JTextArea content = new JTextArea();
```

```
    JButton read = new JButton("读文件"),write = new JButton("写文件");
    JTextField FileName = new JTextField(20);
    JLabel prompt = new JLabel("输入文件名:",JLabel.RIGHT);
    JPanel commands = new JPanel();
public TextFileIO() { //构造方法
      super("文本文件读写示例");                          //设置窗体标题
    read.addActionListener(this);
    write.addActionListener(this);
    commands.setLayout( new GridLayout(2,2,1,1));   //设置面板布局
    commands.add(prompt);
    commands.add(FileName);
    commands.add(read);
    commands.add(write);
      //content.setLineWrap(true);
    this.getContentPane().add(commands,"North");
    this.getContentPane().add( new JScrollPane(content));
} //TextIO()
private void writeTextFile(JTextArea content, String fileName) {
    try {
         FileWriter outStream = new FileWriter (fileName);
         outStream.write (content.getText());
         outStream.close();
      } catch (IOException e) {
         content.setText("IOERROR: " + e.getMessage() + "\n");
         e.printStackTrace();
      }
 } //writeTextFile()
private void readTextFile(JTextArea content, String fileName) {
try {
      BufferedReader inStream                    //创建并打开流
         = new BufferedReader (new FileReader(fileName));
      String line = inStream.readLine();    //读一行
while (line != null) {                           //判断是否读完
    content.append(line + "\n");                 //显示一行
    line = inStream.readLine();                  //读下一行
    }
    inStream.close();                            //关闭流
         } catch (FileNotFoundException e) {
    content.setText("IOERROR: "+ fileName +" NOT found\n");
    e.printStackTrace();
    } catch (IOException e) {
    content.setText("IOERROR: " + e.getMessage() + "\n");
    e.printStackTrace();
    }
 } //readTextFile()
    public void actionPerformed(ActionEvent evt) {
       String fileName = FileName.getText();
    if (evt.getSource() == read) {
    content.setText("");
    readTextFile(content, fileName);
       }
    else writeTextFile(content, fileName);
      } //actionPerformed()
    public static void main(String args[]) {
    TextFileIO tf1 = new TextFileIO();
    tf1.setSize(400, 200);
    tf1.setVisible(true);
    tf1.addWindowListener(new WindowAdapter() {
   public void windowClosing(WindowEvent e) {
    System.exit(0); //退出应用程序
```

```
            }
        });
    } //main()
} //TextFileIO class
```

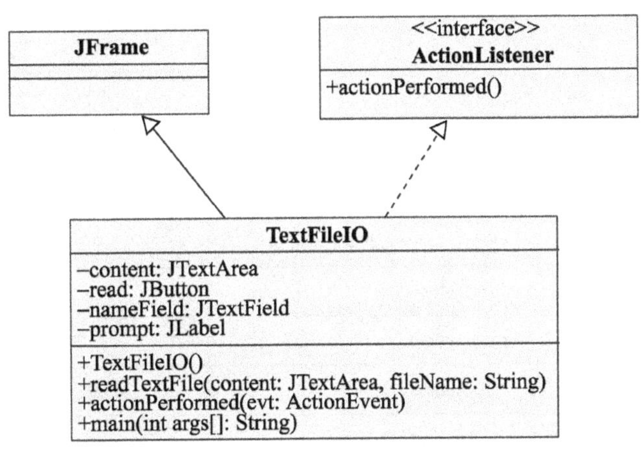

图 7.13　TextFileIO 类图

7.4　文　件　类

Java 支持对文件进行顺序访问和随机访问，提供 File 类记载文件属性信息，对文件的读/写操作通过流实现；RamdomAccessFile 类以随机存取方式对文件进行读/写操作。

7.4.1　顺序访问文件类 File

程序可能经常需要获取磁盘上文件的有关信息或在磁盘上创建新的文件等，Java 将操作系统管理的各种类型的文件和目录结构封装成 File 类。

注意：File 类的对象主要用来获取文件本身的一些信息，如文件所在的目录、文件的长度、文件读写权限等，不涉及对文件的读写操作。

1. File 类的构造函数

```
File(String filename);
File(String directoryPath,String filename);
File(File f, String filename);
```

其中，filename 是文件名字或绝对路径，directoryPath 是文件的绝对路径，f 是指定成一个目录的文件。例如：

```
File f=new File("Hello.Java");
File f=new File("c:/java/Hello.Java");
File f=new File("c:/java","Hello.Java");
```

2. File 类提供的方法

创建一个文件对象后，可以用 File 类提供的方法来获得文件属性信息，对文件进行操作。File 类提供的常用方法如表 7.5 所示。

表 7.5　File 类常用的方法和功能说明

类别	方法	功能
目录操作	public boolean mkdir()	创建指定目录，正常建立时返回 true
	public String[] list()	返回目录中的所有文件名字符串
	public File[] listFiles()	返回目录中的所有文件对象
文件操作	public int CompareTo(File pathname)	比较两个文件对象的内容
	public boolean renameTo(File dest)	文件重命名
	public boolean createNewFile() throws IOException	创建新文件
	public boolean delete()	删除文件或空目录
检测或设置文件	public long length()	返回文件的字节长度
	public long lastModified()	返回文件的最后修改时间
	public boolean exists()	判断对象是否存在
	public boolean canRead()	判断文件是否可以读取
	public boolean canWrite()	判断文件是否可以写入
	public boolean isHidden()	判断文件是否是隐藏的
	public boolean isFile()	判断当前文件对象是否为文件
	public boolean isDirectory()	判断当前文件对象是否为目录
	public boolean setReadOnly()	设置文件属性为只读
	public boolean setLastModified(long time)	设置文件的最后修改时间
访问文件	public String getName()	返回文件名，不包含路径名
	public String getPath()	返回相对路径名，包含文件名
	public String getAbsolutePath()	返回绝对路径名，包含文件名
	public String getParent()	返回父文件对象的路径名
	public File getParentFile()	返回父文件对象

表 7.5 列出了 File 类的方法，下面我们写一个方法来测试用户键入的文件名是否是一个有效、可读文件的名称。

一个文件可能是不可读的，主要有几种不同的原因。文件可能被另一个用户所拥有并只对那个用户可读，或者它可能被其拥有者设计为不可读。下面的方法演示了创建一个简单 File 实例的过程，并利用 exits()和 canRead()方法检查其名称是否有效。如果任一个条件失败，就会抛出一个异常：

```
private boolean isReadableFile(String fileName) {
    try {
        File file = new File(fileName);
        if (!file.exists())
        throw (new FileNotFoundException("No such File:" + fileName));
        if (!file.canRead())
        throw (new IOException("File not readable: " + fileName));
```

```
            returntrue;
        } catch (FileNotFoundException e) {
            System.out.println("IOERROR: File NOT Found: " + fileName + "\n");
            return false;
        } catch (IOException e) {
            System.out.println("IOERROR: " + e.getMessage() + "\n");
            return false;
        }
    } //isReadableFile()
```

在准备写数据到一个文件之前，我们应该检查下这个给定文件名的文件。如用户名是否为空，或者一个已经存在的文件不小心被改写，或者已被设置为不可读的。因此，在写数据到文件之前应该检查该文件是否是可写的：

```
    private boolean isWriteableFile(String fileName) {
        try {
            File file = new File (fileName);
            if (fileName.length() == 0)
            throw (new IOException("Invalid file name: " + fileName));
            if (file.exists() && !file.canWrite())
            throw (new IOException( "IOERROR: File not writeable: " + fileName));
            return true;
        } catch (IOException e) {
            display.setText("IOERROR: " + e.getMessage() + "\n");
            return false;
        }
    } //isWriteableFile()
```

该方法首先判断用户是否为输出的文件提供一个名称，接着用 exits()方法检查用户是否尝试写一个已存在的文件并判断文件是否可写。

7.4.2　随机访问文件类 RandomAccessFile

前面我们学习了几个常用的输入输出流，并且通过实例掌握了这些流的功能。但是这些流都是以顺序访问方式，无法在文件中任意改动当前位置。为了克服实现随机访问文件的需求，Java 专门提供了用来处理文件 I/O 操作、功能更完善的 RandomAccessFile 类。使用它的 seek()方法来指定文件存取的位置，指定的单位是字节。

下面介绍 RandomAccessFile 类的功能及应用。

1. RandomAccessFile 类的构造方法

RandomAccessFile(File file, String mode) 以 file 指定的文件和 mode 指定的读写方式构建对象。

RandomAccessFile(String name, String mode) 以 name 表示的文件和 mode 指定的读写方式构建对象。

其中，读写模式 mode 有如下四种：

(1) “r”　读方式。用于从文件中读取内容；

(2) “rw” 读写方式。既可从文件中读取内容也可向文件中写入内容；

(3) “rwd” 读写方式。每一次文件内容的修改被同步写入存储设备上；

(4) “rws”　读写方式。每一次文件内容的修改和元数据被同步写入存储设备上。

2. RandomAccessFile 类的常用方法

其常用方法如表 7.6 所示。

表 7.6　RandomAccessFile 类常用的方法

方法	功能
public void close() throws IOException	关闭操作
public int read(byte[] b) throws IOException	将内容读取到一个 byte 数组中
public final byte readByte() throws IOException	读取一个字节
public final int readInt() throws IOException	从文件中读取整型数据
public void seek(long pos) throws IOException	设置读指针的位置
public final void writeBytes(String s) throws IOException	将一个字符串写入到文件中，按字节的方式处理
public final void writeInt(int v) throws IOException	将一个 int 型数据写入文件，长度为 4 位
public int skipBytes(int n) throws IOException	指针跳过多少个字节

下面给出了随机文件读写的示例：

```
private void readRandomAccessFile(JTextArea content, String fileName) {
    try{
        RandomAccessFile in=new RandomAccessFile(filename,"rw");
        long filePoint=0;
        long fileLength=in.length();
        while (filePoint<fileLength){
             String s=in.readLine();
             content.append(s);
             filePoint=in.getFilePointer();
        }
        in.close();
    }
        catch(Exception e){}
} //readRandomAccessFile ()
```

7.5　读/写二进制文件

前面我们介绍了文本文件的使用，但是由于实际应用中，文本文件并不能完全包含所有的数据处理的应用程序。例如，单位财务系统使用文件保存员工的记录，这些记录包含了多种不同数据类型——String 型、int 型、double 型等，它们不能作为文本处理。同样，一个超市的进货清单，也包含了各种各样的数据类型 ，不能作为文本处理。像这些的文件必须被处理成二进制数据。

那么，二进制文件是怎么进行读写的呢？一般来说，一个二进制文件就是一系列的字节。由于二进制文件不具有文件尾字符，因此它不像文本文件那样可以被一个特殊的文件结束符终止，二进制文件仅有数据组成。

二进制文件的读写流程如下：

(1) 连接一个流到文件；

(2) 读写数据，可能要使用一个循环；

(3) 关闭流。

二进制文件的读写和文本文件的读写不同之处在于所使用的流不同。

7.5.1　写二进制数据

如果要写二进制数据文件，首先要产生样本数据文件——二进制数据，这些数据不能简单地用文本编辑器来创建，因此要开发一个方法能够产生一些随机数据，而且这些数据必须符合前面所述的员工信息的表现形式。假设一个员工记录包含了 3 个单独的数据——员工的姓名、年龄、工资，其数据表现形式为：

```
Name0   27  3860.20564
Name1   31  4095.97345
```

这些数据项具有相应的数据类型——String、int 和 double 型，并且具有合适的值。当这些数据项被保存在文件或程序的存储器里时，它们只是 0 和 1 组成的一个长字符串。

如果将上述格式的数据保存到文件中，也和前面设计文本文件采用的方法类似，也要考虑以下两个问题：

(1) 应该选择用什么流类?

(2) 可以使用什么方法?

由于是二进制数据输出，通过搜索 java.io 包，选择使用 OutputStream 的一个子类，并且是保存到文件，可以考虑 FileOutputStream 类。这个类包含了可以写 int 和 byte 型数据的 write() 方法，而我们需要能够写 String 和 double 型数据。这时，FileOutputStream 类无法满足要求，而 DataOutputStream 类(图 7.14)包含了为每一种不同类型的数据的 write() 方法。值得注意的是，writeChar() 方法的参数是 int 型，表明字符是以二进制格式被写进的而不是 ASCII 或 Unicode 字符。writeChar(String) 也是二进制格式写数据的，这就是这些 write() 方法和 Writer 类子类中定义的写方法之间的主要不同。

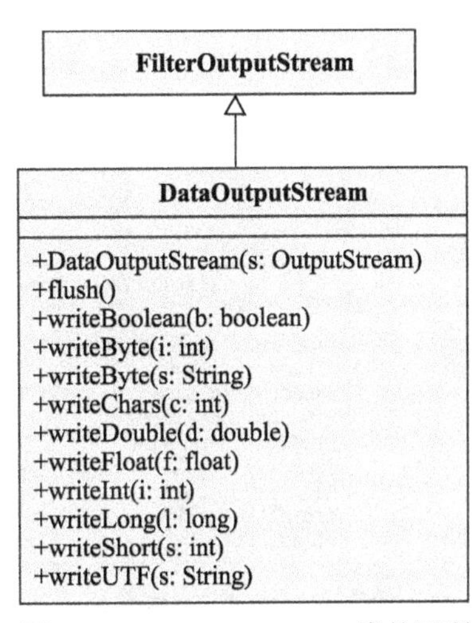

图 7.14　DataOutputStream 类的写所有数据类型的方法

为了建立一个写员工数据输出流，和前面的过滤流使用类似，可以把 DataOutputStream 和 FileOutputStream 结合在一起：

```
FileOutputStream fout=new FileOutputStream(filename);
DataOutputStream out = new DataOutputStream(fout);
```

或

```
DataOutputStream out = new DataOutputStream(new FileOutputStream(fileName));
```

下面我们需要一个循环来写 5 条员工数据的记录，语句如下：

```
for (int k = 0; k < 5; k++) {                      //产生 5 条员工记录
    out.writeUTF("Name" + k);
    out.writeInt((int)(20 + Math.random() * 25));
    out.writeDouble(2500 + Math.random() * 2000);
} //for
```

思考：在循环体内，我们使用 writeInt() 写一个 int 型数据，使用 writeDouble() 写一个 double 型数据。但是为什么使用 writeUTF 写一个 String 型员工姓名数据呢?

结合前面所学的知识，将员工记录输出到文件的方法如下：

```
private void writeRecords( String fileName ) {
    try {
        DataOutputStream out
          =new DataOutputStream(new FileOutputStream(fileName));
        for (int k = 0; k < 5; k++) { //输出5位员工的姓名、年龄和工资记录
          out.writeUTF("Name" + k);
          out.writeInt((int)(20 + Math.random() * 25));
          out.writeDouble(2500 + Math.random() * 2000);
        }
          out.close();                    //关闭流
    } catch (IOException e) {
        content.setText("IOERROR: " + e.getMessage() + "\n");
    }
}
```

7.5.2　读二进制数据

从一个二进制文件读取数据的步骤和前面所述从一个文本文件读取数据的步骤相同：创建一个输入流并打开文件，读取数据，关闭文件。主要的不同在于在二进制文件中检查结束符标记的方式。

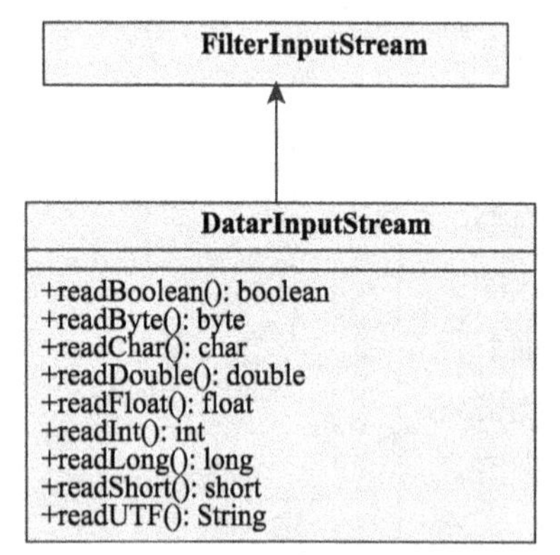

图 7.15　DataInputStream 类的读所有数据类型的方法

与写二进制文件类似，可选择 InputStream 的子类，FileInputStream 类包含了从一个文件名创建一个字节流的构造函数。然而，它不能提供有用的 read() 方法。因此，选择和 DataOutputStream 相对应的类 DataInputStream(图 7.15)，该类提供了与 DataOutputStream 相对应的输入方法。

因为二进制文件没有特殊的文件结束标志，当一个二进制读数据的方法试图读过文件末尾时，会抛出一个 EOFException 异常，因此，二进制循环应被设置为无限循环，它将在 EOFException 异常出现时退出：

```
try {
    while (true) {
            String name = in.readUTF();
            int age = in.readInt();
            double pay = in.readDouble();
            content.append(name + "   " + age + "   " + pay + "\n");
    } //while
} catch (EOFException e) { }
```

注意：用于读二进制数据的语句应该和那些写语句的格式是匹配的，如果一个 writeX() 和 readX() 中的类型是一致的。

下面我们一起封装读二进制数据的方法 readRecords()：

```
private void readRecords( String fileName ) {
    try {
```

```
        DataInputStream in= new DataInputStream(new
        FileInputStream(fileName));
        content.setText("姓名        年龄        工资\n");
        try {
            while (true) {
                String name = in.readUTF();    //读一条记录
                int age = in.readInt();
                double pay = in.readDouble();
                content.append(name + "  " + age + " " + pay + "\n");
            }
        } catch (EOFException e) { }
        finally {
            in.close();
        } }
        catch (FileNotFoundException e) {
            content.setText("IOERROR: File NOT Found: " + fileName + "\n");
        } catch (IOException e) {
            content.setText("IOERROR: " + e.getMessage() + "\n");
        }
    } //readRecords()
```

7.5.3　二进制读写应用小程序

下面利用下面的界面(图 7.16)实现二进制文件的读写操作，其中写二进制文件按钮可以实现随机的数据保存到二进制文件中，读二进制文件可以将二进制数据文件显示到 JTextArea 组件中。类的整体设计如图 7.17 所示。

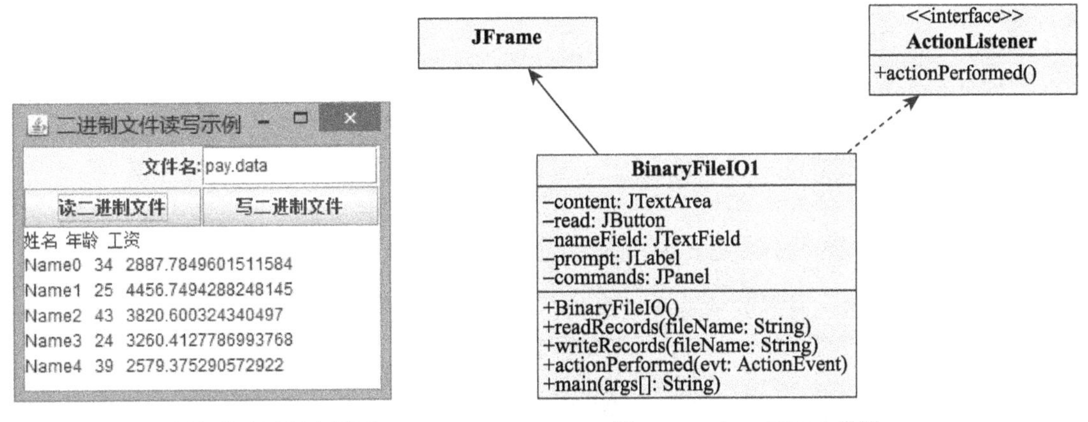

图 7.16　二进制文件读写程序界面　　　　图 7.17　BinaryFileIO 类图

程序完整代码如下：

```
BinaryFileIO.java
import javax.swing.*;
import java.awt.*;
import java.io.*;
import java.awt.event.*;
public class BinaryFileIO extends JFrame implements ActionListener{
    private JTextArea content = new JTextArea();
    private JButton read = new JButton("读二进制文件"),
                    write = new JButton("写二进制文件");
    private JTextField name = new JTextField(10);
    private JLabel prompt = new JLabel("文件名:", JLabel.RIGHT);
```

```
    private JPanel commands = new JPanel();
public BinaryFileIO() {
    super("二进制文件读写示例");
    read.addActionListener(this);
    write.addActionListener(this);
    commands.setLayout(new GridLayout(2,2,1,1));
    commands.add(prompt);
    commands.add(name);
    commands.add(read);
    commands.add(write);
    content.setLineWrap(true);
    this.getContentPane().setLayout(new BorderLayout () );

    this.getContentPane().add("North", commands);
    this.getContentPane().add( new JScrollPane(content));
    this.getContentPane().add("Center", content);
} //BinaryIO()
private void readRecords( String fileName ) {
    try {
                DataInputStream in
                  = new DataInputStream(new FileInputStream(fileName));
    content.setText("姓名          年龄          工资\n");
    try {
    while (true) {
        String name = in.readUTF();
        int age = in.readInt();
        double pay = in.readDouble();
        content.append(name + "    " + age + "    " + pay + "\n");
                        } //while
          } catch (EOFException e) {
        } finally {
          in.close();
                }
    } catch (FileNotFoundException e) {
        content.setText("IOERROR: File NOT Found: " + fileName + "\n");
    } catch (IOException e) {
            content.setText("IOERROR: " + e.getMessage() + "\n");
              }
    }
private void writeRecords( String fileName ) {
    try {
          DataOutputStream out                  //打开流
           = new DataOutputStream(new FileOutputStream(fileName));
    for (int k = 0; k < 5; k++) {               //输出5条记录
              String name = "Name" + k;
    out.writeUTF("Name" + k);
    out.writeInt((int)(20 + Math.random() * 25));
    out.writeDouble(2500 + Math.random() * 2000);
    }
    out.close();                        //关闭流
     } catch (IOException e) {
        content.setText("IOERROR: " + e.getMessage() + "\n");
     }
}
publicvoid actionPerformed(ActionEvent evt) {
    String fileName = name.getText();
    if (evt.getSource() == read)
    readRecords(fileName);
    else  writeRecords(fileName);
}
```

```
    public static void main(String args[]) {
        BinaryFileIO bio = new BinaryFileIO();
        bio.setSize(400, 200);
        bio.setVisible(true);
        bio.addWindowListener(new WindowAdapter() { //匿名类，关闭窗口
            public void windowClosing(WindowEvent e) {
            System.exit(0);
                }
              });
        }
    }
```

7.6　对象序列化

前面我们实现了文本和简单二进制数据的读写方法。有时会需要将程序运行过程中产生的某个对象保存下来，下次程序运行时通过读入保存的数据，恢复这个对象的情况。java.io 包也提供了对象的读写方法，这一过程称之为对象序列化(Object Serialization)。对象可以通过用 ObjectOutputStream 类被转换为一系列的字节，或被序列化，并且它们也可以通过 ObjectInputStream 被解序列化，或者从字节转换为一个结构化的对象(图 7.18)。对象序列化机制允许把内存中的 Java 对象转换成平台无关的二进制流，从而允许把这种二进制流持久地保存在磁盘上，通过网络将这种二进制流传输到另一个网络节点。其他程序一旦获得了这种二进制流(无论从磁盘中获取的还是网络中获取的)，都可以将这种二进制流恢复成原来的 Java 对象。

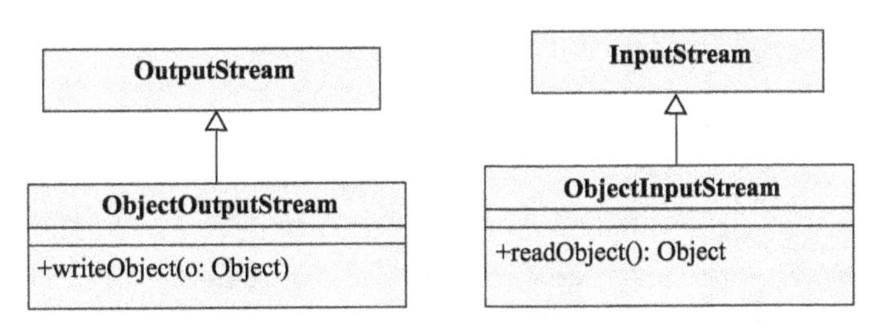

图 7.18　用于对象读写的类

为了理解对象序列化，我们仍然采用前面的案例——单位财务系统的员工信息，假设员工信息需要以对象的形式保存和读取。

首先，要定义一个 Employee 类，如图 7.19 所示。这个类必须实现 Serializable 接口，Serializable 是一个标记接口(maker interface)，即它不定义任何方法或常量而只是指明一个对象是否可以被序列化。

Employee 类封装了自己需要的读写数据方法：readToFile()和 writeToFile()，这是一个高效的 I/O 设计。如果一个读写打算被从文件输入和输出，那么应该定义它自己的 I/O 方法。一个对象包含了需要正确地执行 I/O 的所有相关信息。Employee 代码如下：

```
import java.io.FileInputStream;
import java.io.FileOutputStream;
import java.io.IOException;
import java.io.ObjectInputStream;
import java.io.ObjectOutputStream;
import java.io.Serializable;
public class Employee implements Serializable {
   private String name;
   private int year;
   private double pay;
   public Employee() {}
   public Employee (String n, int y, double p) {
      name = n;
      year = y;
      pay = p;
   }
public void writeToFile(FileOutputStream fout) throws IOException{
   ObjectOutputStream out = new ObjectOutputStream(fout);
   out.writeObject(this);
   out.flush();
} //writeToFile()
public void readFromFile(FileInputStream fin)
throws IOException, ClassNotFoundException {
   ObjectInputStream in= new ObjectInputStream(fin);
   Employee s = (Employee)in.readObject();
   this.name = s.name;
   this.year = s.year;
   this.pay = s.pay;
 } //readFromFile()
   public String toString() {
      return name + "\t" + year + "\t" + pay;
   }
}
ObjectFileIO.java

import javax.swing.*;                              //Swing组件
import java.awt.*;
import java.io.*;
import java.awt.event.*;
public class ObjectFileIO extends JFrame implements ActionListener{
private JTextArea content = new JTextArea();
private JButton read = new JButton("读对象"),write = new JButton("写对象");
private JTextField nameField = new JTextField(10);
private JLabel prompt = new JLabel("文件名:",JLabel.RIGHT);
private JPanel commands = new JPanel();
public ObjectFileIO () {
   super("读写对象示例");                              //设窗体标题
   read.addActionListener(this);
   write.addActionListener(this);
   commands.setLayout(new GridLayout(2,2,1,1));
   commands.add(prompt);                            //设置面板布局
   commands.add(nameField);
   commands.add(read);
   commands.add(write);
   content.setLineWrap(true);
   this.getContentPane().add("North",commands);
   this.getContentPane().add( new JScrollPane(content));
   this.getContentPane().add("Center", content);
} //ObjectIO()
```

```
publicvoid actionPerformed(ActionEvent evt) {
    String fileName = nameField.getText();
if (evt.getSource() == read)
readRecords(fileName);
else
writeRecords(fileName);
  } //actionPerformed()
private void readRecords(String fileName) {
    try {
         FileInputStream inStream = new FileInputStream(fileName);
                              //打开流 content.setText("Name\tYear\tpay\n");
    try {
    while (true) {              //无限循环
    Employee emp1 = new Employee(); //创建雇员实例读取
    emp1.readFromFile(inStream);     // 读一个对象并显示
    content.append(emp1.toString() +  "\n");
          }
       } catch (IOException e) {         //循环直到捕获 IO 异常
          }
    inStream.close();               //关闭流
      } catch (FileNotFoundException e) {
    content.append("IOERROR: File NOT Found: " + fileName + "\n");
      } catch (IOException e) {
    content.append("IOERROR: " + e.getMessage() + "\n");
      } catch (ClassNotFoundException e) {
    content.append("ERROR: Class NOT found " + e.getMessage() + "\n");
      }
} //readRecords()
private void writeRecords(String fileName) {
    try {
          FileOutputStream outStream = new FileOutputStream( fileName );
          //打开流
    for (int k = 0; k < 5 ; k++) {        //产生 5 个随机对象
            String name = "name" + k;
    int year = (int)(2000 + Math.random() * 4);
    double pay =2000+ Math.random() * 4000;
    Employee emp1 = new Employee(name, year, pay);  //创建对象
    content.append("Output: "+ emp1.toString() +"\n");  //显示对象
    emp1.writeToFile(outStream) ;                //将对象写入文件
        } //for
    outStream.close();
        } catch (IOException e) {
    content.append("IOERROR: " + e.getMessage() + "\n");
        }
} //writeRecords()
public static void main(String args[]) {
    ObjectFileIO io = new ObjectFileIO();
    io.setSize( 400,200);
    io.setVisible(true);
    io.addWindowListener(new WindowAdapter() {
    public void windowClosing(WindowEvent e) {
    System.exit(0);             //退出应用程序
                  }
        });
      } //main()
} //ObjectIO class
```

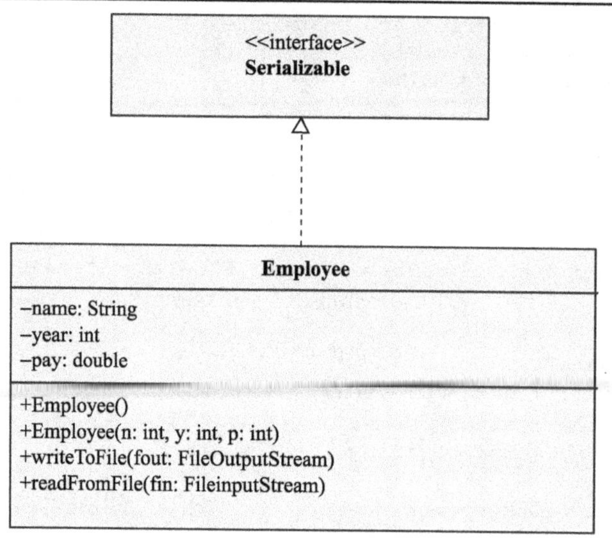

图 7.19　Employee 类图

7.7　小　　结

本章主要介绍了 Java I/O 流的相关知识，如流、字节流、字符流、文件类等。然后分别对 Java I/O 流中的字节流和字符流进行了详细的介绍，归纳了几种不同 I/O 流的功能，并介绍了几种典型 I/O 流的用法，分别应用不同的流实现文本文件、二进制数据、随机文件、对象的读写。本章也介绍了 RandomAccessFile 类的用法，通过 RandomAccessFile 允许程序自由的移动文件指针，任意访问文件的指定位置。

习　　题

一、选择题

1. 下列选项属于字符流的有(　　)。

A．ByteArrayOutputStream　　B. DataOutputStream

C.　InputStreamReader　　D. OutputStream

2. 能够正确创建一个 InputStreamReader 实例的语句是(　　)。

A．new InputStreamReader(new FileInputStream("data.dat"));

B.　new InputStreamReader(new FileReader("data.dat"));

C.　new InputStreamReader(new BufferedReader("data.dat");

D.　new InputStreamReader("data.dat");

3. 下面哪个选项可以构造一个 DataOutputStream 对象(　　)。

A．new DataOutputStream("out.txt");

B.　new DataOutputStream(new　File("out.txt"));

C. new DataOutputStream(new　OutputStream("out.txt"));

D. new DataOutputStream(new　FileOutputStream("out.txt"));

4. 要读一个较大的文件，下列创建对象的方法中哪个是最合适的（ ）。

A. new FileInputStream（“myfile”）;

B. new InputStreamReader（new FileInputStream（“myfile”））;

C. new BufferedReader（new InputStreamReader（new FileInputStream（“myfile”）;

D. new RandomAccessFile raf=new RandomAccessFile（new File（“myfile”, “rw”））;

5. 下面哪些选项能够创建一个 OutputStream 流，并且可以将内容附加到“file.txt”文件中（ ）。

A. OutputStream out=new FileOutputStream（“file.txt”）;

B. OutputStream out=new FileOutputStream（“file.txt”, “append”）;

C. FileOutputStream out=new FileOutputStream（“file.txt”,true）;

D. FileOutputStream out=new FileOutputStream（“file.txt”）;

6. 下列语句中哪个是错误的语句（ ）。

A. File f=new File（“a.bat”）;

B. DataInputStream d=new DataInputStream（System.in）;

C. OutputStreamWriter o=new OutputStreamWriter（System.out）;

D. RandomAccessFile r=new RandomAccessFile（“outFle”）;

二、填空题

1. 下列程序将从 file1.txt 文件中读取全部数据，然后写到 file2.txt 文件中，请填空补充完整下列程序代码：

```
import java.io.*;
public class FilesCopy1 {
   public static void main(String[ ] args) throws IOException {
       File inputFile = new File("__[1]____");
       File outputFile = new File("__[2]__");
       FileReader in = new FileReader(__[3]__);
       FileWriter out = new FileWriter(__[4]___);
    int c;
       while (___[5]____) {
          out.write(c);
       System.out.print((char)c);
        }
    in.close();
    out.close();
    }
}
```

2. 在 Java 中，I/O 的处理需要引入的包是_[1]_，面向字节的 I/O 类的基类是__[2]__ 和_[3]_，面向字符的 I/O 类的基类是_[4]__和_[5]_ 。

3. 下列程序的功能是：不断从键盘输入数据，并显示在屏幕上。请补充完整。

```
import java.io.*;
public class DataIOdemo {
   public static void main(String args[]) throws IOException{
       BufferedReader br=new BufferedReader(new ____[1]___(System.in));
       System.out.print(" 请输入一个字符串:");
       String s=__[2]____;
       System.out.println("输入的字符是:"+s);
   }
 }
```

三、简答题

1．什么是流？根据流的方向，流可以分为哪两种？

2．什么是字节流和字符流，它们对应的基础抽象类分别是什么？

3．使用缓冲区 I/O 流的好处是什么？

4．象流的作用是什么？

四、编程题

1．使用文件字符流读取文件，将文件的内容显示在屏幕上。

2．写一个复制任意大小文件的程序。

3．有一个文件中保持了一个班级的考试成绩，包括学生姓名以及语文、英语、数学、科学等课程成绩，请设计程序读取这些成绩，对这些成绩做出统计并存储到另一个文件中。

第 8 章　Java GUI

在一个系统中，一个良好的人机界面无外乎是最重要的，Windows 以其良好的人机操作界面在操作系统中占有绝对的统治地位，作用可见一斑。庆幸的是在 Java 中也可以完成这样的操作界面，GUI(Graphics User Interface，图形用户界面)编程主要有以下几个特征。

(1)图形界面对象及其框架(图形界面对象之间的包含关系)；

(2)图形界面对象的布局(图形界面对象之间的位置关系)；

(3)图形界面对象上的事件响应(图形界面对象上的动作)。

在 Java 的图形界面开发中有两种可使用的技术：AWT 和 Swing。但是在 AWT 中大量地使用了 Windows 的系统函数，不是使用 Java 开发的；而 Swing 是由 Java 来实现的用户界面类，可以在任意的系统平台上工作，但是在 Swing 中仍然大量使用了 AWT 的概念，为了让读者更加清楚 Swing 的组成，下面依次讲解 AWT 和 Swing 的有关概念。

8.1　AWT 和 Swing 工具集

前面章节的所有程序都是基于命令行的，基于命令行的程序可能只有一些“专业”的计算机人士才会使用，很少有最终用户愿意对着黑屏白字的命令行敲命令。

相反，如果为程序提供直观的 GUI，最终用户通过鼠标拖动、单击等动作就可以操作整个应用，整个应用程序就会受欢迎得多(实际上，Windows 之所以广为人知，其最初的吸引力就是来自于它所提供的 GUI)。作为一个程序设计者，必须优先考虑用户的感受，一定要让用户感到舒服，我们的程序才会被需要、被使用，这样的程序才有价值。

当 JDK 1.0 发布时，Sun 提供了一套基本的 GUI 类库，这个 GUI 类库希望可以在所有平台下都能运行，这套基本类库被称为“抽象窗口工具集(Abstract Window Toolkit，AWT)”，它为 Java 应用程序提供了基本的图形组件。AWT 是窗口框架，它从不同平台的窗口系统中抽取共同组件，当程序运行时，将这些组件的创建和动作委托给程序所在的运行平台。简言之，当使用 AWT 编写图形界面应用时，程序仅指定了界面组件的位置和行为，并未提供真正的实现，JVM 调用操作系统本地的图形界面来创建和平台一致的对等体。

使用 AWT 创建的图形界面应用和所在的运行平台有相同的界面风格，比如在 Windows 操作系统上，它就表现出 Windows 风格；在 UNIX 操作系统上，它就表现出 UNIX 风格。Sun 希望采用这种方式来实现“Write Once, Run Anywhere”的目标。

但在实际应用中，AWT 出现了如下几个问题。

(1)使用 AWT 做出的图形用户界面在所有的平台上都显得很不协调，功能也有限。

(2)AWT 为了迎合所有主流操作系统的界面设计，AWT 组件只能使用这些操作系统上图形组件的交集，所以不能使用特定操作系统上复杂的图形界面组件，最多只能使用 4 种字体。

(3)AWT 用的是非常笨拙的、非面向对象的编程方式。

1996 年，Netscape 公司开发了一套工作方式完全不同的 GUI 库，简称 IFC(Internet Foundation Classes)，这套 GUI 库的所有图形界面组件，如文本框、按钮等，都是绘制在空白窗口上的，只有窗口本身需要借助于操作系统的窗口实现。IFC 真正实现了各种平台上的界面一致性。不久 Sun 和 Netscape 合作完善了这种方法，并创建了一套新的用户界面库：Swing。AWT、Swing、辅助功能 API、2D API 以及拖放 API 共同组成了 JFC(Java Foundation Classes, Java 基础类库)，其中 Swing 组件全面替代了 Java 1.0 中的 AWT 组件，但保留了 Java 1.1 中的 AWT 事件模型。总体上，AWT 是图形界面编程的基础，Swing 组件替代了绝大部分 AWT 组件，对 AWT 图形用户界面编程有极好的补充和加强。

8.1.1　重量级和轻量级组件

在 JDK 1.0 版本中，AWT 最初只包括与本地对等组件相关联的重量组件，所谓重量组件即必须调用操作系统的函数画出来的组件，这些组件的绘制和表现依赖它们自己所在的平台(操作系统)。这就是为什么在 Windows 平台上的一个 AWT 按钮看起来就像是一个 Windows 按钮的原因。对每一个重量级组件的操作，都必须要依靠底层操作系统的支持，这种 Java 和本地窗口系统之间的交互需要大量的开销，因此会影响到系统的整体效率。

轻量级组件首次出现在 JDK 1.1 版本中，完全由 Java 实现，而不依赖本地操作系统实现。Swing 组件就是用 Java 实现的轻量级组件，没有本地代码，不依赖操作系统的支持，因此 Swing 比 AWT 组件具有更强的实用性。Swing 在不同的平台上表现一致，并且有能力提供本地窗口系统不支持的其他特性。

总之，重量级组件的运行平台必须存在一个对应的组件。轻量级组件是在一个虚拟的画布上画出来的组件(所以 Swing 较慢)，所有轻量级组件“最终”要放到重量级组件，如图 8.1 所示。

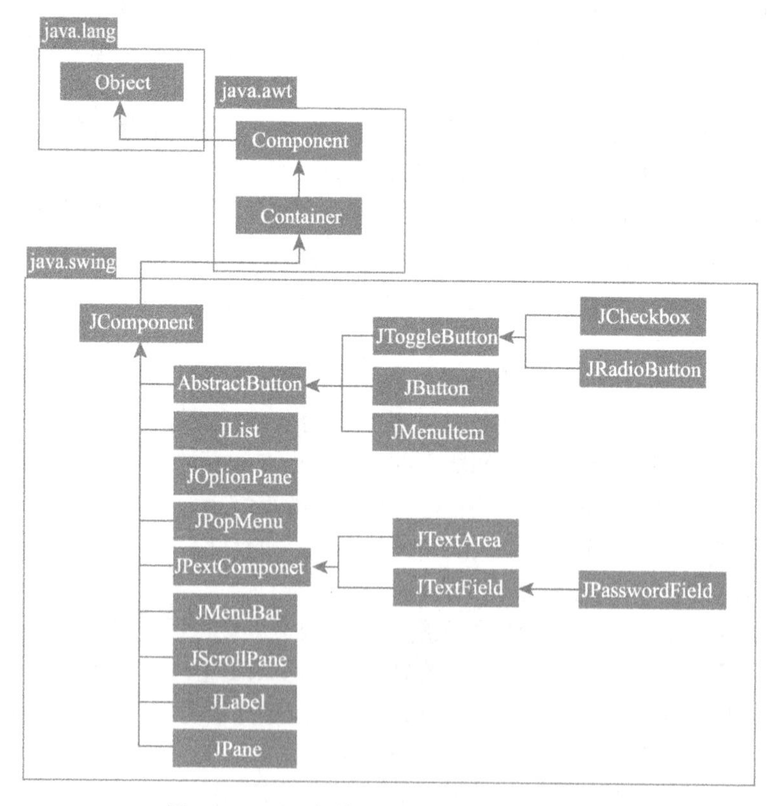

图 8.1　Swing 组件和 AWT 组件基本关系图

从图 8.1 中的关系看出，Swing 不是用来取代 AWT 的，其实 Swing 是架构在 AWT 之上做出来的，没有 AWT 也就不会有 Swing。Swing 的出现只是减少程序员直接使用 AWT 的机会，而不会让 AWT 消失。所以接下来，还是要从 AWT 开始。

8.1.2 AWT 常用组件

AWT 组件需要调用运行平台的图形界面来创建与平台一致的对等体，因此 AWT 只能使用所有平台都支持的公共组件，所以 AWT 只提供了一些常用的 GUI 组件。

在图形界面中，用户经常会看到一个个的按钮、标签、菜单等，这些实际上就是一个个的组件。这些组件都会在一个窗体上显示，如图 8.2 所示。

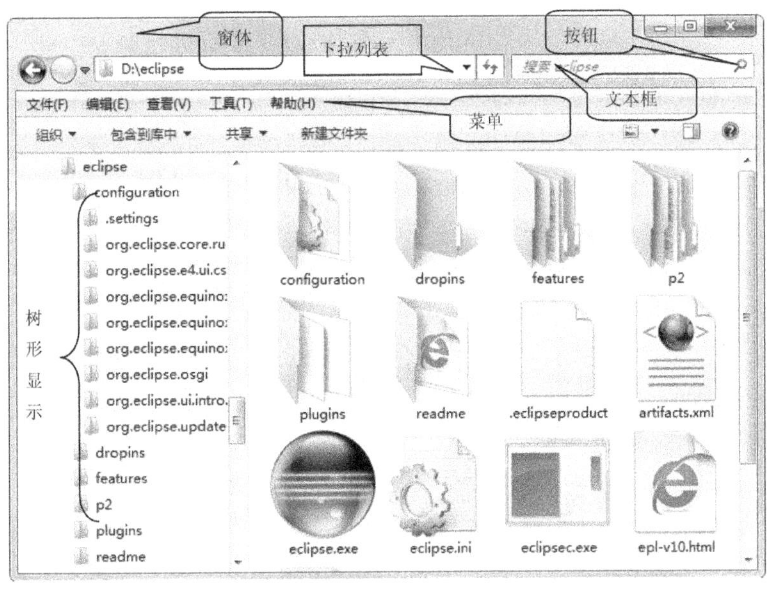

图 8.2 认识组件

在整个 AWT 包中，所有的组件类(如按钮、文本框等)都是从 Component 扩展而来的，这些类会继承父类的公共操作，继承关系如图 8.3 所示。

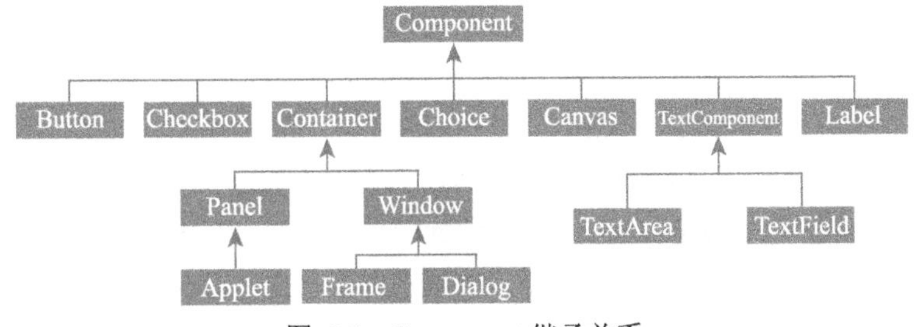

图 8.3 Component 继承关系

所有常用组件从使用范围上大致分为两类：容器(Container)和普通组件。所有的普通组件(按钮、标签和文本框等)都应该放到容器中，并可以设置其位置、大小等。

容器是 Component 的子类，因此容器对象本身也是一个组件，具有组件的所有性质，可以调用 Component 类的所有方法。Component 类(图 8.4)提供了如下几个常用方法来设置组件的大小、位置和可见性等。

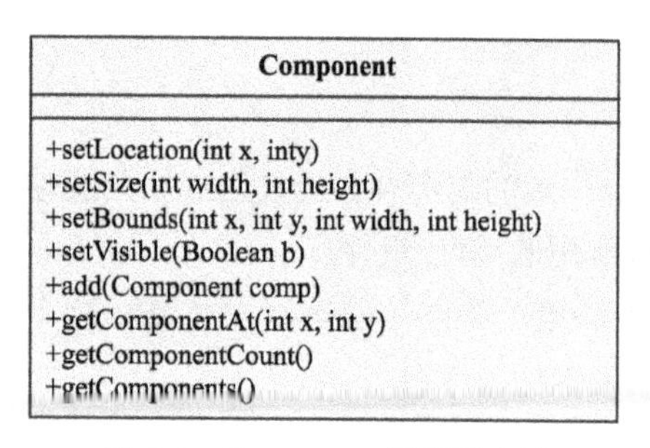

图 8.4　Component 类通用方法

(1) setLocation (int x,int y)：设置组件的位置。

(2) setSize (int width,int height)：设置组件的大小。

(3) setBounds (int x,int y,int width,int height)：同时设置组件的位置、大小。

(4) setVisible (Boolean b)：设置该组件的可见性。

容器还可以盛装其他组件，容器类提供了如下几个常用方法来访问容器里的组件。

(1) Component add (Component comp)：向容器中添加其他组件(该组件既可以是普通组件，也可以仍是容器)，并返回被添加的组件。

(2) Component getComponentAt (int x,int y)：返回指定点的组件。

(3) int getComponentCount ()：返回该容器内组件的数量。

(4) Component[] getComponents ()：返回该容器内的所有组件。

AWT 主要提供了如下两种主要的容器类型。

(1) Window：可独立存在的顶级窗口。

(2) Panel：可作为容器容纳其他组件，但不能独立存在，必须被添加到其他容器中(如 Window、Panel 或 Applet 等)。

AWT 容器的继承关系如图 8.5 所示。

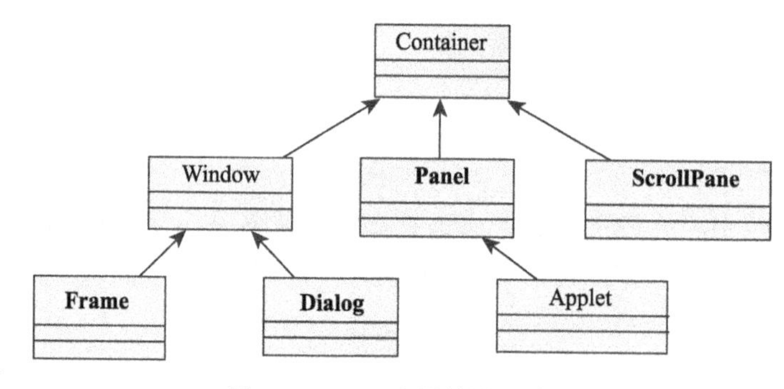

图 8.5　AWT 容器的继承关系

图 8.5 中显示了 AWT 容器之间的继承层次，其中以黑体字表示的容器是 AWT 编程中常用的组件。Frame 代表常见的窗口，它是 Window 类的子类，具有如下几个特点。

(1) Frame 对象有标题，允许通过拖拉来改变窗口的位置、大小。

(2) 初始化时为不可见，可用 setVisible (true) 使其显示出来。

(3) 默认使用 BorderLayout 作为其布局管理器(关于布局管理器的知识，参考 8.2 节的介绍)。

下面的例子程序通过 Frame 创建了一个窗口(图 8.6)。

```
Frame f = new Frame("测试窗口");
//设置窗口的大小、位置
f.setBounds(30, 30, 250, 200);
//将窗口显示出来(Frame 对象默认处于隐藏状态)
f.setVisible(true);
```

从图 8.6 中可以看出，该窗口是 Window 窗口风格，这也证明了 AWT 确实是调用程序运行平台的本地 API 创建了该窗口。如果单击图 8.6 中所示窗口右上角的“×”按钮，该窗口不会关闭，这是因为我们还未为该窗口编写任何事件响应。如果想关闭该窗口，可以通过 Eclipse 集成开发环境的停止运行程序命令按钮来关闭该窗口。

Panel 是 AWT 中另一个典型的容器，它代表不能独立存在、必须放在其他容器中的容器。Panel 外在表现为一个矩形区域，该区域内可盛装其他组件。Panel 容器存在的意义在于为其他组件提供空间，Panel 容器具有如下几个特点。

(1) 可作为容器来盛装其他组件，为放置组件提供空间。

(2) 不能单独存在，必须放置到其他容器中。

(3) 默认使用 FlowLayout 作为其布局管理器。同样关于布局管理器的知识将在 8.2 节介绍，这里主要明白 Panel 与 Frame 的默认布局是不一样的。

下面的代码使用 Panel 作为容器来盛装一个文本框和一个按钮，并将该 Panel 对象添加到 Frame 对象中(图 8.7)。

图 8.6　通过 Frame 创建的空白窗口

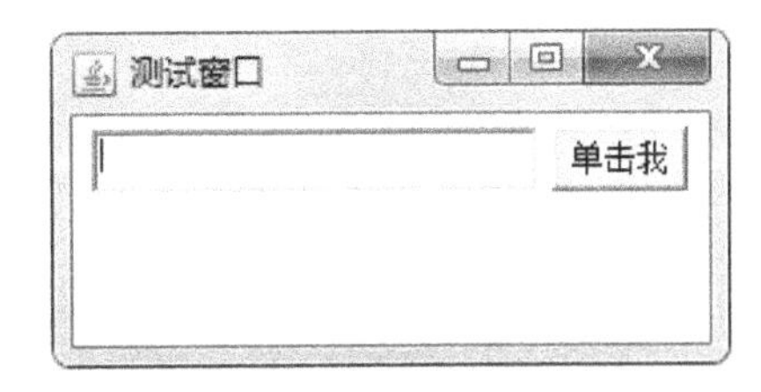

图 8.7　使用 Panel 盛装文本框和按钮

```
Frame f = new Frame("测试窗口");
//创建一个 Panel 对象
Panel p = new Panel();
//向 Panel 对象中添加两个组件
p.add(new TextField(20));
p.add(new Button("单击我"));
f.add(p);
//设置窗口的大小、位置
f.setBounds(30,30,250,120);
//将窗口显示出来(Frame 对象默认处于隐藏状态)
f.setVisible(true);
```

使用 AWT 创建窗口很简单，程序只需要通过 Frame 创建，然后再创建一些 AWT 组件，把这些组件添加到 Frame 创建的窗口中即可。

除了容器外，AWT 还提供了一些所有平台都支持的公共基本组件。

(1) Button：按钮，可接受单击操作。

(2) Label：标签，用于放置提示性文本。

(3) TextField：单行文本框。

(4) TextArea：多行文本框。

(5) Canvas：用于绘图的画布。

(6) Checkbox：复选框组件(也可以变成单选框组件)。

(7) CheckboxGroup：用于将多个 Checkbox 组件组合成一组，一组 Checkbox 组件将只有一个可以被选中，即全部变成单选框组件。

(8) Choice：下拉式选择框组件。

(9) List：列表框组件，可以添加多项条目。

(10) Scrollbar：滑动条组件。如果需要用户输入位于某个范围的值，就可以使用滑动条组件，比如调色板中设置 RGB 的 3 个值所用的滑动条。当创建一个滑动条时，必须指定它的方向、初始值、滑块的大小、最小值和最大值。

这些 AWT 组件的用法比较简单，读者可以查询 API 文档来获取它们各自的构造函数、方法等详细信息。

8.1.3 Swing 常用组件

在 Java 中所有的 Swing 都保存在 javax.swing 包中，从包的名称中(javax)可以清楚地发现此包是一个扩展包，所有的组件是从 JComponent 扩展出来的。此类实际上是 java.awt.Component 的子类，如图 8.8 所示。

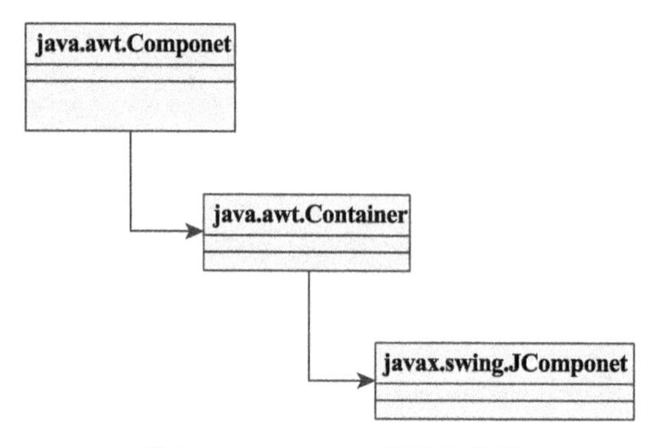

图 8.8　JComponent 的继承关系

JComponent 类几乎是所有 Swing 组件的公共超类，就像 Component 是所有 AWT 组件的父类一样，所以 JComponent 的所有子类也都继承了本类的全部公共操作，继承关系如图 8.9 所示。

从图 8.9 中个组件类的定义来看，所有的 Swing 组件只是比 AWT 组件前多增加了一个字母“J”而已。

在 Swing 中依然存在容器的概念，所有的容器类都是继承自 AWT 组件包。例如，在 Swing 中容器使用 JFrame、JWindow、JPanel 等，这些分别是 Frame，Window，Panel 的子类。接下来会有单独一节(8.4 节)详细介绍 Swing 组件，这里只是一个大概的介绍。

在 Swing 中依然可以使用 AWT 所提供的各个布局管理器，为组件进行统一的布局管理。要想使用布局管理器，则首先应该了解一些常用的布局管理器。

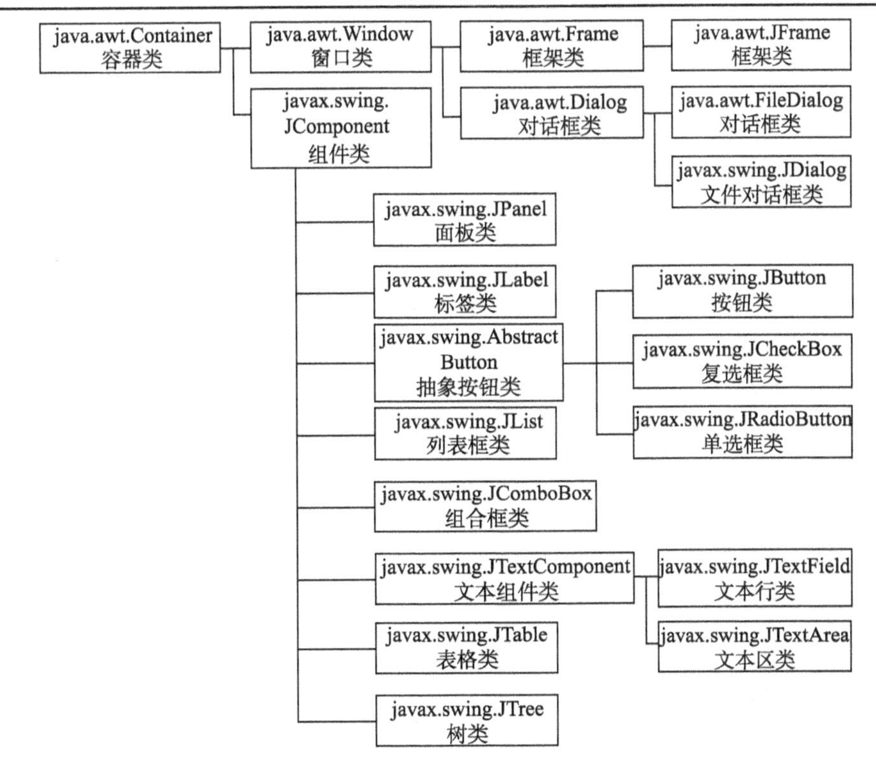

图 8.9　JComponent 的常用子类

8.2　AWT 容器布局管理器

为了使生成的图形用户界面具有良好的平台无关性，Java 语言提供了布局管理器这个工具来管理组件在容器中的布局，而不使用直接设置组件位置和大小的方式。

例如，通过如下语句定义了一个标签(Label)：

```
Label hello = new Label("Hello Java");
```

为了让这个 hello 标签里刚好可以容纳“Hello Java”字符串，也就是实现该标签的最佳大小(既没有冗余空间，也没有内容被遮挡)，Windows 可能应该设置为长 100 像素，高 20 像素，但换到 UNIX 上，则可能需要设置为长 120 像素，高 24 像素。当一个应用程序从 Windows 移植到 UNIX 上时，程序需要做大量的工作来调整图形界面。

对于不同的组件而言，它们都有一个最佳大小，这个最佳大小通常是与平台相关的，程序在不同平台上运行时，相同内容的大小可能不一样。如果让程序员手动控制每个组件的大小和位置，这将给编程带来巨大的困难，为了解决这个问题，Java 提供了 LayoutManager。LayoutManager 可以根据运行平台来调整组件的大小，程序员要做的，只是为容器选择合适的布局管理器。

所有的 AWT 容器都有默认的布局管理器，如果没有为容器指定布局管理器，则该容器使用默认的布局管理器。为容器指定布局管理器通过调用容器对象的 setLayout(LayoutManager lm)方法来完成。

AWT 提供了 FlowLayout、BorderLayout、GridLayout、GridBagLayout 和 CardLayout 五个常用的布局管理器，Swing 还提供了一个 BoxLayout 布局管理器。下面将详细介绍这几个布局管理器。

8.2.1 流式布局管理器 FlowLayout

在 FlowLayout 布局管理器中，组件像水流一样向某方向流动(排列)，遇到障碍(边界)就折回，重新开始排列。在默认情况下，FlowLayout 布局管理器从左向右排列所有组件，遇到边界就会折回下一行从新开始。

FlowLayout 有如下三个构造方法。

(1) FlowLayout()：使用默认的对齐方式及默认的垂直间距、水平间距创建 FlowLayout 布局管理器。

(2) FlowLayout(int align)：使用指定的对齐方式及默认的垂直间距、水平间距创建 FlowLayout 布局管理器。

(3) FlowLayout(int align,int hgap,int vgap)：使用指定的对齐方式及指定的垂直间距、水平间距创建 FlowLayout 布局管理器。

构造函数中的 hgap、vgap 代表水平间距、垂直间距，为这两个参数传入整数值即可。其中 align 表明 FlowLayout 中组件的排列方向(从左向右、从右向左、从中间向两边等)，该参数应该使用 FlowLayout 类的静态常量：FlowLayout.LEFT，FlowLayout.CENTER，FlowLayout.RIGHT。

下面的程序将一个 Frame 设置为 FlowLayout 布局管理器(图 8.10)。

```
Frame f = new Frame("测试窗口");
//设置 Frame 容器使用 FlowLayout 布局管理器
f.setLayout(new FlowLayout(FlowLayout LEFT,20,5));
//向窗口中添加 10 个按钮
for(int i = 0; i < 10; i++ ){
    f.add(new Button("按钮" + i));
}
//设置窗口为最佳大小
f.pack();
//将窗口显示出来(Frame 对象默认处于隐藏状态)
f.setVisible(true);
```

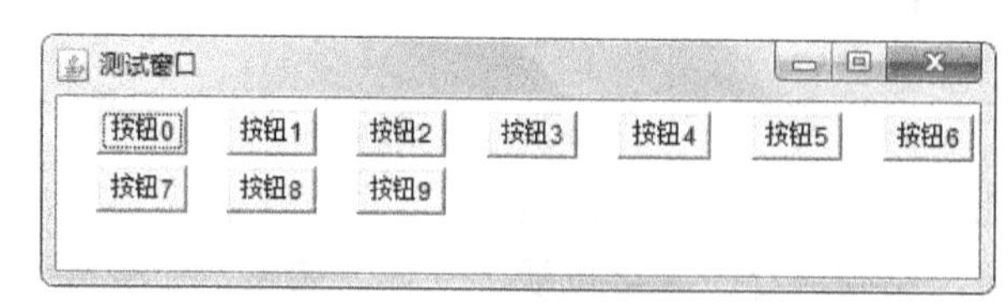

图 8.10　FlowLayout 布局管理器

图 8.10 显示了各组件左对齐、水平间距为 20、垂直间距为 5 的分布效果。程序中执行了 f.pack()代码，pack()方式是 Window 容器提供的一个方法，该方法用于将窗口调整到最佳大小，通过 Java 编写 GUI 程序时，很少直接设置窗口的大小，通常都是调用 pack()方法来将窗口调整到最佳大小。

8.2.2　边界布局管理器 BorderLayout

BorderLayout 将容器分为 EAST、SOUTH、WEST、NORTH、CENTER 这五个区域，普通组件可以被放置在这五个区域的任意一个中。BorderLayout 布局管理器的布局示意图如图 8.11 所示。

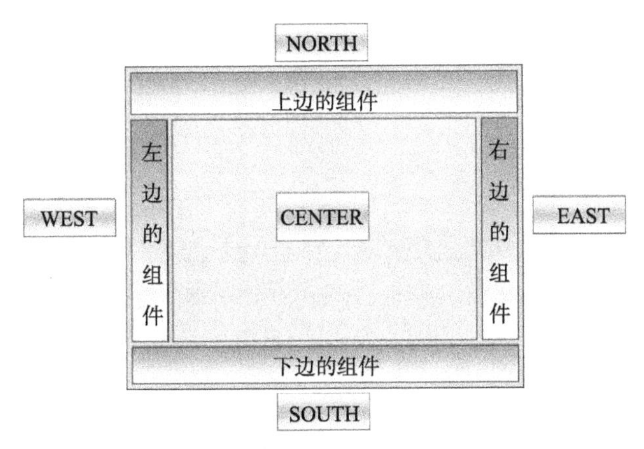

图 8.11　BorderLayout 布局管理器的布局示意图

当改变使用 BorderLayout 的容器大小时，NORTH、SOUTH 和 CENTER 区域水平调整，而 EAST、WEST 和 CENTER 区域垂直调整。使用 BorderLayout 有如下两个注意点。

(1) 当向使用 BorderLayout 布局管理器的容器中添加组件时，需要指定要添加到哪个区域中。如果没有指定添加到哪个区域中，则默认添加到中间 CENTER 区域中。

(2) 如果向同一个区域添加多个组件时，后放入的组件会覆盖先放入的组件。

Frame、Dialog、ScrollPane 默认使用 BorderLayout 布局管理器，BorderLayout 有如下两个构造器。

(1) BorderLayout()：使用默认的水平间距、垂直间距创建 BorderLayout 布局管理器。

(2) BorderLayout(int hgap, int vgap)：使用指定的水平间距、垂直间距创建 BorderLayout 布局管理器。

当向使用 BorderLayout 布局管理器的容器中添加组件时，应该使用 BorderLayout 类的几个静态常量来指定添加到哪个区域中。BorderLayout 有如下几个静态常量：EAST(东)、NORTH(北)、WEST(西)、SOUTH(南) 和 CENTER(中)。如下例代码片段示范了 BorderLayout 的用法(图 8.12)。

```
Frame f = new Frame("测试窗口");
//设置 Frame 容器使用 BorderLayout 布局管理器
f.setLayout(new BorderLayout(30, 5));
f.add(new Button("南"), BorderLayout.SOUTH);
f.add(new Button("北"), BorderLayout.NORTH);
//默认添加到中间
f.add(new Button("中"));
f.add(new Button("东"), BorderLayout.EAST);
f.add(new Button("西"), BorderLayout.WEST);
//设置窗口为最佳大小
```

```
f.pack();
//将窗口显示出来(Frame 对象默认处于隐藏状态)
f.setVisible(true);
```

从图 8.12 中可以看出，当使用 BorderLayout 布局管理器时，每个区域的组件都会尽量去占据整个区域，所以中间的按钮比较大。

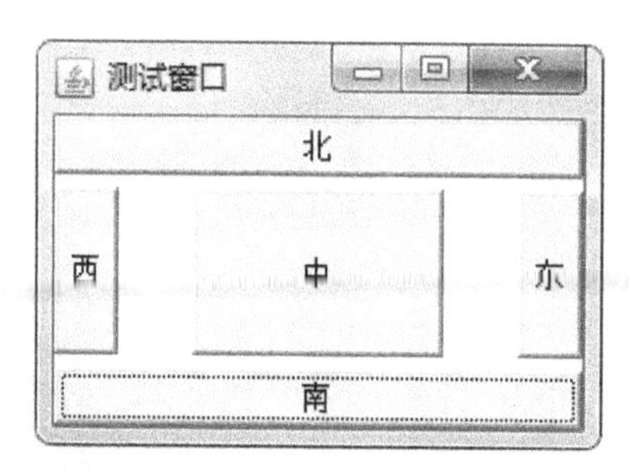

图 8.12　BorderLayout 布局管理器的效果

8.2.3　网格布局管理器 GridLayout

GridLayout 布局管理器将容器分割成纵横线分隔的网格，每个网格所占的区域大小相同。当向使用 GridLayout 布局管理器的容器中添加组件时，默认从左向右、从上向下依次添加到每个网格中。与 FlowLayout 不同的是，放置在 GridLayout 布局管理器中的各组件的大小由所处的区域来决定(每个组件将自动占满整个区域)。

GridLayout 有如下两个构造器。

(1) GridLayout(int rows,int cols)：采用指定的行数、列数，以及默认的横向间距、纵向间距将容器分割成多个网格。

(2) GridLayout(int rows,int cols,int hgap,int vgap)：采用指定的行数、列数，以及指定的横向间距、纵向间距将容器分割成多个网格。

如下代码结合 BorderLayout 和 GridLayout 开发了一个简易计算器的可视化窗口(图 8.13)。

```
Frame f = new Frame("计算器");
Panel p1 = new Panel();
p1.add(new TextField(30));
f.add(p1, BorderLayout.NORTH);
Panel p2 = new Panel();
//设置 Panel 使用 GridLayout 布局管理器
p2.setLayout(new GridLayout(3, 5, 4, 4));
String[] name = {"0","1","2","3","4","5","6","7","8","9",
                "+","-","*", /",."};
//向 Panel 中依次添加 15 个按钮
for (int i = 0; i < name.length; i++ ){
    p2.add(new Button(name[i]));
}
f.add(p2);
//设置窗口为最佳大小
f.pack();
//将窗口显示出来(Frame 对象默认处于隐藏状态)
f.setVisible(true);
```

窗体 Frame 采用默认的 BorderLayout 布局管理器，窗体中只添加了两个组件：NORTH 区域添加了一个文本框，CENTER 区域添加了一个 Panel 容器，该容器采用 GridLayout 布局管理器，Panel 容器中添加了 15 个按钮。效果如图 8.13 所示。

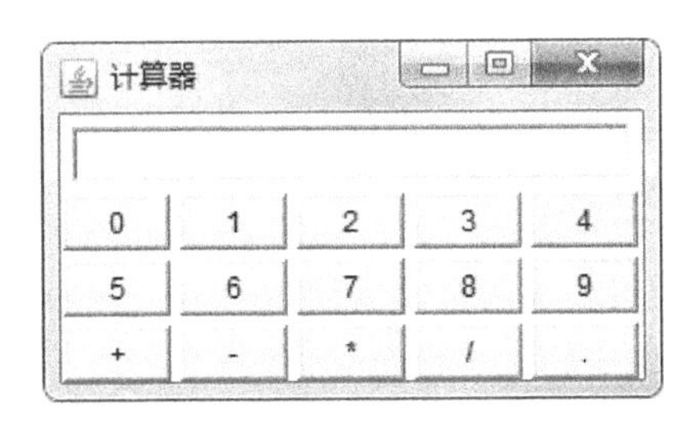

图 8.13　使用 GridLayout 布局管理器的效果

实际应用中的大部分应用窗口都不能使用一个布局管理器直接做出来，必须采用这种嵌套的方式。

8.2.4　网格包布局管理器 GridBagLayout

GridBagLayout 布局管理器的功能最强大，但也最复杂。与 GridLayout 布局管理器不同的是，在 GridBagLayout 布局管理器中，一个组件可以跨越一个或多个网格，并可以设置各网格的大小互不相同，从而增加了布局的灵活性。当窗口的大小发生变化时，GridBagLayout 布局管理器也可以准确地控制窗口各部分的拉伸。

为了处理 GridBagLayout 中 GUI 组件的大小、跨越性，Java 提供了 GridBagConstraints 对象，该对象与特定的 GUI 组件关联，用于控制该 GUI 组件的大小、跨越性。

使用 GridBagLayout 布局管理器的步骤如下。

(1) 创建 GridBagLayout 布局管理器，并指定 GUI 容器使用该布局管理器：

```
GridBagLayout gb=new GridBagLayout();
Constainer.setLayout(gb);
```

(2) 创建 GridBagConstraints 对象，并设置该对象的相关属性(用于设置受该对象控制的 GUI 组件的大小、跨越性等)：

```
GridBagConstraints gbc=new GridBagConstraints();
gbc.gridx=2;         //设置受该对象控制的 GUI 组件位于网格的横向索引
gbc.gridy=1;         //设置受该对象控制的 GUI 组件位于网格的纵向索引
gbc.gridwidth=2;     //设置受该对象控制的 GUI 组件横向跨越多少网格
gbc.gridheight=1;    //设置受该对象控制的 GUI 组件纵向跨越多少网格
```

(3) 调用 GridBagLayout 对象的方法来建立 GridBagConstraints 对象和受控制组件之间的关联：

```
gb.setConstraints(c,gbc);  //设置 c 组件受 gbc 对象控制
```

(4) 添加组件，与采用普通布局管理器添加组件的方法完全一样：

```
Constainer.add(c);
```

如果需要向一个容器中添加多个 GUI 组件，则需要多次重复步骤(2)～(4)。由于 GridBagConstraints 对象可以多次重用，所以实际上只需要创建一个 GridBagConstraints 对象，每次添加 GUI 组件之前先改变 GridBagConstraints 对象的属性即可。

从上面介绍中可以看出，使用 GridBagLayout 布局管理器的关键在于 GridBagConstraints，

它才是精确控制每个 GUI 组件的核心类，该类具有如下几个属性。

(1) gridx，gridy：设置受该对象控制的 GUI 组件左上角所在网格的横向索引、纵向索引(GridBagLayout 左上角网格的索引为 0、0)。这两个值还可以是 GridBagConstraints. RELATIVE(默认值)，它表明当前组件紧跟在上一个组件之后。

(2) gridwidth，gridheight：设置受该对象控制的 GUI 组件横向、纵向跨越多少个网格，两个属性值的默认值都是 1。如果设置这两个属性值为 GridBagConstraints.REMAINDER，这表明受该对象控制的 GUI 组件是横向、纵向最后一个组件；如果设置这两个属性值为 GridBagConstraints.RELATIVE，这表明受该对象控制的 GUI 组件时横向、纵向倒数第二个组件。

(3) fill：设置受该对象控制的 GUI 组件如何占据空白区域。该属性的取值如下：

GridBagConstraints.NONE：GUI 组件不扩大。

GridBagConstraints.HORIZONTAL：GUI 组件水平扩大以占据空白区域。

GridBagConstraints.VERTICAL：GUI 组件垂直扩大以占据空白区域。

GridBagConstraints.BOTH：GUI 组件水平、垂直同时扩大以占据空白区域。

(4) ipadx，ipady：设置受该对象控制的 GUI 组件横向、纵向内部填充的大小，即在该组件最小尺寸的基础上还需要增大多少，如果设置了这两个属性，则组件横向大小为最小宽度再加上 ipadx×2 像素，纵向大小为最小高度再加上 ipady×2 像素。

(5) insets：设置受该对象控制的 GUI 组件的外部填充的大小，即该组件边界和显示区域边界之间的距离。

(6) anchor：设置受该对象控制的 GUI 组件在其显示区域中的定位方式。定位方式如下：

GridBagConstraints.CENTER(中间)

GridBagConstraints.NORTH(上中)

GridBagConstraints.NORTHWEST(左上角)

GridBagConstraints.NORTHEAST(右上角)

GridBagConstraints.SOUTH(下中)

GridBagConstraints.SOUTHEAST(右下角)

GridBagConstraints.SOUTHWEST(左下角)

GridBagConstraints.EAST(右中)

GridBagConstraints.WEST(左中)

(7) weightx，weighty：设置受该对象控制的 GUI 组件占据多余空间的水平、垂直增加比例(也叫权重，即 weight 的直译)，这两个属性的默认值是 0，即该组件不占据多余空间。假设某个容器的水平线上包括 3 个 GUI 组件，它们的水平增加比例分别是 1、2、3，但容器宽度 60 像素时，则第一个组件宽度增加 10 像素，第二个组件宽度增加 20 像素，第三个组件宽度增加 30 像素。如果其增加比例为 0，则表示不会增加。

```
Frame f = new Frame("测试窗口");
GridBagLayout gb = new GridBagLayout();
GridBagConstraints gbc = new GridBagConstraints();
Button[] bs = new Button[10];
f.setLayout(gb);
for (int i = 0; i < bs.length; i++ ){
     bs[i] = new Button("按钮" + i);
}
```

```
//所有组件都可以横向、纵向上扩大
gbc.fill = GridBagConstraints.BOTH;
gbc.weightx = 1;
addButton(bs[0]);
addButton(bs[1]);
addButton(bs[2]);
//该 GridBagConstraints 控制的 GUI 组件将会成为横向最后一个元素
gbc.gridwidth = GridBagConstraints.REMAINDER;
addButton(bs[3]);
//该 GridBagConstraints 控制的 GUI 组件将横向上不会扩大
 gbc.weightx = 0;
addButton(bs[4]);
//该 GridBagConstraints 控制的 GUI 组件将横跨 2 个网格
gbc.gridwidth = 2;
addButton(bs[5]);
//该 GridBagConstraints 控制的 GUI 组件将横跨 1 个网格
gbc.gridwidth = 1;
//该 GridBagConstraints 控制的 GUI 组件将纵向跨 2 个网格
gbc.gridheight = 2;
//该 GridBagConstraints 控制的 GUI 组件将会成为横向最后一个元素
gbc.gridwidth = GridBagConstraints.REMAINDER;
addButton(bs[6]);
//该 GridBagConstraints 控制的 GUI 组件将横向跨越一个网格，纵向跨越 2 个网格。
gbc.gridwidth = 1;
gbc.gridheight = 2;
//该 GridBagConstraints 控制的 GUI 组件纵向扩大的权重是 1
gbc.weighty = 1;
addButton(bs[7]);
//设置下面的按钮在纵向上不会扩大
gbc.weighty = 0;
//该 GridBagConstraints 控制的 GUI 组件将会成为横向最后一个元素
gbc.gridwidth = GridBagConstraints.REMAINDER;
//该 GridBagConstraints 控制的 GUI 组件将纵向上横跨 1 个网格
gbc.gridheight = 1;
addButton(bs[8]);
addButton(bs[9]);
f.pack();
f.setVisible(true);
```

从图 8.14 中可以看出，虽然设置了按钮 4、按钮 5 横向上不会扩大，但因为按钮 4、按钮 5 的宽度会受上一行 4 个按钮的影响，所以它们实际上依然会变大；同理，虽然设置了按钮 8、按钮 9 向上不会扩大，但因受按钮 7 的影响，所以按钮 9 纵向上依然会变大(但按钮 8 不会变高)。

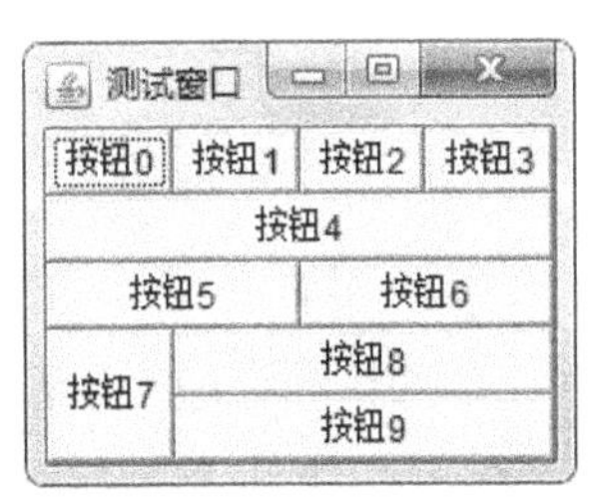

图 8.14　使用 GridBagLayout 布局管理器的效果

8.3　事件处理

前面介绍了如何放置各种组件，从而得到了丰富多彩的图形界面，但这些界面还不能响应用户的任何操作。比如单击前面所有窗口右上角的“×”按钮，窗口依然不会关闭。因为在 AWT 编程中，所有的事件必须由特定对象(事件监听器)来处理，而 Frame 和组件本身没有事件处理能力。

8.3.1　委托事件处理模型

为了更好地理解委托事件处理模型，先要理解事件的处理过程，主要涉及如下三类对象。

(1) Event Source(事件源)：事件发生的场所，通常就是各个组件，例如按钮、窗口、菜单等。

(2) Event(事件)：事件封装了 GUI 组件上发生的特定事情(通常就是一次用户操作)。如果程序需要获得 GUI 组件上所发生事件的相关信息，都通过 Event 对象来取得。

(3) Event Listener(事件监听器)：负责监听事件源所发生的事件，并对各种事件做出响应处理。

当用户单击一个按钮，或者单击某个菜单项，或者单击窗口右上角的状态按钮时，这些动作就会触发一个相应的事件，该事件由 AWT 封装成相应的 Event 对象，该事件会触发事件源上注册的事件监听器(特殊的 Java 对象)，事件监听器调用对应的事件处理器(事件监听器里的实例方法)来做出相应的响应。

AWT 的事件处理机制是一种委派(Delegation)事件处理方式——普通组件(事件源)将事件的处理工作委托给特定的对象(事件监听器)；当该事件源发生指定的事件时，就通知所委托的事件监听器，由事件监听器来处理这个事件。

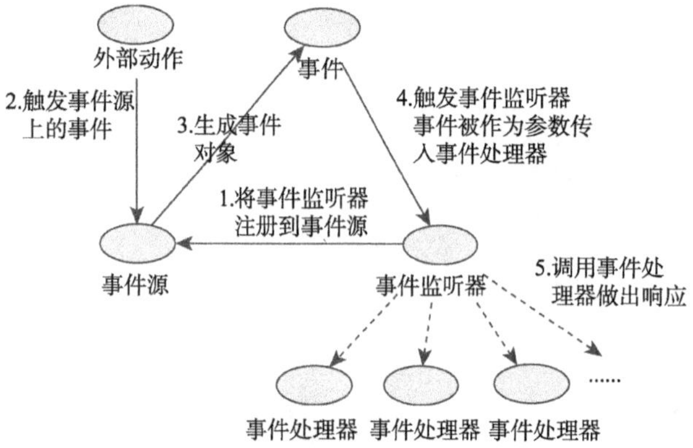

每个组件均可以针对特定的事件指定一个或多个事件监听对象，每个事件监听器也可以监听一个或多个事件源。因为同一个事件源上可能发生多种事件，委派式事件处理方式可以把事件源上可能发生的不同的事件分别授权给不同的事件监听器来处理；同时也可以让一类事件都使用同一个事件监听器来处理。

外部动作
事件
2.触发事件源上的事件
3.生成事件对象
4.触发事件监听器 事件被作为参数传入事件处理器
1.将事件监听器注册到事件源
事件源
事件监听器
5.调用事件处理器做出响应
事件处理器　事件处理器　事件处理器
……

图 8.15　AWT 的事件处理流程图

图 8.15 显示了 AWT 的事件处理流程。

下例以一个简单的程序来示范 AWT 事件处理。

例 8.1　其关系图(图 8.16)和程序如下所示。AWT 事件处理。

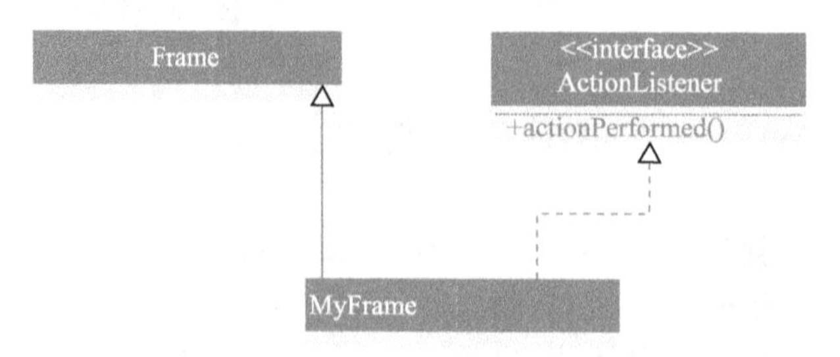

图 8.16　MyFrame UML 关系图

```
import java.awt.*;
import java.awt.event.*;
public class MyFrame extends Frame implements ActionListener{
    private Button ok = new Button("确定");
    private TextField tf = new TextField(30);
    public void init(){
        //注册事件监听器
        ok.addActionListener(this);
        this.add(tf);
        this.add(ok, BorderLayout.SOUTH);
        this.pack();
        this.setVisible(true);
    }
    public void actionPerformed(ActionEvent e){
        System.out.println("用户单击了 OK 按钮");
        tf.setText("Hello World");
    }
    public static void main(String[] args) {
        new MyFrame().init();
    }
}
```

上面程序运行时，当 OK 按钮被单击时，该处理器被触发，将看到程序中 tf 文本框内变为“Hello World”，而程序控制台打印出“用户单击了 OK 按钮”字符串。

从上面程序中可以看出，实现 AWT 事件处理机制的步骤如下。

(1) 实现事件监听器类，该监听器类是一个特殊的 Java 类，必须实现一个 XxxListener 接口。

(2) 创建普通组件(事件源)，创建事件监听器对象。

(3) 调用 addXxxListener() 方法将事件监听器对象注册给普通组件(事件源)。当事件源上发生指定事件时，AWT 会触发事件监听器，由事件监听器调用相应的方法(事件处理器)来处理事件，事件源上所发生的事件会作为参数传入事件处理器。

8.3.2　AWT 事件和事件监听器接口

从图 8.16 中可以看出，当外部动作在 AWT 组件上进行操作时，系统会自动生成事件对象，这个事件对象是 EventObject 子类的实例，该事件对象会触发注册到事件源上的事件监听器。

AWT 事件机制涉及三个成员：事件源、事件和事件监听器，其中事件源最容易创建，只要通过 new 来创建一个 AWT 组件，该组件就是事件源；事件是由系统自动产生的，程序员不必关心。所以，实现事件监听器是整个事件处理的核心。

事件监听器必须实现事件监听器接口，AWT 提供了大量的事件监听器接口用于实现不同类型的事件监听器，用于监听不同类型的事件。AWT 中提供了丰富的事件类，用于封装不同组件上所发生的特定操作——AWT 的事件类都是 AWTEvent 类的子类，AWTEvent 是 EventObject 的子类。

AWT 事件分为两大类：低级事件和高级事件。

1. 低级事件

低级事件是指基于特定动作的事件。比如进入、点击、拖放等动作的鼠标事件，当组件得到焦点、失去焦点时触发焦点事件。

(1) ComponentEvent：组件事件，当组件尺寸发生变化、位置发生移动、显示/隐藏状态发生改变时触发该事件。

(2) ContainerEvent：容器事件，当容器里发生添加组件、删除组件时触发该事件。

(3) WindowEvent：窗口事件，当窗口状态发生改变(如打开、关闭、最大化、最小化)时触发该事件。

(4) FocusEvent：焦点事件，当组件得到焦点或失去焦点时触发该事件。

(5) KeyEvent：键盘事件，当按键被按下、松开、单击时触发该事件。

(6) MouseEvent：鼠标事件，当进行单击、按下、松开、移动鼠标等动作时触发该事件。

(7) PaintEvent：组件绘制事件，该事件是一个特殊的事件类型，当 GUI 组件调用 update/paint 方法来呈现自身时触发该事件，该事件并非专用于事件处理模型。

2. 高级事件(语义事件)

高级事件是基于语义的事件，它可以不和特定的动作相关联，而依赖于触发此事件的类。比如，在 TextField 中按 Enter 键会触发 ActionEvent 事件，在滑动条上移动滑块会触发 AdjustmentEvent 事件，选中项目列表的某一项就会触发 ItemEvent 事件。

(1) ActionEvent：动作事件，当按钮、菜单项被单击，在 TextField 中按 Enter 键时触发该事件。

(2) AdjustmentEvent：调节事件，在滑动条上移动滑块以调节数值时触发该事件。

(3) ItemEvent：选项事件，当用户选中某项，或取消选中某项时触发该事件。

(4) TextEvent：文本事件，当文本框、文本域里的文本发生改变时触发该事件。

AWT 事件继承层次如图 8.17 所示。

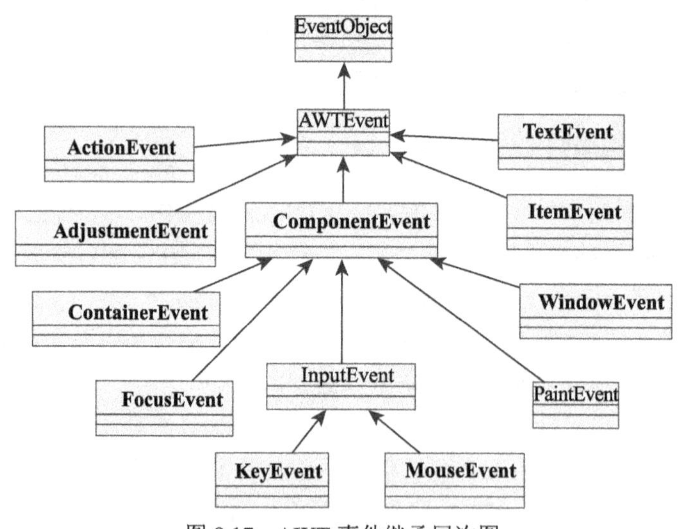

图 8.17　AWT 事件继承层次图

图 8.17 中常用的 AWT 事件使用稍大的黑体字显示，对于其他的事件，程序员很少使用它们，它们可能被作为事件基类或作为系统内部实现来使用。

不同的事件需要使用不同的监听器监听，不同的监听器需要实现不同的监听器接口，当指定事件发生后，事件监听器就会调用所包含的事件处理器(实例方法)来处理事件。表 8.1 显示了事件、监听器接口和处理器之间的对应关系。

表 8.1 事件、监听器接口和处理器之间的对应关系

事件	监听器接口	处理器及触发时机
ActionEvent	ActionListener	ActionPerformed：按钮、文本框、菜单项单击
AdjustmentEvent	AdjustmentListener	adjustmentValueChanged：滑块位置发生改变
ContainerEvent	ContainerListener	componentAdded：向容器中添加组件时触发
		componentRemoved：从容器中删除组件时触发
FocusEvent	FocusListener	focusGained：组件得到焦点时触发
		focusLost：组件失去焦点时触发
ComponentEvent	ComponentListener	componentHidden：组件被隐藏时触发
		componentMoved：组件位置发生改变时触发
		componentResized：组件大小发生改变时触发
		componentShown：组件被显示时触发
KeyEvent	KeyListener	keyPressed：按下某个按键时触发
		keyReleased：松开某个按键时触发
		keyTyped：单击某个按键时触发
MouseEvent	MouseListener	mouseClicked：在某个组件上单击鼠标时触发
		mouseEntered：鼠标进入某个组件时触发
		mouseExited：鼠标离开某个组件时触发
		mousePressed：在某个组件上按下鼠标时触发
		mouseReleased：在某个组件上松开鼠标时触发
	MouseMotionListener	mouseDragged：在某个组件上移动并按下鼠标
		mouseMoved：在某个组件上移动并没按下鼠标
TextEvent	TextListener	textValueChanged：文本组件里的文本发生改变
ItemEvent	ItemListener	itemStateChanged：某项被选中或取消选中
WindowEvent	WindowListener	windowActivated：窗口被激活时触发
		windowClosed：窗口调用 dispose()即将关闭触发
		windowClosing：单击窗口右上角的“×”触发
		windowDeactived：窗口失去激活时触发
		windowDeiconified：窗口被恢复时触发
		WindowIconified：窗口最小化时触发
		WindowOpened：窗口首次被打开时触发

通过表 8.1 可以大致知道常用组件可能发生哪些事件，以及该事件对应的监听接口，通过实现该监听器接口就可以实现对应的事件处理器，然后通过 addXxxListener()方法将事件监听器注册给指定的组件(事件源)。当事件源组件上发生特定事件时，被注册到该组件的事件监听器里的对应方法(事件处理器)将被触发。

8.3.3 事件适配器

事件适配器是监听器接口的空实现——事件适配器实现了监听器接口，并为该接口里的每个方法都提供了实现，这种实现是一种空实现(方法体内没有任何代码的实现)。当需要创建监听器时，可以通过集成事件适配器，而不是实现监听器接口。因为事件适配器已经为监

听器接口的每个方法提供了空实现，所以程序自己的监听器无须实现监听器接口里的每个方法，只需要重写自己感兴趣的方法，从而可以简化事件监听器的实现类代码。

如果某个监听器接口只有一个方法，则该监听器接口就无须提供适配器，因为该接口对应的监听器别无选择，只能重写该方法。从表 8.2 中可以看出，所有包含多个方法的监听器都有一个对应的适配器，但只包含一个方法的监听器接口则没有对应的适配器。

表 8.2　监听器接口和事件适配器对应表

监听器接口	事件适配器	监听器接口	事件适配器
ContainerListener	ContainerAdapter	MouseListener	MouseAdapter
FocusListener	FocusAdapter	MouseMotionListener	MouseMotionAdapter
ComponentListener	ComponentAdapter	WindowListener	WindowAdapter
KeyListener	KeyAdapter		

表 8.2 中只列出了常用的监听器接口对应的事件适配器，实际上，所有包含多个方法的监听器接口都有对应的事件适配器，包括 Swing 中的监听器接口也是如此。

8.4　Swing 组件及事件

Swing 提供了比 AWT 更多的图形界面组件，因此可以开发出更美观的图形界面。由于 AWT 需要调用底层平台的 GUI 实现，所以 AWT 只能使用各种平台上 GUI 组件的交集，这大大限制了 AWT 所支持的 GUI 组件。对 Swing 而言，几乎所有的组件都采用纯 Java 实现，所以无须考虑底层平台是否支持该组件，因此 Swing 可以提供如 JTabbedPane、JDesktopPane、JInternalFrame 等特殊的容器，也可以提供像 JTree、JTable、JSpinner、JSlider 等特殊的 GUI 组件。

使用 Swing 开发图形界面有如下几个优势。

(1) Swing 组件不再依赖于本地平台的 GUI，无须采用各种平台的 GUI 交集，因此 Swing 提供了大量图形界面组件，远远超出了 AWT 所提供的图形界面组件集。

(2) Swing 组件不再依赖于本地平台 GUI，因此不会产生与平台相关的 bug。

(3) Swing 组件在各种平台上运行时可以保证具有相同的图形界面外观。

Swing 提供的这些优势，让 Java 图形界面程序真正实现了“Write Once，Run AnyWhere”的目标。除此之外，Swing 还有如下两个特征。

(1) Swing 组件都采用 MVC(Model-View-Controller，即模型-视图-控制器)设计模式，其中模型(Model)用于维护组件的各种状态，视图(View)是组件的可视化表现，控制器(Controller)用于控制对于各种事件、组件做出怎样的响应。当模型发生改变时，它会通知所有依赖它的视图，视图会根据模型数据来更新自己。从而可以实现 GUI 组件的显示逻辑和数据逻辑的分离，允许程序员自定义 Render 来改变 GUI 组件的显示外观，提供更多的灵活性。有关图形设计中的 MVC 内容在本章最后一小节会有介绍。

(2) Swing 在不同的平台上表现一致，并且有能力提供本地平台不支持的显示外观。由于 Swing 组件采用 MVC 模式来维护各组件，所以当组件的外观被改变时，对组件的状态信息(由模型维护)没有任何影响。因此，Swing 可以使用插拔式外观感觉来控制组件外观，使得 Swing 图形界面在同一个平台上运行时能拥有不同的外观，用户可以选择自己喜欢的外观。相比之下，在 AWT 图形界面中，由于控制组件外观的对等类与具体平台相关，因此 AWT 组件总是具有与本地平台相同的外观。

前面已经提到，Swing 为所有的 AWT 组件提供了对应实现(除了 Canvas 组件，因为在 Swing 中无须继承 Canvas 组件)，通常在 AWT 组件的组件名前添加“J”就变成了对应的 Swing 组件。大部分 Swing 组件都是 JComponent 抽象类的直接或间接子类(并不是全部的 Swing 组件)，JComponent 类定义了所有子类组件的通用方法，JComponent 类是 AWT 里 java.awt.Container 类的子类，这也是 AWT 和 Swing 的联系之一。绝大部分 Swing 组件类继承了 Container 类，所以 Swing 组件都可作为容器使用(JFrame 继承了 Frame 类)。

将 Swing 组件按功能来分，又可分为如下几类。

(1) 顶层容器：JFrame、JApplet、JDialog 和 JWindow。

(2) 中间容器：JPanel、JScrollPanel、JSplitPane、JToolBar 等。

(3) 特殊容器：在用户界面上具有特殊作用的中间容器，如 JInternalFrame、JRootPane，JLayeredPane 和 JDestopPane 等。

(4) 基本组件：实现人机交互的组件，如 JButton、JComboBox、JList、JMenu、JSlider 等。

(5) 不可编辑信息的显示组件：向用户显示不可编辑信息的组件，如 JLabel，JProgressBar 和 JToolTip 等。

(6) 可编辑信息的显示组件：向用户显示能被编辑的格式化信息的组件，如 JTable、JTextArea 和 JTextField 等。

(7) 特殊对话框组件：可以直接产生特殊对话框的组件，如 JColorChooser 和 JFileChooser 等。

下面将会依次介绍一些重要的 Swing 组件。

8.4.1　窗口组件

如果要使用 Swing 创建一个窗口，则直接使用 JFrame 类即可，此类是 Component 的子类，常用的操作方法如表 8.3 所示。

表 8.3　JFrame 类的常用操作方法

序号	方法	类型	描述
1	public JFrame() throws HeadlessException	构造	创建一个普通的窗体
2	public JFrame(String title) throws HeadlessException	构造	创建一个窗体，并指定标题
3	public void setSize(int width,int height)	普通	设置窗体大小
4	public void setSize(Dimension d)	普通	通过 Dimension 设置窗体大小
5	public void setBackground(Color c)	普通	设置窗体的背景颜色
6	public void setLocation(int x,int y)	普通	设置组件的显示位置
7	public void setLocation(Point p)	普通	通过 Point 来设置组件的显示位置
8	public void setVisible(boolean b)	普通	显示或隐藏组件
9	public void Component add(Component comp)	普通	向容器中增加组件

续表

序号	方法	类型	描述
10	public void setLayout(LayoutManager mgr)	普通	设置布局管理器，如果设置为 null 表示不使用
11	public void pack()	普通	调整窗口大小，以适合其子组件的首选大小和布局
12	public Container getContentPane()	普通	返回此窗体的容器对象

具体操作可参照 AWT 的 Frame 窗体的创建程序。

8.4.2　按钮组件

JButton 组件表示一个普通的按钮，使用此类可以直接在窗体中增加一个按钮。JButton 类的常用方法如表 8.4 所示。

表 8.4　JButton 类的常用方法

序号	方法	类型	描述
1	public JButton() throws HeadlessException	构造	创建一个 Button 对象
2	public JButton(String label) throws HeadlessException	构造	创建一个 Button 对象，同时指定显示内容
3	public JButton(Icon icon)	构造	创建一个带图片的按钮
4	public JButton(String text,Icon icon)	构造	创建一个带图片和文字的按钮
5	public void setLabel(String label)	普通	设置 Button 显示内容
6	public String getLabel()	普通	得到 Button 显示内容
7	pulibc void setBounds(int x,int y,int width,int height)	普通	设置组件的大小及显示位置
8	public void setMnemonic(int mnemonic)	普通	设置按钮的快捷键

以下代码创建了一个 JButton 按钮(图 8.18)。

```
JButton but = new JButton("按我");
```

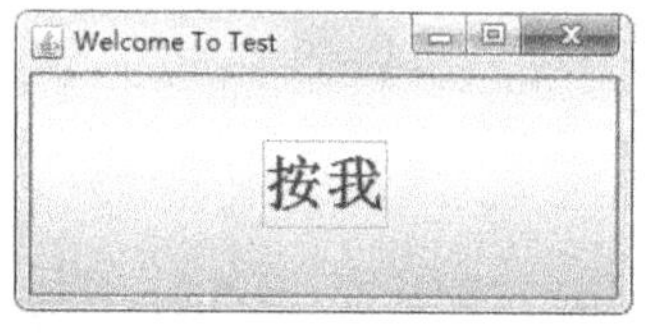

图 8.18　一个简单的 JButton 程序

JButton 也可以为一个按钮设置一张显示图片，直接在创建按钮对象时设置即可。

8.4.3　文本组件

各个软件系统中都存在文本框，以方便用户输入数据，在 Swing 中也提供了同样的文本框组件，但是文本输入组件(JTextComponent)在 Swing 中也分为以下几类。

(1)单行文本框：JTestField。

(2)密码文本框：JPasswordField。

(3)多行文本框：JTestArea。

在开发中 JTextComponent 的常用方法如表 8.5 所示。

接下来一个一个介绍具体的文本组件。首先是单行文本输入组件：JTestField。如果要实现一个单行的输入文本，可以使用 JTestField 组件。此类除了可以使用表 8.5 所示 JTextComponent 类的所有方法外，还可以使用表 8.6 所示特有的几个方法。

表 8.5　JTextComponent 的常用方法

序号	方法	类型	描述
1	public String getText()	普通	返回文本框的所有内容
2	public String getSelectedText()	普通	返回文本框中选定的内容
3	public int getSelectionStart()	普通	返回文本框选定内容的开始点
4	public int getSelectionEnd()	普通	返回文本框选定内容的结束点
5	public void selectAll()	普通	选择此文本框的所有内容
6	public void setText(String t)	普通	设置此文本框的内容
7	public void select(int selectionStart, int selectionEnd)	普通	将制定开始点和结束点之间的内容选定
8	public void setEditable(boolean b)	普通	设置此文本框是否可编辑

表 8.6　JTextField 的特有方法

序号	方法	类型	描述
1	public JTextField()	构造	构造一个默认的文本框
2	public JTextField(String text)	构造	构造一个指定文本内容的文本框
3	public void setColumns(int columns)	普通	设置显示的长度

以下代码为使用 JTextField 定义普通文本框(图 8.19)。

```
JTextField name = new JTextField(30);
JTextField noed = new JTextField("Hello World",10);
JLabel nameLab = new JLabel("输入用户姓名：");
JLabel noedLab = new JLabel("不可编辑文本：");
name.setColumns(30);
noed.setColumns(10);
noed.setEnabled(false);  //表示不可编辑
```

程序使用了 GridLayout 的布局格式，第一个文本框是可编辑的，第二个文本框是不可编辑的。在程序中，虽然使用 setColumns()方法设置显示的行数，但是在显示上并没有任何的改变，主要原因是由于 GridLayout 在使用时会忽略这些设置值，让每一个格子都具有相同的大小。如果要解决这样的问题，可以取消布局管理器，而使用绝对定位的方式进行设置：

```
frame.setLayout(null);
nameLab.setBounds(10,10,100,20);
noedLab.setBounds(10,40,100,20);
name.setBounds(110,10,80,20);
noed.setBounds(110,40,50,20);
```

程序运行结果如图 8.20 所示。使用了绝对定位的方法，对组件进行了显示设置，这样组件的大小、位置就可以由用户根据需要自由定义。

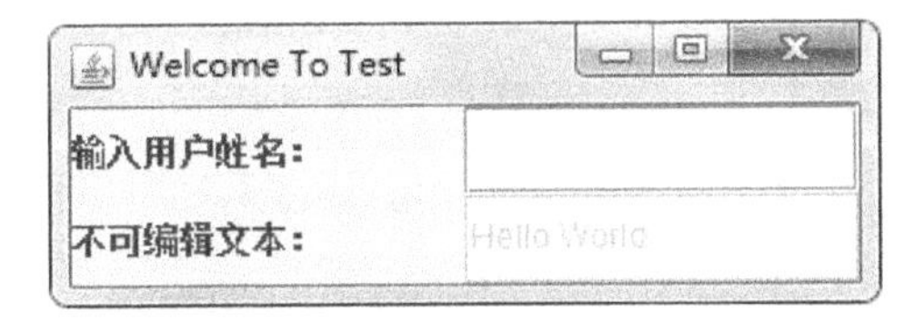

图 8.19　使用 JTextField 定义普通文本框

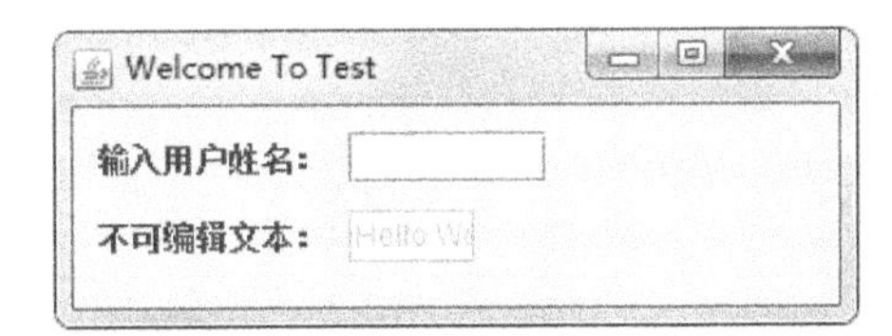

图 8.20　使用绝对定位的 JTextField 程序

接下来是密文输入组件：JPasswordField。JTextField 是使用明文方式进行数据显示的，如果现在需要将回显的内容设置成其他字符，则可以使用 JPasswordField 类。此类的常用方法如表 8.7 所示。

表 8.7　JPasswordField 类的常用方法

序号	方法	类型	描述
1	public JPasswordField()	构造	构造默认的 JPasswordField 对象
2	public JPasswordField(String text)	构造	构造指定内容的 JPasswordField 对象
3	public void setEchoChar()	普通	设置回显的字符，默认为“*”
4	public char getEchoChar()	普通	得到回显的字符
5	public char[] getPassword()	普通	得到此文本框的所有内容

最后一个常用文本组件是多行文本输入组件：JTextArea。如果要输入多行文本，则可以使用 JTextArea 实现多行文本的输入。此类扩展了 JTextComponent 类，常用方法如表 8.8 所示。

表 8.8　JTextArea 类的常用方法

序号	方法	类型	描述
1	public JTextArea()	构造	构造文本域，行数和列数为 0
2	public JTextArea(int rows,int columns)	构造	指定构造文本域的行数和列数
3	public JTextArea(String text, int rows,int columns)	构造	指定构造文本域的内容、行数和列数
4	public void append(String str)	普通	在文本域中追加内容
5	public void replaceRange(String str,int start, int end)	普通	替换文本域中指定范围的内容
6	public void insert(String str,int pos)	普通	在指定位置插入文本
7	public void setLineWrap(boolean rap)	普通	设置换行策略

8.4.4　列表组件

列表和组合框是一类供用户选择的界面组件，用于在一组选择项目中选择，组合框还可以输入新的选择。

列表(JList)在界面中表现为列表框，是 JList 类或它的子类的对象。程序可以在列表框中加入多个文本选项条目。

JList 列表框的常用方法如表 8.9 所示。

表 8.9　JList 的常用方法

序号	方法	类型	描述
1	public JList()	构造	建立一个列表
2	public JList(String[] listData)	构造	根据数组构造 JList
3	public int getSelectIndex()	普通	获取选项的索引值

续表

序号	方法	类型	描述
4	public int getItemCount()	普通	获取列表中的选项个数
5	public void remove(int n)	普通	从列表的选项中删除指定索引的选项
6	public void removeAll()	普通	删除列表中的全部数据
7	public int[] getSelectedIndices()	普通	返回所选择的全部数组
8	public void setSelectedMode(int sMode)	普通	设置列表选择模型

对于列表框框是多选还是单选则可以通过设置常量完成。常量值如表 8.10 所示。

表 8.10 ListSelectionModel 定义的常量

序号	常量	类型	描述
1	static final int MULTIPEL_INTERVAL_SELECTION	常量	一次选择一个或多个连续的索引范围
2	static final int SINGLE_INTERVAL_SELECTION	常量	一次选择一个连续范围的值
3	S tatic final int SINGLE_SELECTION	常量	一次选择一个值

对于选项较多的时候，列表可以添加滚动条，列表添加滚动条的方法是先创建列表，然后再创建一个 JScrollPane 滚动面板对象，在创建股东面板对象时指定列表即可。以下代码示意为列表 list1 添加滚动条：

```
JScrollPane  slist = new JScrollPane(list1);  //为列表加滚动条
```

列表事件的事件源有一种，即单击列表选项。单击方法是选项事件，与选项事件相关的接口是 ListSelectionListener，注册监视器的方法是 addListSelectionListener，接口方法是 valueChanged(ListSelectionEvent e)，如表 8.11 所示。

表 8.11 ListSelectionListener 接口定义的方法

序号	方法	类型	描述
1	void valueChanged(ListSelectionEvent e)	普通	当值发生改变时调用

valueChanged()方法会产生 ListSelectionEvent 事件，此事件中的常用方法如表 8.12 所示。

表 8.12 ListSelectionEvent 事件中的常用方法

序号	方法	类型	描述
1	public int getFirstIndex()	普通	返回选择的第一个选择的索引值
2	public int getLastIndex()	普通	返回选择的最后一个选项的索引值

JComboBox(组合框)是文本框和列表的组合，可以在文本框中输入选项，也可以单击下拉按钮从显示的列表中进行选择。

JComboBox 类的常用方法如表 8.13 所示。

表 8.13　JComboBox 类的常用方法

序号	方法	类型	描述
1	public JComboBox()	构造	创建一个没有选项的对象
2	public JComboBox(Object[] items)	构造	利用对象数组构造一个 JComboBox 对象
3	public JComboBox(Vector<?> items)	构造	利用 Vector 构造一个 JComboBox 对象
4	public Object getItemAt(int index)	普通	返回指定索引处的列表项
5	public int getItemCount()	普通	返回列表中的项数
6	public void addItem(Object anObject)	普通	为列表增加内容
7	public void setEditable(boolean aFlag)	普通	设置此下拉列表框是否可编辑
8	public void setMaximumRowCount(int count)	普通	设置此下拉列表框显示的最大行数
9	public void setSelectedIndex(int anIndex)	普通	设置默认选项的索引号
10	public ComboBoxEditor getEditor()	普通	返回 JComboBox 的内容编辑器
11	public void configureEditor(ComboBoxEditor anEditor, Object anItem)	普通	初始化编辑器

在 JComboBox 对象上发生的事件分为两类：一是用户选定项目，事件响应程序获取用户所选的项目，二是用户输入项目后按回车键，事件响应程序读取用户的输入。

第一类事件的接口是 ItemListener；第二类是输入事件，接口是 ActionListener。

8.4.5　菜单组件

有两种类型的菜单：下拉式菜单和弹出式菜单。本书只讨论下拉式菜单。下拉式菜单通过出现在菜单条上的名字来可视化表示，菜单条(JmenuBar)通常出现在 JFrame 的顶部，一个菜单条可以显示多个下拉式菜单的名字。

一个菜单条可以放多个菜单(JMenu)，每个菜单又可以有许多菜单项(JMenuItem)。例如，Eclipse 环境的菜单条有 File、Edit、Source、Refactor 等菜单，每个菜单又有许多菜单项。例如，File 菜单有 New、Open File、Close、Close All 等菜单项。

向窗口增设菜单的方法是：先创建一个菜单条对象，然后再创建若干菜单对象，把这些菜单对象放在菜单条里，再按要求为每个菜单对象添加菜单项。

菜单中的菜单项也可以是一个完整的菜单。由于菜单项又可以是另一个完整菜单，因此可以构造一个层次状菜单结构。

1. 菜单条

类 JMenubar 的实例就是菜单条。例如，以下代码创建菜单条对象 menubar：

```
JMenubar menubar = new JMenubar();
```

在窗口中增设菜单条，必须使用 JFrame 类中的 setJMenuBar()方法。例如：

```
setJMenuBar(menubar);
```

类 JMenubar 常用的方法如表 8.14 所示。

表 8.14　JMenuBar 的常用方法

序号	方法	类型	描述
1	public JMenuBar()	构造	创建新的 JMenuBar 对象
2	public void add(JMenu c)	普通	将指定的 JMenu 加入到 JMenuBar 中
3	public JMenu getMenu(int index)	普通	返回指定位置的菜单
4	public int getMenuCount()	普通	返回菜单栏上的菜单数
5	public JMenu getJMenu(int　i)	普通	取得菜单条中的菜单
6	remove(JMenu m)	普通	删除菜单条中的菜单

2. 菜单

由类 JMenu 创建的对象就是菜单。类 JMenu 的常用方法如表 8.15 所示。

表 8.15　JMenu 的常用方法

序号	方法	类型	描述
1	public JMenu(String s)	构造	创建新的 JMenu，并指定菜单名称
2	public void add(JMenuItem menuItem)	普通	增加新的菜单项
3	public void addSeparator()	普通	加入分隔线
4	public void add(JMenu menu)	普通	向菜单中增加指定菜单。实现在菜单中嵌入子菜单。
5	public JMenuItem getItem(int i)	普通	得到指定索引处的菜单项
6	public int getItemCount()	普通	得到菜单项数目
7	public void remove(int i)	普通	删除指定位置的菜单项
8	public void removeAll()	普通	删除菜单的所有菜单项

3. 菜单项

类 JMenuItem 的实例就是菜单项。类 JMenuItem 的常用方法如表 8.16 所示。

表 8.16　JMenuItem 类的常用方法

序号	方法	类型	描述
1	public JMenuItem(Icon icon)	构造	创建带有图标的 JMenuItem
2	public JMenuItem(String text)	构造	创建带有指定文本的 JMenuItem
3	public JMenuItem(String text,Icon icon)	构造	创建带有指定文本和图标的 JMenuItem
4	public JMenuItem(String text,int nic)	构造	创建带有指定文本的 JMenuItem，并指定助记符
5	public void setMnemonic(int nic)	普通	指定菜单项的助记符
6	public void setAccelerator(KeyStroke ks)	普通	设置快捷键的组合键
7	public void addActionListener(ActionListener e)	普通	为菜单项设置监视器。监视器接受单击某个菜单项的动作事件

4. 处理菜单事件

菜单的事件源是用鼠标点击某个菜单项。处理该事件的接口是 ActionListener，要实现的接口方法是 actionPerformed(ActionEvent e)，获得事件源的方法是 getSourc()。

8.4.6　对话框组件

对话框是指用来作为提醒性的交互系统，例如在实际操作 Windows 系统中出现错误，会弹出一个错误提示，那就是对话框。Java 提供了 JDialog 与 JOptionPane 两个类来创建对话框。

1. JDialog 类

JDialog 类用作对话框的基类。对话框与一般窗口不同，对话框依赖其他窗口，当它所依赖的窗口消失或最小化时，对话框也将消失；窗口还原时，对话框又会自动恢复。

对话框分为强制型和非强制型两种。强制型对话框强制对话框不能中断，直到对话过程结束，才让程序响应对话框以外的事件。非强制型对话框可以中断对话过程，去响应对话框以外的事件。

JDialog 对象也是一种容器，因此也可以给 JDialog 对象指派布局管理器，对话框的默认布局为 BorderLayout 布局。但组件不能直接加到对话框中，对话框也包含一个内容面板，必须先要创建一个窗口。

JDialog 的常用方法如表 8.17 所示。

表 8.17　JDialog 类的常用方法

序号	方法	类型	描述
1	public JDialog()	构造	创建一个初始不可见的非强制型对话框
2	public JDialog(JFrame owner, String title)	构造	创建一个具有标题，并指定所有者 JFrame 的对话框
3	public JDialog(JFrame owner, String title, booolean modal)	构造	创建一个具有标题，并指定所有者 Frame 和模式的对话框，模式决定对话框是否强制型
4	public void add(Component comp)	普通	往对话框内容面板里里添加组件
5	public void setLayout(LayoutManager mgr)	普通	设置布局方式
6	public ContentPane getContentPane()	普通	获取内容面板
7	public void setSize(int width,int height)	普通	设置对话框大小
8	public void setTitle(String s)	普通	设置对话框的标题

2. JOptionPane 类

在实际开发中，经常遇到非常简单的对话情况，为了简化常见对话框的编程而使用最多的是另一个对话框组件 JOptionPane，通过它可以非常方便地创建一些简单的对话框，Swing 已经为这些对话框添加了相应的组件，无需自己手动添加。JOptionPane 提供了如下四个方法来创建对话框。

(1) showMessageDialog/showInternalMessageDialog：消息对话框，告知用户某事已发生，用户只能单击“确定”按钮。

(2) showConfirmDialog/showInternalConfirmDialog：确定对话框，向用户确认某个问题，用户可以选择 yes，no，cancel 等选项。该方法返回用户单击了哪个按钮。

(3) showInputDialog/showInternalInputDialog：输入对话框，提示要求输入某些信息。该方法返回用户输入的字符串。

(4) shouOptionDialog/showInternalOptionDialog：自定义选项对话框，允许使用自定义选项。

下面的代码是选用确认对话框：

```
int result=JOptionPane.showConfirmDialog(parent, "确实要退出吗？", "退出确定",
JOptionPane.YES_NO_CANCEL_OPTION);
```

其中方法名的中间部分文字“Confirm”是创建对话框的类型，文字 Confirm 指明是选用确定对话框。将文字 Confirm 改为另外三种类型的某一个，就成为相应类型的对话框。上述代码的四个参数的意义是：第一个参数指定与这个对话框相关的父窗口；第二个参数是对话框显示的文字；第三个参数是对话框的标题；最后一个参数指明对话框有三个按钮，分别为“是(Y)”、“否(N)”和“撤销”。方法的返回结果是用户响应了这个对话框后的结果，参见表 8.18 给出的可能答案。

表 8.18 JOptionPane 对话框返回的结果

选项	说明
YES_OPTION	用户按了“是(Y)”按钮
NO_OPTION	用户按了“否(N)”按钮
CANCEL_OPTION	用户按了“撤销”按钮
OK_OPTION	用户按了“确定”按钮
CLOSED_OPTION	用户没有按任何键，关闭对话框窗口

下面的代码是更复杂的确认对话框：

```
Object[] options ={ "不能，很关键！", "可以，请继续！" };
int m = JOptionPane.showOptionDialog(parent,"该文件能删除吗","标题",
JOptionPane.YES_NO_OPTION, JOptionPane.QUESTION_MESSAGE, null, options,
    options[0]);
```

前面参数和第一个例子一样，不再重复，第四个参数是信息类型，参见表 8.19；第五个参数在这里没有特别的作用，总是用 null；第六个参数定义了一个供选择的字符串数组，第七个参数是选择的默认值。对话框还包括“确定”和“撤销”按钮。

表 8.19 JoptionPane 对话框的信息类型选项

选项	说明
PLAIN_MESSAGE	不包括任何图标
WARNING_MESSAGE	包括一个警告图标
QUESTION_MESSAGE	包括一个问题图标
INFORMATION_MESSAGE	包括一个信息图标
ERROR_MESSAGE	包括一个出错图标

8.5 实例分析：设计一个基本 GUI

通过前面几节的学习，我们了解了 Java 的 GUI 设计的基本内容。本节以建立一个 Java GUI 应用程序为例，再次熟悉每个环节。

例 8.2 假定医疗单位的医生需要你写一个可以将磅转换为千克的 Java 应用程序。这个程序应用使用户以磅的形式输入一个重量并且以千克的形式呈现出等量的重量。

在为这个程序设计界面之前，首先定义一个 PtoKgConverter 类，它可被用于执行这一转换(图 8.21)。至少目前，这个类的一个任务是要把磅转换为千克，它将用到 1 磅等于 0.45 千克这一公式：

```
public class PtoKgConverter {
    public static double poundToKg(double pounds) {
    return pounds*0.45;
    }
}
```

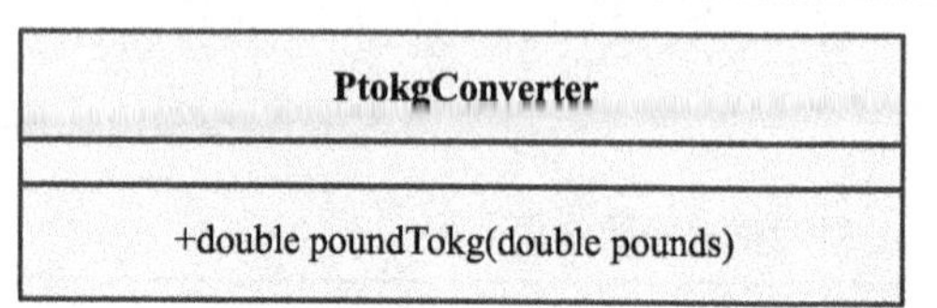

图 8.21　PtoKgConverter 类只有一个把磅转换为千克的方法

注意此方法采用一个 double 型数据作为输入并返回一个 double 型数据。此外，通过声明此方法为 static，我们把它作为一个类方法，因此它可被下列语句简单地调用：

```
PtoKgConverter.poundToKg(120)
```

选择组件，现在我们设计一个 GUI 处理和用户的交互。首先，为输入、输出、控制和引导四个界面任务中的每一个选择相应的 Swing 组件。对于每一个组件，回头查阅图 8.1，它在 Swing 层次中的位置也许是有用的。JLabel 组件是用来显示一个短文本字符串、一个图像，或两者的显示区。JLabel 不响应输入，因此，它主要被用于显示图形或者少量的静态文本。它尤其适合于用作一个提示，这也正是我们将在这个界面中使用它的作用。JTextField 组件允许用户编辑单行的文本。它和 AWT 对应组件 TextField 是相同的。通过使用 JTextField 的 getText()和 setText()方法，它可以被用于输入也可以被用于输出，或者同时两者。对于这个问题，我们将使用它执行界面的输入任务。JTextArea 组件既可被用于输入也可被用于输出的多行文本区。它和 AWT 的 TextArea 组件几乎相同。然而，一个不同点是默认情形下 JTextArea 不包含滚动条。对于这个程序，我们将使用 JTextArea 显示转换后的结果。由于在这个程序中它只是用作输出，我们将使它是不可编辑的，以阻止用户在它里面进行输入。JButton 组件作为这个界面的主要控制部分。我们将通过实现 ActionListener 接口来处理用户的行为事件。

选择顶层窗口，对于这个界面的下一个问题是使用哪种顶级窗口。对于 Java 应用程序，典型的是使用 JFrame 作为顶级窗口。

设计这一界面的下一步是决定怎样排列这些组件以便它们实际地引人注意和易于理解，以及易于使用。图 8.22 表示了这一布局的设计：最大的组件式输出文本区，它占据了 JFrame 的中心，在文本区上方，提示、输入文本域和控制按钮排列为一行。这是一个简单和直接的布局。

图 8.22 给出了一个包含层次结构，也称为部件层次结构，它表示了各个组件间的包含关系。尽管对于这个简单的布局可能不明显，但包含层次结构在表示各个组件在界面里如何分组时起到了重要的作用。对于这一设计，我们有一个相当简单的层次结构，即只有一层包含关系。所有的组件都直接包含在 JFrame 中。

图 8.23 表示了 Converter 类的设计，该类扩展了 JFrame 类并实现了 ActionListener 接口。

作为 JFrame 的一个子类，Converter 可以包含 GUI 组件。作为 ActionListener 接口的实现，通过 actionPerformed()方法它还将能够处理行为事件。

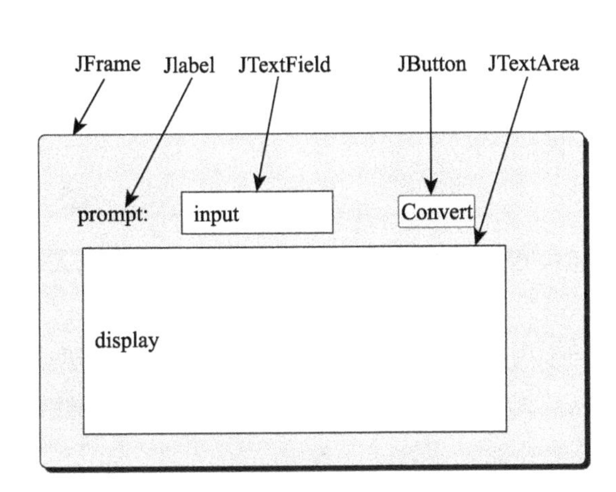

图 8.22　层次结构

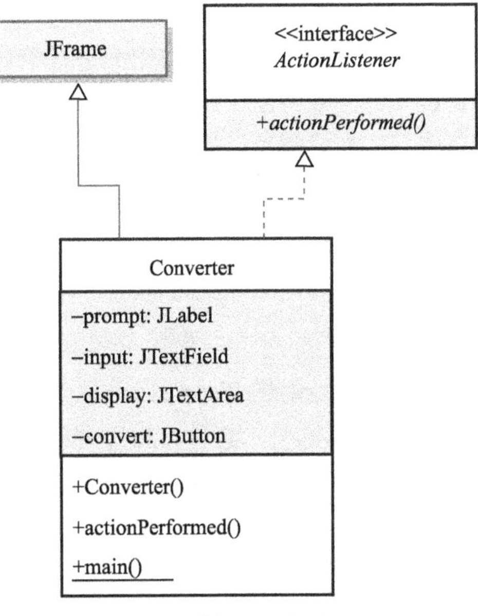

图 8.23　Converter 类是 JFrame 的一个子类并且实现了 ActionListener 接口

具体实现如下：

```
import javax.swing.*;
import java.awt.*;
import java.awt.event.*;
public class Converter extends JFrame implements ActionListener{
    private JLabel prompt = new JLabel("Pounds: ");
    private JTextField input = new JTextField(6);
    private JTextArea display = new JTextArea(10,20);
    private JButton convert = new JButton("Convert!");
    public Converter() {
    getContentPane().setLayout(new FlowLayout());
    getContentPane().add(prompt);
    getContentPane().add(input);
    getContentPane().add(convert);
    getContentPane().add(display);
    display.setLineWrap(true);
    display.setEditable(false);
    convert.addActionListener(this);
 } //Converter()
 public void actionPerformed( ActionEvent e ) {
    double pounds =  Double.valueOf(input.getText()).doubleValue();
    double kg = PtoKgConverter.poundToKg(pounds);
    display.append(pounds + "磅等于" + kg + "千克\n");
 } //actionPerformed()
 public static void main(String args[]) {
    Converter f = new Converter();
    f.setSize(400, 300);
    f.setVisible(true);
    f.addWindowListener(new WindowAdapter() {
       public void windowClosing(WindowEvent e) {
```

```
            System.exit(0);                //退出应用程序
         }
      });
   } //main()
} //Converter class
```

我们不得不在构造函数中完成所有的初始化任务。首先，需要设置 JFrame 的布局为 FlowLayout。布局管理器是负责组件在容器中的大小和安放位置的对象，以便使这些元素以尽可能好的方式组织。流型布局是最简单的排列方式：组件在窗口中从左至右排列，在必要时转到下一“行”。

其次，要注意用于设置布局和直接向 JFrame 添加组件的语句。我们并不是向 JFrame 直接添加组件，而是必须把组件添加到它的内容窗格：

```
getContentPane().add(input);
```

内容窗格是用作 JFrame 工作区的一个 JPanel，它包含了框架的所有组件。如果你试图直接向 JFrame 添加一个组件，Java 将产生一个异常。

JFrame 和所有其他的顶级 Swing 窗口都有一个内部结构，这个结构由可被程序操作的几个不同对象组成。由于这一结构，GUI 元素可以被组织为窗口里的不同层，这样可以创建出许多的复杂布局类型。结构的一层使得把一个菜单和框架相关联成为可能。

```
public static void main(String args[]) {
    Converter f = new Converter();
    f.setSize(400, 300);
    f.setVisible(true);
    f.addWindowListener(new WindowAdapter() {
       public void windowClosing(WindowEvent e) {
          System.exit(0);   //Quit the application
       }
    });
} //main()
```

最后，要注意 Converter 框架是怎样被实例化，怎样使之可见，并最终在应用程序的 main() 方法中退出的。

框架的大小和可见性两者的设置都是必要的，因为默认情形下这些都没有被设置。因为使用的是 FlowLayout，给定框架合适的大小是尤其重要的。没有这样做会引起组件以一种混乱的方式排列并且甚至可能引起一些组件不会在窗口中出现。当我们学会如何使用其他布局管理器之后就可以摆脱这些限制了。

以上 Java 的 GUI 程序实例，尽管基本满足了输入、输出、控制和引导的需要，但还有些设计上的不足。首先，用户在每一次转换后手工清除输入文本框，非常不便；其次，用户在使用该程序时需要在键盘(用于输入)和鼠标(用于控制)之间进行切换，最好让用户能在文本框里输入数字后按下 Enter 键也能触发控制并显示结果；最后，假设有用户抱怨一直敲击键盘很麻烦，能不能加入一个数字键区，类似简易计算器里的按键，当用户点击该键区时，按钮的值 0～9 被插入到文本框，当然也需要一个按钮清除文本框以及还有一个按钮用作小数点。总结以上不足，设计出如图 8.24 所示的界面。

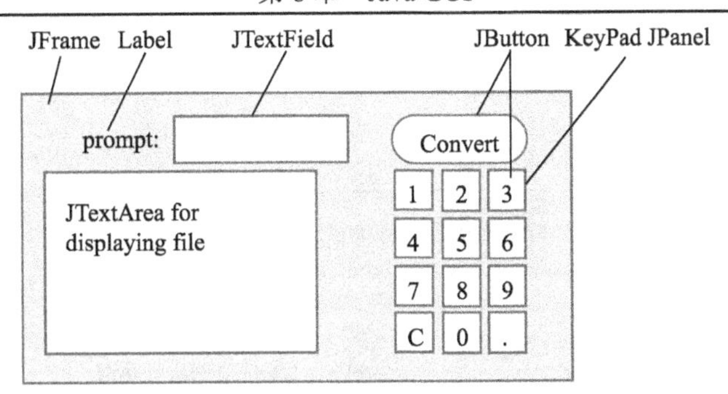

图 8.24　加入按键区的转换程序界面

8.6 图 形 图 像

一般来说，在用户屏幕上绘制图形其实就是在容器组件上绘制图形。因此需要注意以下两点。

1. 组件中的坐标系统

容器组件的坐标系统类似于屏幕的坐标系统，坐标原点(0，0)在容器的左上角，正 x 轴方向水平自左向右，正 y 轴方向垂直自上向下。

在 Java 中，不同的图形输出设备拥有自己的设备坐标系统，该系统具有与默认用户坐标系统相同的方向。坐标单位取决于设备，比如，显示的分辨率不同，设备坐标系统就不同。一般来说，在显示屏幕上的计量单位是像素(每英寸大约 90 个像素)，在打印机上是点(每英寸大约 600 个点)。Java 系统自动将用户坐标转换成输出设备专有的设备坐标系统。

2. 图形环境(graphics context)

由于在组件上绘制图形使用的用户坐标系统被封装在 Graphics2D 类的对象中，所以 Graphics2D 被称为图形环境。它提供了丰富的绘图方法，包括绘制直线、矩形、圆、多边形等。

8.6.1 AWT 绘图

不管是谁触发了画图请求，AWT 都是利用“回调”机制来实现绘画，这就意味着程序应该在一个特定的可覆盖的方法中放置那些表现部件自身的代码，并且在需要绘画的时候就会调用这个方法。这个可覆盖的方法在 java.awt.Component 中声明：

```
public void paint(Graphics g);    //绘制组件的外观
```

Component 类里还提供了和绘图相关的另外两个方法：

```
public void update(Graphics g);    //调用paint()方法，刷新组件外观
public void repaint();             //调用update()方法,刷新组件外观
```

三者之间关系如图 8.25 所示。

从图 8.25 可以看出，程序不应该主动调用组件的 paint()和 update()方法，这两个方法都由 AWT 系统负责调用。如果程序希望 AWT 系统重新绘制该组件，则调用该组件的 repaint()方法即可。而 paint()和 update()方法通常被重写。在通常情况下,程序通过重写 paint()方法实现 AWT 组件上的绘图。重写 update()或 paint()方法时，该方法里包含了一个 Graphics 类型

的参数，通过该 Graphics 参数就可以实现绘图功能。

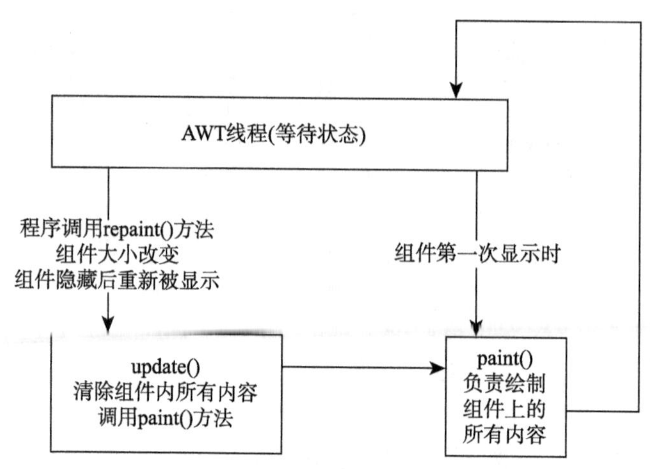

图 8.25　AWT 绘图原理

使用 Graphics 类，Graphics 是一个抽象画笔对象，Graphics 可以在组件上绘制丰富多彩的几何图形和位图。常见的 Graphics 类绘制方法如下：

drawLine(int x1,int y1,int x2,int y2)：绘制直线。

drawstring(String str,int x,int y)：绘制字符串。

drawRect(int x,int y,int width,int height)：绘制矩形。

drawRoundRect(int x,int y,int width,int height)：绘制圆角矩形。

drawOval(int x,int y,int width,int height)：绘制椭圆形。

fillRect(int x,int y,int width,int height)：填充矩形。

fillOval(int x,int y,int width,int height)：填充椭圆形。

drawImage(Image img,int x,int y,…)：绘制位图。

setFont(Font font)：　设置画笔的字体。

setColor(Color c)：设置画笔的颜色。

AWT 专门提供一个 Canvas 类作为绘图的画布，程序可以通过创建 Canva 的子类，并重用它的 paint() 方法来实现绘图。

```
class MyCanvas extends Canvas{
    //重写 Canvas 的 paint 方法，实现绘画
    public void paint(Graphics g){
    Random rand = new Random();
    //设置画笔颜色
    g.setColor(new Color(220,100,80));
    //随机地绘制一个矩形框
    g.drawRect( rand.nextInt(200),rand.nextInt(120),40,60);
    //设置画笔颜色
    g.setColor(new Color(80,100,200));
    //随机地绘制一个填充椭圆
    g.fillOval( rand.nextInt(200),rand.nextInt(120),50,40);
    }
}
```

8.6.2 Swing 绘图

Swing 以 AWT 的基本绘图模型为基础，拓展了它从而让绘图的性能最好,并提高绘图灵活性。像 AWT 一样，Swing 也采用 paint 回调机制和 repaint 来触发更新。另外，Swing 还增加了诸如内置双缓冲作图，UI 代理，以及用于自定义绘图机制的 RepaintManager API。

Swing 中当组件要绘制时，依然需要绘制机制，但是不是调用 paint()方法，而是把 paint()方法分解成三个方法。

protected void paintComponent(Graphics g)

protected void paintBorder(Graphics g)

protected void paintChildren(Graphics g)

Swing 程序应该覆盖 paintComponent()来实现图形绘制，而不是覆盖 paint()方法；另外 paintBorder 和 paintChidren 方法通常也不应该覆盖。

```
class DrawPanel extends JPanel{
     //覆盖 javax.swing.JComponent.paintComponent()方法
     public void paintComponent(Graphics g){
         //让超类完成自己的工作
         super.paintComponent(g);
         Graphics2D g2=(Graphics2D)g;
             //画矩形
             double leftX=100;
             double topY=100;
             double width=200;
             double height=150;
             Rectangle2D rect=new Rectangle2D.Double(leftX,topY,leftX+width,
                                                  topY+height);
             g2.draw(rect);
             //画闭合椭圆
             Ellipse2D ellipse=new Ellipse2D.Double();
             ellipse.setFrame(rect);
             g2.draw(ellipse);
             //画对角线
             g2.draw(new
                 Line2D.Double(leftX,topY,leftX+width,topY+height));
             //以同一中心点画圆
             double centerx=rect.getCenterX();
             double centery=rect.getCenterY();
             double radius=150;
             Ellipse2D circle=new Ellipse2D.Double();
             circle.setFrameFromCenter(centerx, centery, centerx+radius,
                                          centery+radius);
             g2.draw(circle);
     }
}
```

8.6.3 图像

图像是人类表达思想最直观的方法。在程序中通过使用图像可使用户界面更美观、更生动有趣，且便于用户操作。本节简要介绍一些处理图像的相关知识。

在 Java 程序中处理图像主要是读取图像文件并显示，下面我们了解一下在 Java 中常用的图像格式以及对资源的使用权限。

1. 常用图像格式

当前有许多种格式的图像文件，在 Java 中最常用的是 GIF 和 JPEG 这两种格式的图像文件。GIF 格式称为图像交换格式，它是 internet WEB 页面使用最广泛的、默认的及标准的图像格式。如果图像是以线条绘制而成的，则采用这种格式时，图像的清晰度要明显优于其他格式的图像，在维护原始图像而不降低品质的能力方面也同样优于其他格式。JPEG 格式适合于照片、医疗图像、复杂摄影插图的情况。这种格式的图像是固有的全色图像，因此在一些支持色彩较少的显示器上显示这些格式的图像时会失真。图像可以是二维的(2D)，也可以是三维的(3D)。

2. 获取图像文件的权限

在 Java 中，出于安全考虑，要获取或访问系统资源(如读写文件等)，必须获得系统赋予的相应的权限。权限即是获取系统资源的权力。例如对文件所能授予的权限有：读、写、执行和删除。

java.awt.image 包提供可用于创建、操纵和观察图像的接口和类。每一个图像都用一个 Image 对象表示。除了 Image 类外，java.awt 包还提供了其他的基本图像支持，例如 Graphics 类的 drawImage()方法，Toolkit 对象的 getImage()方法等。

AWT 可以很简单地加载两种格式的图像：GIF 和 JPEG。Toolkit 类提供了两个 getImage()方法来加载图像。

```
Image getImage(URL url);
Image getImage(String filename);
```

Toolkit 是一个组件类，取得 Toolkit 的方法是：

```
    Toolkit  tk=Toolkit.getDefaultToolkit();
```

对于继承了窗体(Frame)的类来说，可以直接使用下面的方法取得：

```
    Toolkit tk=getToolkit();
```

通过传递到 paint()方法的 Graphics 对象可以很容易地显示图像。Graphics 类声明了下面四个 drawImage()方法，都返回一个布尔值，虽然这个值很少被使用。如果图像已经被完全加载并且因此被完全绘制，返回值是 true，否则返回值是 false：

```
boolean drawImage(Image img,int x,int y,ImageObserver observer)
boolean drawImage(Image img, int x,int y,int width,int height,ImageObserver
                     observer)
boolean drawImage(Image img,int x,int y,Color bgcolor,ImageObserver observer)
boolean drawImage(Image img,int x,int y,int width,int height,Color bgcolor,
                     ImageObserver observer)
```

8.7　MVC 设计模式

MVC(Model-View-Controller，模型-视图-控制器)与 GUI 的关系可以这么认为的，MVC 是一种软件设计和架构模式，而 GUI 是软件的一种编程实现方式，基于 GUI 编程的特殊机制以及编程思想，GUI 编程可以实现 MVC 的设计与架构。

MVC 模式就是为那些需要为同样的数据提供多个视图的应用程序而设计的。它很好地实现了数据层与表示层的分离，特别适用于开发与用户图形界面有关的应用程序。其模型如图 8.26 所示。

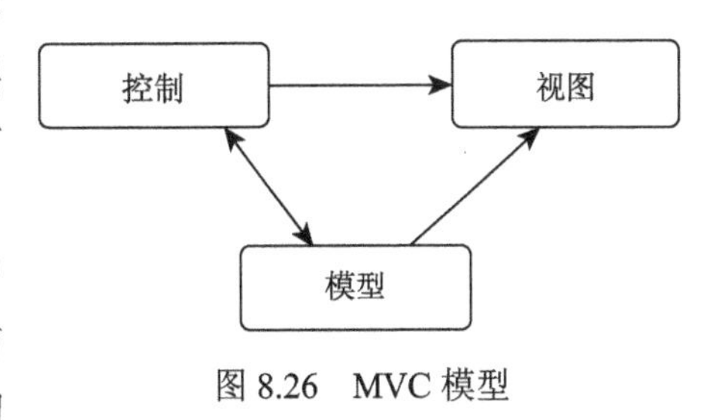

图 8.26　MVC 模型

模式中基本结构定义为：控制器是用来处理用户命令以及程序事件的；模型是维护数据并提供数据访问方法；视图是负责对数据进行显示的。MVC 模式的基本实现过程如下：

(1) 控制器(如 Java 中的 main 程序入口)要新建模型；

(2) 控制器要新建一个或多个视图对象，并将它们与模型相关联；

(3) 控制器改变模型的状态；

(4) 当模型的状态改变时，模型将会自动刷新与之相关的视图。

在 Java 中是通过观察者模式(图 8.27)来实现 MVC 设计的，严格意义上来说 MVC 是一种设计思路，包含了多种设计模式，本书对设计模式不做太多的讲解，感兴趣的读者可以看 Java 的设计模式。这里只稍微介绍下观察者模式，Java 通过专门的类 Observable 及 Observer 接口来实现。

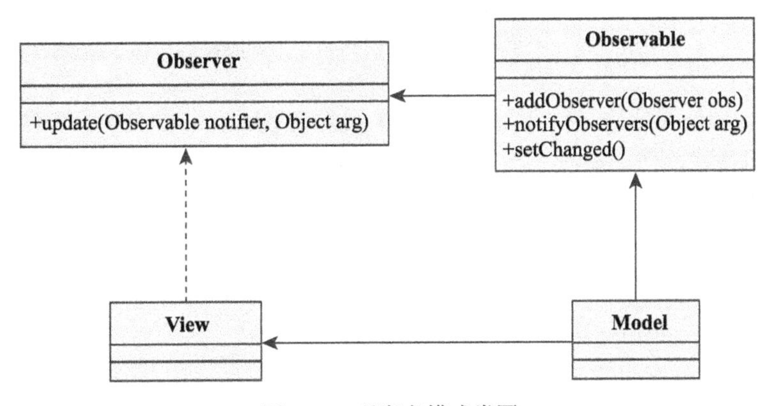

图 8.27　观察者模式类图

从图 8.27 中可以看出，Model 类必须继承 Observable 类，View 类必须实现接口 Observer。正是由于实现了上述结构，当模型发生改变时(当控制器改变模型的状态)，模型就会自动刷新与之相关的视图。

下面主要以一个具体例子入手来认识 Java 的 MVC 设计。程序界面如图 8.28 所示，要求的功能如下：

(1) 输入球(Sphere)的半径(Radius)、体积(Volume)、表面积(Surface area)任意一个属性的值，其他两个属性的值相应改变，同时右边球体形状也相应变化。

(2) 利用鼠标拖拽(包括点击)可随意实现球体形状大小，同时左边球体三属性的值相应变化。

本程序实现了一个模型、两个视图和一个控制器的操作，图 8.29 显示了它们之间的关系。

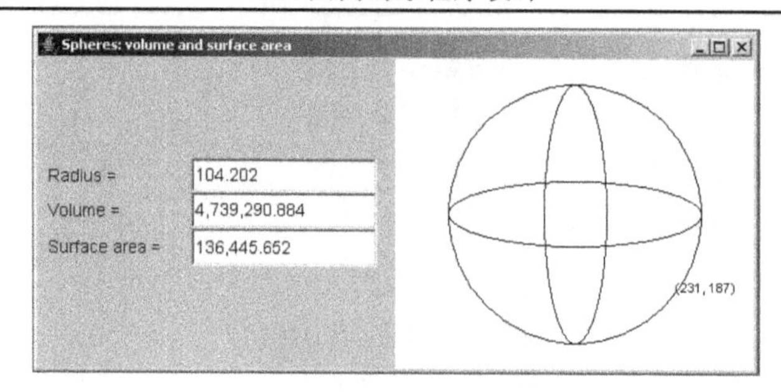

图 8.28　程序运行界面

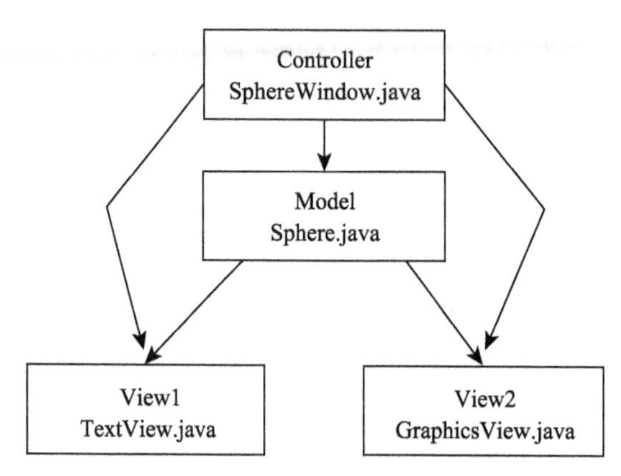

图 8.29　一个模型、两个视图和一个控制器的结构

Model 类 Sphere，必须扩展 Observable 类，因为在 Observable 类中，方法 addObserver()将视图与模型相关联，当模型状态改变时，通过方法 notifyObservers()通知视图。其中实现 MVC 模式的关键代码为：

```
import java.util.Observable;
class Sphere extends Observable{
    ...
    public void setRadius(double r){
        myRadius = r;
        setChanged();        //设置改变模型状态
        notifyObservers();
    }
   ...
}
```

View 类的角色 TextView 类必须实现接口 Observer，这意味着类 TextView 必须是 implements Observe，另外还必须实现其中的方法 update()。有了这个方法，当模型 Sphere 类的状态发生改变时，与模型相关联的视图中的 update()方法就会自动被调用，从而实现视图的自动刷新。View 类的关键代码如下：

```
import java.util.Observer;
import java.util.Observable;
public class TextView extends JPanel implements Observer{
    ...
    public void update(Observable o, Object arg){
        Sphere balloon = (Sphere)o;
        radiusIn.setText(""+f3.format(balloon.getRadius()));
        volumeOut.setText(""+f3.format(balloon.volume()));
        surfAreaOut.setText("" + f3.format(balloon.surfaceArea()));
```

```
        }
    ...
}
```

SphereWindow 类作为 Controller，它主要新建 Model 与 View，将 view 与 Model 相关联，并处理事件，其中的关键代码为：

```
public SphereWindow(){
    super("Spheres: volume and surface area");
    model = new Sphere(0,0,100);
    TextView tView = new TextView();
    model.addObserver(tView);
    tView.addActionListener(this);
    tView.update(model,null);
    GraphicsView gView = new GraphicsView();
    model.addObserver(gView);
    gView.update(model,null);
    Container c = getContentPane();
    c.setLayout(new GridLayout(1,2));
    c.add(tView);
    c.add(gView);
}
```

8.8　小　　结

本章介绍了 Java AWT 编程的基本知识：AWT 的基本概念，详细介绍了 AWT 容器和布局管理器，重点介绍了 Java GUI 编程的时间机制，详细描述了事件源、事件、事件监听器之间的运行机制，大致介绍了 AWT 里的常用组件。虽然在实际开发中很少直接使用 AWT 组件来开发，但 AWT 的基本知识是 Swing 编程的基础。实际上，AWT 编程的布局管理、事件机制等内容依然在 Swing 编程中大量使用。

后半部分主要就是 Swing 编程，重点介绍了 Swing 提供的组件：JFrame、JButton、JTextField、JPasswordField、JTextArea、JList、JComboBox、JMenu、JMenuBar、JMenuItem 等。简要说明了 Java 的绘图机制。最后通过一个实例认识 Java 中的 MVC 思路。

习　　题

一、选择题

1. Window 是显示屏上独立的本机窗口，它独立于其他容器，Window 的两种形式是(　　)。

A. JFrame 和 JDialog　　B. JPanel 和 JFrame

C. Container 和 Component　　D. LayoutManager 和 Container

2. 框架(Frame)的缺省布局管理器就是(　　)。

A. 流式布局(FlowLayout)　　B. 卡片布局(CardLayout)

C. 边框布局(BorderLayout)　　D. 网格布局(GridLayout)

3. Paint 方法使用哪种类型的参数?(　　)。

A. Graphics　　B. Graphics2D　　C. tring　　D. Color

4. 下列不属于容器的是(　　)。

A. JWindow　　B. JTextArea　　C. JPanel　　D. JScrollPane

5．事件处理机制能够让图形界面响应用户的操作，主要包括(　　)。

A．事件　　B．事件处理　　C．事件源　　D．以上都是

二、填空题

1．Java 事件处理机制包括事件源、_______和_______。

2．Java 的图形界面技术经历了两个发展阶段，分别通过提供 AWT 开发包和_______开发包来实现。

3．_____________包括五个明显的区域：东、南、西、北、中。

4．_____________布局管理器是容器中各个构件呈网格布局，平均占据容器空间

5．_____________组件提供了一个简单的“从列表中选取一个”类型的输入。

6．为了保证平台独立性，Swing 是用________编写的。

7．用户可以使用________类提供的方法来生成各种标准的对话框，也可以使用______类根据实际需要生成自定义对话框。

8．Swing 中 Java 标准菜单组件主要包括_________、__________和___________。

三、编程题

1．试编写一个简易计算器程序。要求：界面类似 Windows 附件自带简易计算器，能实现基本的计算功能。

2．完善教材中配有键盘输入区的程序。

3．完善教材最后的 MVC 程序。

第 9 章　Java 多线程技术

Java 语言的一个重要特点是内在支持多线程的程序设计。多线程主要特征是在单个的程序内可以同时运行多个不同的线程，完成不同的任务。Java 多线程技术具有广泛的应用。本章主要介绍线程的概念、如何创建多线程的程序、线程的状态与生存周期的改变、线程的调度与同步等内容。

学完本章要能够理解 Java 中线程的使用，掌握线程的调度和控制方法，清楚地理解多线程的互斥和同步的实现原理，以及多线程的应用。

9.1　Java 线程运行机制

在一个程序中同时运行的多个独立流程中每个独立的流程就是一个线程。线程是比进程更小的控制单位，线程作为系统调度和分派的基本单位，具有自己独立的控制块，同时共享所在进程中的数据。一个程序中的多个线程之间，既相互联系，又彼此独立。为了使得系统运行即高效又稳定，我们必须清楚地了解 Java 线程的运行机制，熟练运用 Java 多线程程序的处理方法，协调好线程的协作与互斥关系。

下面就对 Java 多线程程序的运行和使用展开详细的介绍。

9.1.1　概述

本章讨论在给定时刻如何进行多项工作。这在日常工作当中是很常见的。譬如说，你早上在餐厅，有一份报纸、一份烤面包和一杯热牛奶，那么吃早餐时你就可以同时做三件事：看报纸，吃烤面包以及喝牛奶。

实际上，“同时”做这些事情是通过轮流方式来实现的：你一边看今日报纸，再咬一口烤面包，然后啜一口牛奶。然后再去看报纸，咬一口烤面包，啜一口牛奶，如此等等，直到早餐用毕。如果在吃早餐时电话响了，你可能需要接电话，同时继续进餐，或者至少啜一口牛奶。这意味着你可以“同时”做更多的事情。日常生活中充满着诸如此类同时进行多种工作的例子。

到目前为止我们所写的计算机程序都是在同一时间只完成一项任务。但在实际开发应用中，要求一个程序在同一时刻能执行多项任务，这就是“并发”处理。举例来说，如果你写一个网络聊天程序，那么应能让多位用户加入到一个讨论组中来；程序需要同时读取几位聊天者的输入信息，并将其广播到组中其他聊天者。读取与广播信息的任务需要并发处理。在 Java 中，并发编程通过“线程”实现，这就是本章的主题。

9.1.2　线程的概念

线程的概念来源于早期大型计算机的操作系统所采用的进程的概念，通常在同一时间内执行多个程序的操作系统都有进程的概念。一个进程是一个执行中的程序，每一个进程都有属于自己的一块独立内存空间、一组系统资源。更进一步说，每一个进程的内部数据和状态都是完全独立的。Java 程序采用流控制来执行程序流，学习过结构化程序设计三种结构的程序员都熟悉顺序结构的编写，编写的顺序结构程序都有开始、执行序列和结束，在程序执行的任意时刻，只有一个执行点。线程(thread)则是进程中的一个单个的顺序控制流。单线程的概念很简单，如图 9.1 所示。而多线程(multi-thread)是指单个程序中存在多个不同的线程同时运行，并执行不同的任务。多线程代表一个程序的多行语句几乎在同一时间内同时运行，图 9.2 说明了一个程序中同时有两个线程运行。

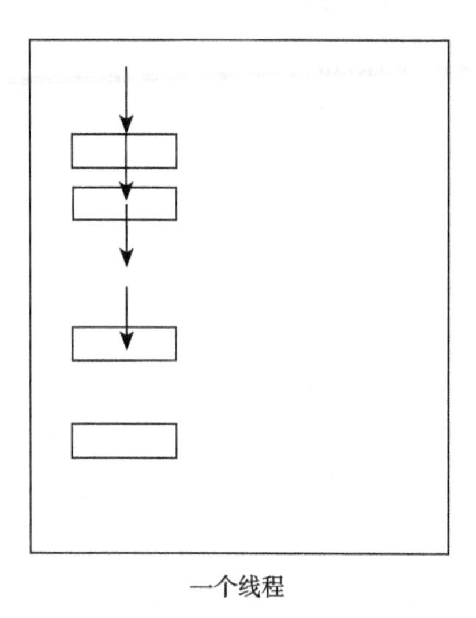

图 9.1　单线程程序示意图

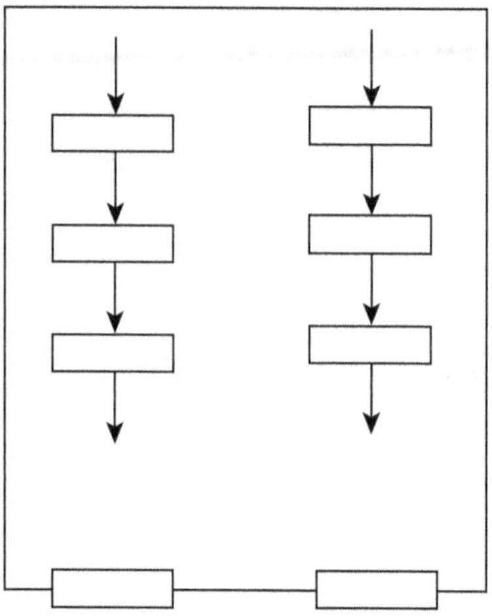

两个线程

图 9.2　多线程程序示意图

有些程序中需要多个控制流并行执行。例如，

```
for(int i = 0; i < 10; i++)
    System.out.println("Threa A = " + i);
for(int j = 0; j < 10; j++ )
    System.out.println("Threa B = "+j);
```

在上面的代码段中，在只支持单线程的语言中，前一个循环不执行完不可能执行第二个循环。要使两个循环同时执行，需要编写多线程的程序。

线程与进程的相似之处在于，线程和运行的程序都是单个顺序控制流。但与进程不同之处是：同类的多个线程可以共享一块内存空间和一组系统资源，而线程本身的数据仅只有微处理器中的寄存器数据和一个供程序执行时使用的堆栈。当系统产生一个线程时，或在各个线程之间切换时，负担远小于进程，所以线程又被称为轻量级进程(light weight process)。一个进程中可以包含多个线程。

9.1.3　多线程销售火车票

考虑一个简单的多线程程序的例子，假设将一个公园门票代售点作为一个线程，每次该门票代售点售出一张入园门票，某日上午该公园门票代售点共售出 10 张门票，假如，当作为公园门票代售点的线程运行时，其输出是一个有 10 个数的序列：10987654321。

如图 9.3 所示，MyThread 类定义为 Thread 类的一个子类，并且重写了 run()方法。变量 ticket 表示共有 10 张门票。在 run()方法中，线程简单地采用了一个循环打印其卖票 10 次：

```
class MyThread extends Thread{        //继承 Thread 类，作为线程的实现类
    private int ticket = 10;          //表示一共有 10 张票
    public void run(){                //重写 run()方法，作为线程的操作主体
        for(int i=0;i<10;i++){
            if(this.ticket>0){
                System.out.println("卖票：ticket = " + ticket--);
            }
        }//for
    }//run()
};//MyThread 类
```

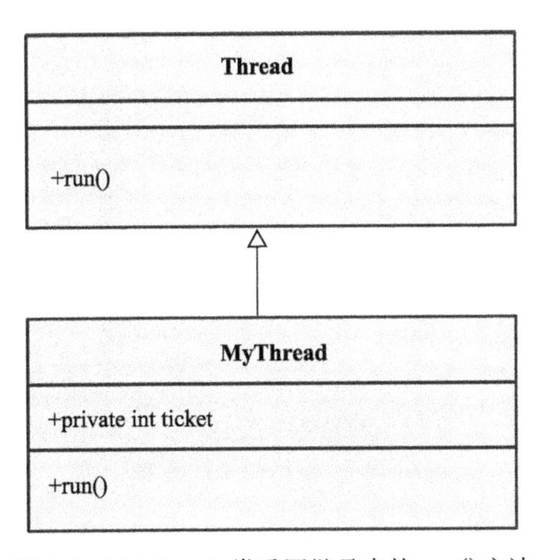

图 9.3　MyThread 类重写继承来的 run()方法

现在定义另一个类，其任务是模拟多个公园门票代售点创建多个 MyThread 对象并使它们在同一时刻运行。对于每一个 MyThread 对象，用构造方法创建之，然后调用其 start()方法开始运行：

```
public class ThreadDemo{
    public static void main(String args[]){
        MyThread mt1 = new MyThread();     //实例化对象
        MyThread mt2 = new MyThread();     //实例化对象
        MyThread mt3 = new MyThread();     //实例化对象
        MyThread mt4 = new MyThread();     //实例化对象
        mt1.start();  //调用线程主体
        mt2.start();  //调用线程主体
        mt3.start();  //调用线程主体
        mt4.start();  //调用线程主体
    }
}
```

当通过调用其 start()方法启动一个线程时，该线程会自动调用其 run()方法，这时代表多个门票代售点的多个线程的应用程序可能会产生如下的输出：

10987654321109876543211098765432110987654321

从这个输出看起来，每个线程都按其创建的顺序运行。在本例中，每个线程都可以在下一个线程开始前运行完毕。

如果增加每个线程的售票数量会怎么样呢？每个线程是否还能在下一线程开始前运行完毕呢？下面图 9.4 所示的是每个线程表示售票 100 张时的输出。

```
卖票: ticket = 100
卖票: ticket = 99
卖票: ticket = 98
卖票: ticket = 97
卖票: ticket = 100
卖票: ticket = 96
卖票: ticket = 99
卖票: ticket = 95
卖票: ticket = 98
卖票: ticket = 94
卖票: ticket = 100
卖票: ticket = 97
卖票: ticket = 99
卖票: ticket = 100
卖票: ticket = 93
卖票: ticket = 99
卖票: ticket = 98
卖票: ticket = 96
卖票: ticket = 97
卖票: ticket = 98
卖票: ticket = 92
卖票: ticket = 97
卖票: ticket = 96
卖票: ticket = 95
卖票: ticket = 95
卖票: ticket = 96
卖票: ticket = 91
卖票: ticket = 95
......
卖票: ticket = 28
卖票: ticket = 27
卖票: ticket = 26
卖票: ticket = 25
卖票: ticket = 24
卖票: ticket = 23
卖票: ticket = 22
卖票: ticket = 21
卖票: ticket = 20
卖票: ticket = 19
卖票: ticket = 18
卖票: ticket = 17
卖票: ticket = 16
卖票: ticket = 15
卖票: ticket = 14
卖票: ticket = 13
卖票: ticket = 12
卖票: ticket = 11
卖票: ticket = 10
卖票: ticket = 9
卖票: ticket = 8
卖票: ticket = 7
卖票: ticket = 6
卖票: ticket = 5
卖票: ticket = 4
卖票: ticket = 3
卖票: ticket = 2
卖票: ticket = 1
```

图 9.4　多线程运行结果

卖票: ticket =80; 79; 78; 77; 76; 75; 74; 73; 72; 71; 70; 69; 68; 67; 66; 65; 64; 63; 62; 18; 100; 99; 98; 97; 96; 95; 94; 93; 92; 91; 90; 89; 88; 87; 86; 85; 84; 83; 82; 81; 80; 79; 78; 77; 76; 75; 74; 73; 72; 71; 70; 69; 68; 67; 66; 65; 64; 63; 62; 61; 60; 59; 58; 57; 56; 55; 54; 53; 52; 51; 50; 49; 48; 47; 46; 45; 44; 43; 42; 41; 40; 39; 38; 37; 36; 35; 34; 33; 32; 31; 30; 29; 28; 27; 26; 25; 24; 23; 22; 21; 20; 19; 18; 17; 16; 15; 14; 13; 12; 11; 10; 98; 76; 54; 32; 1; 100; 17; 16; 15; 14; 13; 12; 11; 10; 9; 8; 7; 6; 5; 4; 3; 2; 16; 19; 9; 60; 98; 59; 97; 58; 96; 57; 95; 56; 94; 55; 93; 54; 52; 92; 51; 91; 50; 90; 49; 89; 48; 88; 87; 47; 86; 46; 85; 84; 83; 44; 82; 43; 81; 80; 42; 41; 79; 40; 78; 39; 38; 77; 37; 76; 36; 75; 35; 74; 34; 73; 33; 72; 32; 71; 31; 70; 69; 29; 68; 28; 67; 27; 66; 26; 65; 25; 64; 24; 23; 63; 22; 62; 21; 61; 20; 60; 19; 59; 18; 58; 17; 57; 16; 56; 15; 55; 14; 54; 13; 53; 12; 52; 11; 51; 10; 50; 94; 98; 48; 74; 76; 46; 54; 54; 44; 34; 32; 42; 40; 39; 38; 37; 36; 35; 34; 32; 31; 30; 29; 28; 27; 26; 25; 24; 23; 22; 21; 20; 19; 18; 17; 16; 15; 14; 13; 12; 11; 10; 9; 8; 7; 6; 5; 4; 3; 2; 1

在这种情况下，作为四个公园门票代售点的线程都不能完整运行，这个例子表明，线程运行的次序与时间是不可预计的，从这个例子中，我们可以学到如何创建一个多线程程序：

(1)创建 Thread 类的一个子类。

(2)在这个子类中，实现一个 void run()方法，此方法中包含线程运行的语句。

(3) 创建子类的多个实例，并调用每一实例的 start() 方法开始线程的运行。

9.1.4　Thread 类和 Runnable 接口

如图 9.5 所示，java.lang.Thread 类中包含几个公有方法。注意到 Thread 类实现了 Rnnnable 接口，该接口仅有一个 run() 方法。以下将介绍另一种创建线程的方法，即实例化一个 Thread 对象，然后向其传递一个 Runnable 对象作为其主体。该方法允许将一个现有的类转化成一个独立的线程。

任意一个实现了 Runnable 接口(即实现 run() 方法)的类都可以作为一个 Runnable 的子类(见图 9.6)。下例提供了另一种实现 MyThread 类中 run() 的方法。

```
 public class Sell implements Runnable {
    private int ticket = 10;
    public void run(){
        for(int i=0;i<100;i++){
            if(this.ticket>0){
                System.out.println("卖票: ticket = " + ticket--);
            }
        }//for
    }//run()
}//sell 类
```

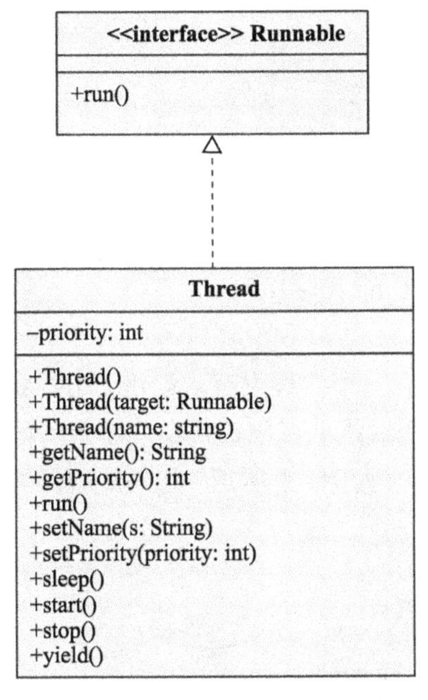

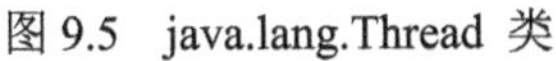
图 9.5　java.lang.Thread 类

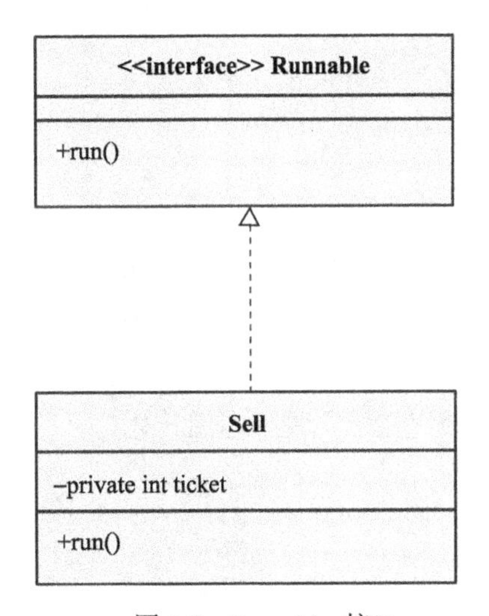

图 9.6　Runnable 接口

根据 Runnable 接口的定义，当创建线程时，我们就可以把这个类的实例传递给每个线程：

```
public class ThreadDemo{
    public static void main(String args[]){
        Thread mt1 = new Thread(new Sell (),"1");    //实例化对象
        Thread mt2 = new Thread(new Sell (),"2");    //实例化对象
        Thread mt3 = new Thread(new Sell (),"3");    //实例化对象
        Thread mt4 = new Thread(new Sell (),"4");    //实例化对象
        mt1.start();    //调用线程主体
        mt2.start();    //调用线程主体
```

```
            mt3.start();     //调用线程主体
            mt4.start();     //调用线程主体
        }
};
```

通过定义与在 Sell 类中使用的相同的 run()方法，Sell 类实现了 Runnable 接口。然后当我们创建线程时，便传递 Sell 类的实例。这样做，能准确得到与以前相同的输出结果。这个例子说明了另一种创建多线程程序的方法：

(1)通过实现 void run()方法为一个现有的类，实现 Runnable 接口，该方法中包含线程要执行的语句。

(2)首先创建实现 Runnable 接口的类的几个实例，并把每个实例作为参数传递给 Thread()构造方法。由此创建多个 Thread 类的实例。

(3)通过调用 start()方法来启动线程实例。

思考题

使用 Runnable 接口，将给出的以下类代码转化为线程，利用该线程打印输出所有边界范围内的奇数：

```
public class PrintOdds {
    private int bound;
    public PrintOdds(int b) {
        bound = b;
    }
    public void print() {
        for (int k = 1; k < bound; k+=2)
            System.out.println(k);
    }
} //PrintOdds class
```

9.2　线程的状态和生命周期

Java 语言使用 Thread 类及其子类的对象表示线程，一个线程也有从创建、运行到消亡的过程，称为线程的生命周期。用线程的状态(state)表明线程处在生命周期的哪个阶段。线程有新建、就绪、运行、阻塞及死亡五种状态。线程的状态如图 9.7 所示：通过线程的控制与调度可使线程在这几种状态间转化。

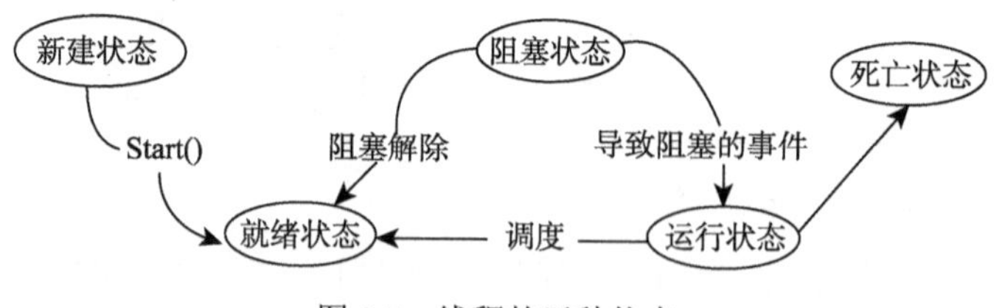

图 9.7　线程的五种状态

以下介绍新建的线程在它的一个完整的生命周期中所经历的五种状态。

1. 新建状态

准备好一个多线程对象：Thread obj =new Thread();，则新生的线程对象处于新建状态，该对象已经具有相应的内存空间和其他资源。

2. 就绪状态

一个新建的线程并不能自动开始运行，要执行线程，则必须调用线程的 start()方法，等待 CPU 进行调度。当线程对象调用 start()方法时，即启动了线程，start()方法创建线程运行的系统资源，并调度线程运行 run()方法。当 start()方法返回后，线程处于就绪状态中。但是，就绪状态的线程并不一定立即执行 run()方法，线程还必须同其他线程竞争 CPU 时间，只有获得 CPU 时间才可以运行线程。因为在单 CPU 的计算机系统中，不能同时运行多个线程，某一个时刻仅有一个线程处于运行状态，所以会有多个线程处于就绪状态。对多个处于就绪状态的线程，它由 Java 运行时系统的线程调度程序(thread scheduler)来调度。

3. 运行状态

当 JVM 将 CPU 的使用权交给线程后，即线程获得 CPU 时间，它才进入运行状态，如果线程是由 Thread 的子类创建的，则该类中的 run()方法立即开始执行，这里 run()方法规定了该线程的具体操作。

4. 阻塞状态

当线程运行过程中，可能由于各种原因暂时停止执行，则进入阻塞状态。所谓阻塞状态是正在运行的线程还没有运行结束，暂时停止执行，将 CPU 资源交给其他线程使用，此时其他处于就绪状态的线程获得 CPU 时间，进入运行状态。

5. 死亡状态

线程的正常运行结束，即 run()方法返回，线程就结束运行了，此时线程处于死亡状态。线程处于死亡状态有两个原因：一个原因是线程正常运行完毕，结束它的全部工作；另一个原因是线程可能被提前强制终止执行，即强制 run()方法结束。注意一个处于死亡状态的线程不能再调用该线程的任何方法。

下面看一个完整的例子来说明线程的这五种状态转换情况。该例子是一个小应用程序，它利用线程对象在其中显示当前时间，其 UML 状态图如图 9.8 所示，该图描述了线程对象在整个生命周期内，在外部事件的作用下，从一种状态转换到另一种状态的关系。

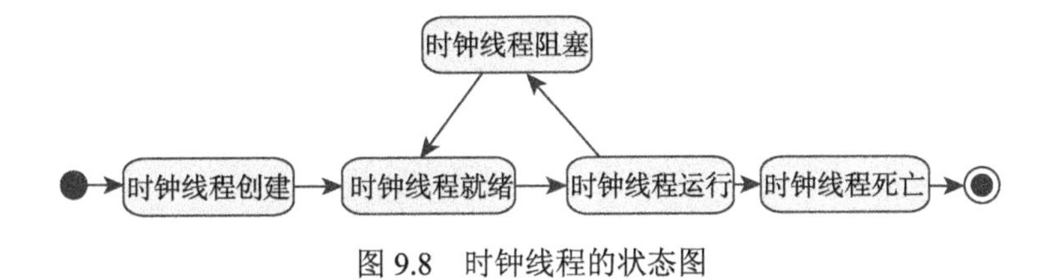

图 9.8　时钟线程的状态图

下例演示线程对象的生命周期从创建到结束的过程，其间使用 new()、start()、sleep()等方法改变线程的状态，其程序代码如下。

例 9.1　程序代码。

```
//<applet code="ClockDemo.class" height="300" width="400">
//</applet>
```

```
import java.awt.*;
import java.util.*;
import javax.swing.*;
import java.text.DateFormat;
public class ClockDemo extends JApplet{
    private Thread clockThread = null;
    private ClockPanel cpl=new ClockPanel();
    public void init(){
       getContentPane().add(cpl);
    }
    public void start() {        //当 Applet 启动时调用 Applet 的 start()方法
        if (clockThread == null) {
            clockThread = new Thread(cpl, "Clock");
                                     //创建一个 Thread 对象 clockThread
         clockThread.start();    //就绪状态
        }
    }
        public void stop() {     //死亡状态
         clockThread = null;
    }
}
class ClockPanel extends JPanel implements Runnable{
    public void paintComponent(Graphics g) {
    super.paintComponent(g);
       Calendar cal = Calendar.getInstance();
       Date date = cal.getTime();
       DateFormat dateFormatter = DateFormat.getTimeInstance();
       g.setColor(Color.BLUE);
       g.setFont(new Font("TimesNewRoman",Font.BOLD,30));
       g.drawString(dateFormatter.format(date), 40, 40);
       }
    public void run() {          //运行状态
        while (true) {
           repaint();
           try {
           Thread.sleep(1000);
           } catch (InterruptedException e){ }
        }
    }
}
```

该小应用程序的运行结果如图 9.9 所示。

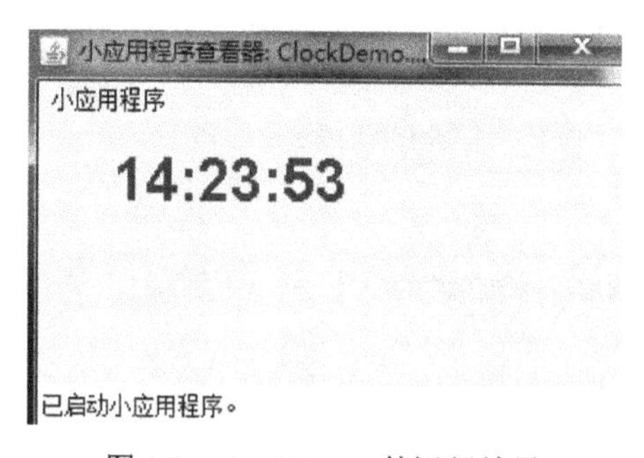

图 9.9　ClockDemo 的运行结果

思考题

一个线程执行完 run 方法后，进入了什么状态？该线程还能再调用 start 方法吗？

9.3　线程的调度与线程的睡眠控制

Java虚拟机的一项任务就是负责线程的调度，线程调度是指按照特定机制为多个线程分配 CPU 的使用权。从宏观上看，各个线程轮流获得 CPU 的使用权，分别执行各自的任务，为了节省 CPU 资源，不让一个线程长期占用 CPU 资源，必须适时地让某些线程处于等待状态，线程的睡眠控制就可以限定线程的等待时间。

9.3.1　线程的调度

Java 的每个线程都有一个优先级，当处于就绪状态的线程进入就绪队列等候 CPU 资源时，线程调度程序就会根据线程的优先级调度线程运行。

可以用下面方法设置和返回线程的优先级：

(1) public final void setPriority (int newPriority)：设置线程的优先级。

(2) public final int getPriority ()：返回线程的优先级。

其中 newPriority 为线程的优先级，每个 Java 线程的优先级取值都在常数 1 和 10 之间，也可以使用 Thread 类定义的常量分别设置线程的优先级，常用的常量分别为：Thread.IN_PRIORITY，Thread.NORM_PRIORITY，Thread.MAX_PRIORITY，它们分别对应于线程优先级常数 1，5 和 10，数值越大优先级越高。当创建 Java 线程时，如果没有明确地设置线程的优先级别，每个线程优先级都为常数 5，即 Thread.NORM_PRIORITY。

setPriority (int) 方法允许你将一个线程的优先级设置为 Thread.MIN_PRIORITY 与 Thread.MAX_PRIORITY 之间的整数。上、下限在 Thread 类只能被定义为两个常数，使用 setPriority () 方法可以对线程的执行进行控制，通常来说，高优先级的线程会比较低优先级的线程运行得更早、更长。

为了了解 setPriority () 是如何工作的，我们将 SellThread 类的构造函数改为：

```
public SellThread(int n) {
    num = n;
    setPriority(n);
}
```

这样，每个线程都将其优先级设置为其编号。因而 4 号线程就拥有优先级 4，高于其他所有线程的优先级。假定我们现在运行每个线程迭代 3000000 次。因为迭代 3000000 次，每次迭代都打印线程编号时间较长，所以修改 run () 方法如下，使每 1000000 次迭代打印 1 次 ID 号：

```
for (int k = 0; k < 3000000; k++)
      if (k % 1000000 == 0)
      System.out.print(num);
```

这样修改后，我们运行 mti 得到如下输出：

```
44332211
```

从该输出来看，线程是按优先级高低的顺序运行完毕的。因此，在线程 3 开始运行之前，线程 4 已经完成了 3000000 次循环，依此类推。这说明，至少在我们的系统中，Java 虚拟机支持优先级调度。

一般来说，只有在当前线程停止或由于某种原因被阻塞，较低优先级的线程才有机会运行。

前面已经介绍过多个线程可以并发运行，但实际情况并不完全如此。对于单核 CPU 的计算机来说，通常采用时间片的方式，每个线程都有机会获得 CPU 的使用权，以便使用 CPU 资源执行线程中所需的操作。当线程使用 CPU 资源的时间用完时，即使线程没有完成自己的全部操作，JVM 也会中断当前线程的执行，而把 CPU 的使用权切换给队列中下一个线程使用，当前线程必须等到 CPU 资源下一次轮回，再从中断处继续执行下去。这称为线程的调度。

大多数计算机仅有一个 CPU，所以线程必须与其他线程共享 CPU。通常实际的调度策略会随计算机系统的不同而有所不同，以下介绍两种线程调度可以采用的策略。

1. 抢占式调度策略

Java 运行时系统采用抢占式的线程调度算法，这是一种简单的固定优先级的调度算法。当一个线程优先级比其他任何处于可运行状态的线程都高，且该线程处于就绪状态，则运行时系统就会选择该线程运行。新的优先级较高的线程抢占了其他线程。但是 Java 运行时系统并不抢占相同优先级的线程，即 Java 运行时系统不是分时的。然而，基于 Java Thread 类的实现系统可能是支持分时的，因此程序员编程时不要依赖分时。当系统中具有相同优先级的线程都处于就绪状态时，线程调度程序采用一种简单的、非抢占式的轮转的调度顺序。

2. 时间片轮转调度策略

有些系统的线程调度采用时间片轮转调度策略，即从所有处于就绪状态的线程中选择优先级最高的线程，分配一定的 CPU 时间运行。该时间过后再选择其他线程运行。只有当线程运行结束、放弃 CPU 或由于某种原因进入阻塞状态，低优先级的线程才有可能执行。如果相同优先级的两个线程都在等待 CPU 资源，则调度程序以轮转的方式选择运行的线程。

9.3.2 线程的睡眠控制

线程的调度执行是按照其优先级的高低顺序执行，当高级别的线程未死亡时，低级别线程是没有机会获得 CPU 资源的。这时 Thread.sleep()和 Thread.yield()两种方法提供一些控制线程行为的功能，用于优先级低的线程做一些工作来配合优先级高的线程。当被执行线程执行时，yield()方法导致线程释放 CPU 资源，允许线程调度程序选择其他线程使用 CPU 资源。sleep()方法使线程让出 CPU 资源，并且需要经过一定时间的等待才可以被调度。

sleep()方法按照其方法参数的指定，可以将一个正在运行的线程挂起若干毫秒，从而允许其他等待着的线程开始运行。sleep()抛出一个 InterruptedException 异常，它是一个受查异常。意思是说，sleep()调用必须嵌在一个 try/catch 控制块内，或者它所在的方法必须抛出一个 InterruptedException 异常，代码表示如下：

```
try {
     sleep(100);
} catch (InterruptedException e) {
     System.out.println(e.getMessage());
}
```

例如，下面给出一个 NumberPrinter.run():

```
public void run() {
    for (int k=0; k < 10; k++) {
```

```
            try {
                Thread.sleep((long)(Math.random() * 1000));
            } catch (InterruptedException e) {
                System.out.println(e.getMessage());
            }
            System.out.print(num);
        } //for
    } //run()
```

在这个例子中，每个线程都被强制睡眠为 0～1000 的随机秒数。当一个线程睡眠时，它就放弃 CPU，从而允许某个等待线程开始运行。正如你所预期的，这个例子的输出反映了每个线程睡眠时间的随机性，其输出为：

```
14522314532143154232152423541243235415523113435451
```

我们将会看到，sleep() 方法提供了线程间同步的基本形式，一个线程放弃 CPU 控制权给另一线程。

思考题

(1) 试做下面的实验并记录其输出。让每个线程睡眠 50 毫秒(而不是一个随机毫秒数)，这对线程的调度有何影响？为了简化分析，将每个线程 ID 号，每迭代 100000 次打印一次。

(2) Java 垃圾收集器的作用是重新获取被对象占用而你的程序又不再需要的内存空间。其线程的优先级应该比你的程序优先级高还是低？

9.4　线程的同步

前面程序中的线程都是独立的、异步执行的线程。也就是说每个运行的线程都包含了运行时所需要的数据或方法，并不需要外部的资源或方法，更不用关心其他线程的状态或行为。但在很多情况下，多个运行的线程需要共享数据资源，此时就需考虑其他线程的状态和行为，这就涉及线程的同步与资源共享的问题。否则不能保证程序运行结果的正确性。

9.4.1　线程互斥示例

问题提出：以火车站销售火车票为例，除了火车站可以出售火车票外，在城市的各个售票点都可以代售火车票，而且一趟火车的车票数量是固定的，如果把各个火车票代售点视作各个线程，则所有线程共同拥有相同的一份票数，其销售的 UML 图如图 9.10 所示。

下例展示该问题的程序代码，它说明多个线程共享资源时，如果不加以控制可能会产生互斥。

例 9.2　程序代码如下：

```
class MyThread implements Runnable{
     private int ticket = 5;                     //假设一共有 5 张票
     public void run(){
         for(int i=0;i<100;i++){
             if(ticket>0){                       //还有票
                 try{
                     Thread.sleep(500);   //加入延迟
                  }catch(InterruptedException e){
                     e.printStackTrace();
```

```
                    }
                    System.out.println("卖票: ticket = " + ticket-- );
                }
            }
        }
    }
public class ThreadDemo1{
    public static void main(String args[]){
        MyThread mt = new MyThread();   //定义目标对象
        Thread t1 = new Thread(mt);     //定义 Thread 对象
        Thread t2 = new Thread(mt);     //定义 Thread 对象
        Thread t3 = new Thread(mt);     //定义 Thread 对象
        t1.start();
        t2.start();
        t3.start();
    }
}
```

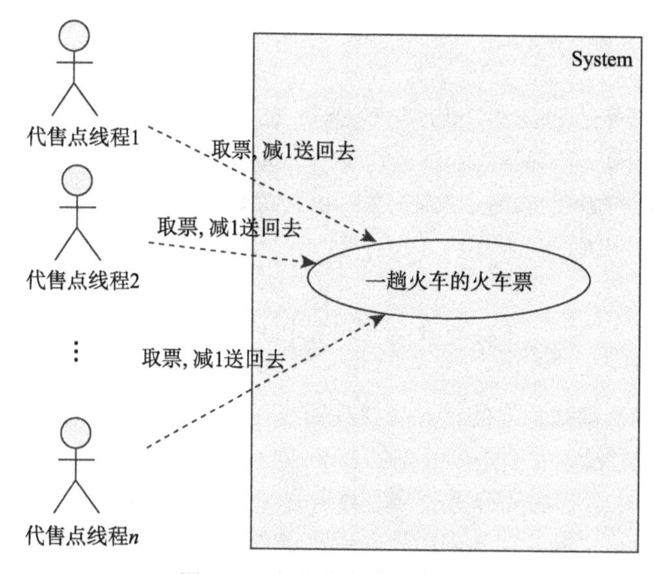

图 9.10　各代售点销售火车票

上述程序运行结果如图 9.11 所示。

```
D:\>javac ThreadDemo3.java

D:\>java ThreadDemo3
卖票: ticket = 5
卖票: ticket = 4
卖票: ticket = 3
卖票: ticket = 2
卖票: ticket = 1
卖票: ticket = 0
卖票: ticket = -1

D:\>_
```

图 9.11　ThreadDemo3 运行结果

观察运行结果，我们发现“卖票：ticket = –1”出现，即执行该程序，卖出的票有负数出现，为什么会产生此问题？一个多线程的程序，如果通过 Runnable 接口实现，则意味着类中属性将被多个线程共享，但会产生一个问题，即多个线程要操作同一资源时，会出现线程互斥问题。例如此卖火车票程序，由于各代售点售票与数据库之间有网络传递，例子中加入 sleep() 方法表示网络延迟，当线程对象 t1 有可能还没有对票数进行减操作时，其他线程对象已经将票数减少了，这样就会产生票数为负的线程互斥情况。

9.4.2　线程协作示例

上述程序的运行结果说明了多个线程访问同一个对象出现了互斥，为了保证运行结果正确(卖出的火车票不出现负数)，可以采用 Java 语言的 synchronized 关键字，用该关键字修饰方法。用 synchronized 关键字修饰的方法称为同步方法，Java 平台为每个具有 synchronized 代码段的对象关联一个对象锁(object lock)。这样任何线程在访问对象的同步方法时，首先必须获得对象锁，然后才能进入 synchronized 方法，这时其他线程就不能再同时访问该对象的同步方法了(包括其他的同步方法)。

通常有如下两种方法实现对象锁：

(1) 在方法的声明中使用 synchronized 关键字，表明该方法为同步方法。

对于例 9.2 的程序我们可以在定义 MyThread 类的 sale()方法时，在它们前面加上 synchronized 关键字，程序修改见例 9.3。

例 9.3　程序代码如下：

```
class MyThread implements Runnable{
     private int ticket = 5;                  //假设一共有 5 张票
     public void run(){
         for(int i=0;i<100;i++){
             this.sale();                     //调用同步方法
         }
     }
 public synchronized void sale(){             //声明同步方法
     if(ticket>0){                            //还有票
         try{
             Thread.sleep(500);               //加入延迟
         }catch(InterruptedException e){
             e.printStackTrace();
         }
             System.out.println("卖票: ticket = " + ticket-- );
         }

     }
}
public class ThreadDemo2{
     public static void main(String args[]){
         MyThread mt = new MyThread();  //定义线程对象
         Thread t1 = new Thread(mt);    //定义 Thread 对象
         Thread t2 = new Thread(mt);    //定义 Thread 对象
         Thread t3 = new Thread(mt);    //定义 Thread 对象
         t1.start();
         t2.start();
         t3.start();
     }
}
```

一个方法使用 synchronized 关键字修饰后，当一个线程调用该方法时，必须先获得对象锁，只有在获得对象锁以后才能进入 synchronized 方法。一个时刻对象锁只能被一个线程持有。如果对象锁正在被一个线程持有，其他线程就不能获得该对象锁，其他线程就必须等待持有该对象锁的线程释放锁。

如果类的方法使用了 synchronized 关键字修饰，则称该类对象是线程安全的，否则是线程不安全的。

(2) 前面实现对象锁是在方法前加上 synchronized 关键字，这对于我们自己定义的类很容易实现，但如果使用类库中的类或别人定义的类在调用一个没有使用 synchronized 关键字修饰的方法时，又要获得对象锁，可以使用下面的格式：

```
synchronized(object){
   //需要同步的方法
}
```

对于例 9.3 的程序我们同步对象后，修改为例 9.4。

例 9.4　程序代码如下：

```
class MyThread implements Runnable{
   private int ticket = 5;              //假设一共有 5 张票
   public void run(){
     for(int i=0;i<100;i++){
         synchronized(this){             //要对当前对象进行同步
             if(ticket>0){               //还有票
                 try{
                     Thread.sleep(500);  //加入延迟
                 }catch(InterruptedException e){
                     e.printStackTrace();
                 }
                 System.out.println("卖票: ticket = " + ticket-- );
             }
         }
     }
   }
};
public class ThreadDemo3{
   public static void main(String args[]){
       MyThread mt = new MyThread();     //定义线程对象
       Thread t1 = new Thread(mt);       //定义 Thread 对象
       Thread t2 = new Thread(mt);       //定义 Thread 对象
       Thread t3 = new Thread(mt);       //定义 Thread 对象
       t1.start();
       t2.start();
       t3.start();
   }
};
```

在例 9.4 中可见，同步时必须指明同步的对象，一般情况下可以将当前对象作为同步的对象，在例 9.4 中，synchronized(this)就是使用 this 来表示同步的是当前对象。

9.5　多线程设计的优越之处

开发同步应用程序比较容易，但必须在上一个任务完成后才能开始新的任务，所以同步应用程序的开发效率与多线程应用程序比要低很多；而且若完成同步任务所需时间比预计时间长，则应用程序可能不响应。采用多线程机制可以同时运行多个过程。例如，office 的文字处理器应用程序执行文档处理，同时，可以进行检查拼写(作为单独任务)。由于多线程应用程序将程序划分成独立的任务，因此可以在以下三个方面显著提高性能。

1. 资源利用率更好

在大多数操作系统中都可以创建多个线程。当一个程序启动时，它可以为即将开始的每项任务创建一个线程，并允许它们同时运行。当一个程序因等待网络访问或用户输入而被阻塞时，另一个程序还可以运行，这样就增加了资源利用率。

2. 程序设计更简单

在单线程应用程序中，如果一个应用程序需要从本地文件系统中读取和处理文件，则必须记录每个文件读取和处理的状态；若运用多线程机制，可以启动两个线程，每个线程处理一个文件的读取和操作，线程会在等待磁盘读取文件的过程中被阻塞，在等待的时候，其他的线程能够使用 CPU 去处理已经读取完的文件，其结果就是，磁盘总是在繁忙地读取不同的文件到内存中，这会带来磁盘和 CPU 利用率的提升，而且每个线程只需要记录一个文件，因此这种方式也很容易编程实现。

3. 提高应用程序响应

多线程机制能够提高应用程序响应速度，这对图形界面相关应用程序非常有帮助，例如，当用户点击一个按钮去执行一个操作耗时很长的任务时，那么在任务执行的过程中，整个系统都会等待这个操作，此时程序不会响应键盘、鼠标、菜单等操作，整个应用程序看起来好像没有反应一样。若使用多线程机制，则将耗时长的操作置于一个新的线程，使得整个系统摆脱长时间等待的尴尬局面。

9.6　小　　结

(1) Java 语言重要特点之一是内在支持多线程的程序设计。掌握多线程编程技术，能够充分利用 CPU 的资源，更容易解决实际应用中的问题。

(2) 在 Java 语言中创建多线程程序方法有两种：一种是继承 Thread 类并重写其 run() 方法；另一种是实现 Runnable 接口并实现其 run() 方法。

(3) 线程从创建、运行到执行完毕，在整个生命周期中总是处于下面五个状态之一：新建状态、就绪状态、运行状态、阻塞状态及死亡状态。Java 的每个线程都有一个优先级，当有多个线程处于就绪状态时，线程调度程序根据线程的优先级调度线程运行。

(4) 线程都是独立的、异步执行的线程，但在很多情况下，多个线程需要共享数据资源，这就涉及线程的同步与资源共享的问题。

习　　题

一、选择题

1. 当(　　)方法终止时，能使线程进入死亡状态。

A. run　　B. setPriority　　C. yield　　D. sleep

2. 用(　　)方法可以改变线程的优先级。

A. run　　B. setPriority　　C. yield　　D. sleep

3．线程通过(　　)方法可以使具有相同优先级线程获得处理器。

A．run　　B．setPriority　　C．yield　　D．sleep

4．(　　)下列哪种方法不可以用来暂时停止当前线程的运行。

A．stop()　　B．sleep()　　C．wait()　　D．suspend()

5．下列说法中错误的一项是(　　)。

A．线程就是程序　　B．线程是一个程序的单个执行流

C．多线程是指一个程序的多个执行流　　D．多线程用于实现并发

6．下列说法中错误的一项是(　　)。

A．一个线程是一个 Thread 类的实例

B．线程从传递给纯种的 Runnable 实例 run()方法开始执行

C．线程操作的数据来自 Runnable 实例

D．新建的线程调用 start()方法就能立即进入运行状态

7．下列关于 Thread 类提供的线程控制方法的说法中，错误的一项是(　　)。

A．在线程 A 中执行线程 B 的 join()方法，则线程 A 等待直到 B 执行完成

B．线程 A 通过调用 interrupt()方法来中断其阻塞状态

C．若线程 A 调用方法 isAlive()返回值为 true，则说明 A 正在执行中

D．currentThread()方法返回当前线程的引用

8．下面的哪一个关键字通常用来对对象的加锁，从而使得对对象的访问是排他的(　　)。

A．seirialize　　B．transient　　C．synchronized　　D．static

二、阅读程序题

1．请说出 Student 类中(代码 1)的输出结果。

```
public class Student {
     private int ID;
     private String name;
     private float score;
         public void SetRecord(int ID,String name,float score){
         this.ID=ID;
         this.name=name;
         this.score=score;
     }
     public float getRecord(int ID){
         if(ID==this.ID)
         return this.score;
         else
         return -1;
     }
     public static void main(String[] args) {
         Student s=new Student();
         s.SetRecord(0,"alex",200); //(代码 1)
         float Sco=s.getRecord(0);
         System.out.print(Sco);
     }
}
```

2．请说出 threadDemo 类中(代码 1)和(代码 2)的输出结果，并比较两者输出的顺序。

```
public class threadDemo extends Thread{
    public threadDemo (){}
    public void run(){
```

```
        System.out.println("run()方法运行... "); //(代码 1)
        }
    public static void main(String arg[]){
        threadDemo t=new threadDemo ();
        System.out.println("start() 开始运行..."); //(代码 2)
        t.start();
    }
}
```

三、程序填空题

下面的程序利用线程输出从 a 到 z 的 26 个字母，每隔一秒钟输出一个字母，程序不完整，请阅读程序代码，根据注释要求在划线处补充完成代码。

```
public class testThread implements Runnable{
    char charArray[]=new char[26];
    public testThread(){
        for(int i = 0; i<charArray.length; i++) {
            charArray[i]=(char)(i+'a');
        }
    }
    public void run(){
        try {
            for (int i = 0; i < charArray.length; i++) {
                ______________________________ //休眠一秒钟
                System.out.print(charArray[i]);
            }
        }
        catch (InterruptedException e) {
            e.printStackTrace();
        }
    }
    public static void main(String args[]){
        Thread t = ______________________________//实例化线程对象
              ______________________________ //启动线程
    }
}
```

四、编程题

1．利用多线程求解某范围素数,要求使用继承 Thread 类方法设计多线程程序，第一个线程负责输出 1～1000 之内的素数；第二个线程输出 300 个随机数。

2．要求同上题，本题使用实现 Runnable 接口方法设计多线程程序。

第 10 章　Socket 网络编程

Java 语言在网络应用方面有着极强的功能，在本书的第 1 章曾经提到，正是因为网络的极速发展和 Internet 的广泛应用，Java 才逐渐体现出它强大的功能和易用性。Java 语言在网络编程方面有着丰富的类库和方法，这些类库和方法位于 java.net 包中，使用这些方法可以很容易编写出实用的网络应用软件。本章重点介绍 URL、Socket、InetAddress、DatagramSocket 在网络编程中的重要作用。

10.1　访问网络资源

Java 提供了两种访问网络资源的方法。一种是较常规的使用 URL(统一资源定位器，Uniform Resource Locator)访问网络资源，只要调用系统类库里 URL 类的相应方法就可以直接访问网络资源；另一种是 Java 早期的 Web 应用程序 Applet，它是嵌入在 HTML 页面中的 Java 代码，可以动态地访问网络资源。

下面就这两种访问形式展开详细介绍。

10.1.1　使用 URL 访问网络资源

URL 表示 Internet 上某资源的地址。通过 URL 我们可以访问 Internet 上的各种网络资源，如最常见的 WWW 和 FTP 服务器资源。浏览器通过解析给定的 URL 可以在网络上查找对应的文件或其他资源。

一个 URL 包括两部分内容：协议名和资源名，中间用冒号分开，即

Protocol: resourcesName

其中，Protocol 指明获取所使用的传输协议，如 http、ftp、file 等；ResourcesName 指出资源的地址，包括主机名、端口号、文件名或文件内部的一个引用。对于多数协议，其中的主机名和文件名是必需的，而端口号和文件内部的引用则是可选的。

1. URL 类

URL 类有多种形式的构造函数：

(1) URL(String url)：url 代表一个绝对地址，URL 对象直接指向这个资源，如：

```
URL url1=new URL("http://www.wxc.edu.cn");
```

(2) URL(URL baseURL , String relativeURL)：其中，baseURL 代表绝对地址，relativeURL 代表相对地址。如：

```
URL url1=new URL("http://www.wxc.edu.cn");
URL lib=new URL(url,"library/library.asp");
```

(3) URL(String protocol, String host, String file)：其中，protocol 代表通信协议，host

代表主机名，file 代表文件名。如：

```
new URL ("http","www.wxc.edu.cn", "/test/test.asp");
```

(4) URL (String protocol , String host , int port , String file)，如：

```
URL lib = new URL ("http", "www.wxc.edu.cn", 80, "/test/test.asp");
```

2. URL 类常见方法

URL 类常见方法具体见表 10.1。

表 10.1　URL 类常见方法

String getDefaultPort ()	返回默认的端口号
String getFile ()	获得 URL 指定资源的完整文件名
String getHost ()	返回主机名
String getPath ()	返回指定资源的文件目录和文件名
Int getPort ()	返回端口号，默认为-1
String getProtocol ()	返回表示 URL 中协议的字符串对象
String getRef ()	返回 URL 中的 HTML 文档标记，即#号标记
final InputStream openStream ()	打开一个与此 URL 的连接

有了这样的 URL，如何下载其相关联的资源呢？一种方式是使用 openStream () 方法，如图 10.1 所示。这个方法将打开一个 InputStream，你可以用它读取与其关联的 URL 数据，跟读取一个文件的方法类似。下面代码演示了如何读取新浪网的网页信息：

```
URL url=new URL("http://www.sina.com.cn");
InputStreamReader isr=new InputStreamReader(url.openStream());
BufferedReader br=new BufferedReader(isr);
String str;
while((str=br.readLine())!=null)
   {
       System.out.println(str);
   }
```

在打开网络资源的时候，可能会出现网络异常等信息，因此要加入异常处理。完整代码可参考如下。

URL
+URL() +URL(urlSpace: String) +openStream(): InputStream

图 10.1　Java.net.URL 类

例 10.1　读取新浪网中的资源。

```
import java.net.*;
import java.io.*;
public class ReadURL{
    public static void main(String args[]) throws Exception{
        try {
            URL url=new URL("http://www.baidu.com");   //创建URL对象url
            InputStreamReader isr=new InputStreamReader(url.openStream());
            //打开输入流获取InputStreamReader对象
            BufferedReader br=new BufferedReader(isr);
            String str;
            while((str=br.readLine())!=null) {
                System.out.println(str);
```

```
            }
            br.close();
            isr.close();
        }
        catch(Exception e) {
            System.out.println(e);
        }
    }
}
```

10.1.2　从 Applet 访问网络资源

java.applet.Applet 类本身包含了一些关于下载和显示网络资源的有用方法，包括指定网页并在浏览器中显示出来，获取指定 URL 处的图像和声音，获取远程主机上的声音文件后直接播放等。这些方法被 javax.swing.Japplet 所继承：

```
public class Applet extends Panel {
    public AppletContext getAppletContext();
    public AudioClip getAudioClip(URL url);
    public Image getImage(URL url);
    public void play(URL url);
    public void showStatus(String msg);
}
```

1. 访问指定网页

Applet 的 getAppletContext()方法被调用后，将返回一个 AppletContext 类的对象，使用这个对象的有关方法可以控制浏览器，例如调用 AppletContext 对象的 showDocument()方法可以控制运行该 Applet 的浏览器指定的网页。例如下面的程序。

例 10.2　仿问新浪网页

```
import java.applet.Applet;
import java.awt.*;
import java.net.*;
import java.awt.event.*;
public class AppletBrowser extends Applet{
   public void init() {
       this.addMouseListener(new MouseAdpt(this));
   }
   public void paint(Graphics g) {
       g.drawString("点击此区域使浏览器转向新浪网的主页",10,20);
   }
}
   class MouseAdpt extends MouseAdapter{
       Applet m_Parent;
       MouseAdpt(Applet p){
            m_Parent = p;
       }
       public void mouseClicked(MouseEvent evt) {
          try  {
             URL  myURL = new URL("http://www.sina.com.cn/");
             m_Parent.getAppletContext().showDocument(myURL);
          }
       catch( MalformedURLException e) {
            System.out.println("URL in wrong form, check it again.");
       }
   }
}
```

该程序执行后单击 Applet 的区域将使浏览器转向网址 http://www.sina.com.cn。

2. 获取指定 URL 处的图像

getImage( )可以从指定 URL 处获取指定的图像文件，方法如下：

getImage(URL url)；

getImage(URL url, String name)；

注意：name 指定图像文件的相对位置。

例 10.3　使用Applet从远程主机获取图像文件并在Applet中显示。

```
import java.net.*;
import java.awt.*;
import java.applet.Applet;
public class GetImage extends Applet{
    Image myImage;
    public void init(){
        myImage=getImage(getDocumentBase(),"background.gif");
        repaint();
    }
    public void paint(Graphics g){
        g.drawImage(myImage, 0, 0, this);
    }
}
```

3. 获取指定 URL 处的声音

Applet 的 getAudioClip( )方法可以获取指定 URL 处的.au 声音文件，Applet 还有一个 play( )方法可以直接将网上的声音文件播放出来。

用 Java 可以播放.au、.aiff、.wav、.midi、.rfm 格式的音频。Au 格式是 Java 早期唯一支持的音频格式，为了播放音频，必须首先获得一个 AudioClip 对象。AudioClip 类是 java.applet 包中的类，可以使用 Applet 的一个静态的方法(类方法)。

用 Java 可以编写播放.au、aiff、.Wav、Midi、rfm 格式的音频。

(1) 获得一个可用于播放的音频对象(AudioClip 类型对象)：

newAudioClip(java.net.URL) Applet 的一个静态的方法；

getAudioClip(Url url,String name) Applet 类的实例方法；

(2) 音频对象可以使用的类方法：

play() 播放声音文件；

loop() 循环播放；

stop() 停止播放。

例 10.4　用 Java Applet 程序播放音频。Example10_4.Java

```
import java.applet.*;
import java.awt.*;
import java.awt.event.*;
public class Example10_4 extends Applet implements ActionListener {
    AudioClip clip;
    Button buttonPlay,
    buttonLoop,
    buttonStop;
    public void init() {
        clip=getAudioClip(getCodeBase(),"ding.Wav");
```

```
        buttonPlay=new Button("开始播放");
        buttonLoop=new Button("循环播放");
        buttonStop=new Button("停止播放");
        buttonPlay.addActionListener(this);
        buttonStop.addActionListener(this);
        buttonLoop.addActionListener(this);
        add(buttonPlay);
        add(buttonLoop);
        add(buttonStop);
    }
    public void stop() {
        clip.stop();
    }
    public void actionPerformed(ActionEvent e) {
        if(e.getSource()==buttonPlay)
        clip.play();
        else if(e.getSource()==buttonLoop)
        clip.loop();
        if(e.getSource()==buttonStop)
        clip.stop();
        }
    }
```

10.2　TCP Socket 通信

网络上的两个程序通过一个双向的通讯连接实现数据的交换，这个双向链路的一端称为一个 Socket。Socket 通常用来实现客户方和服务方的连接(图 10.2)。Socket 是 TCP/IP 协议的一个十分流行的编程界面，一个 Socket 由一个 IP 地址和一个端口号唯一确定。

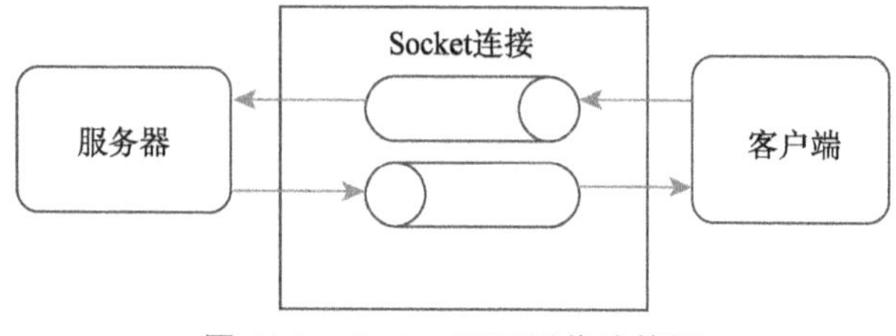

图 10.2　Socket 双工通信连接图

Socket要完成的通信就是基于连接的通信。当两个程序需要通信时，它们可以通过使用 Socket 类建立套接字对象(端口号和 IP 地址组合)并连接在一起，建立连接所需的程序分别运行在客户端和服务器端。因此，Java 提供 ServerSocket 类和 Socket 类分别应用于服务器端和客户端的 Socket 通信。本节将讲解怎样将客户端和服务器端的套接字对象连接到一起来实现交互。

10.2.1　TCP Socket 通信

1. Socket 的通信过程

TCP/IP 通信协议是一种可靠的网络协议，它在通信的两端各建立一个 Socket 从而在通信的两端之间形成网络虚拟链路。一旦建立了虚拟的网络链路，两端的程序就可以通过虚拟链路进行通信。JAVA 对基于 TCP 协议的网络通信提供了良好的封装，JAVA 使用 Socket 对象来代表两端的通信端口，并通过 Socket 产生 I/O 流来进行网络通信。 这个过程类似于一个生活中的场景。你要打电话给一个朋友，先拨号，朋友听到电话铃声后提起电话，这时你和你的朋友就建立起了连接，就可以讲话了。等交流结束，挂断电话结束此次交谈。

基于 TCP 的 socket 连接是一个点对点的连接，在建立连接前，必须有一方在监听，监听的一方是服务器端，服务器端包含一个连接服务的 ServerSocket 对象和一个用于通信的 Socket 对象；另一方在请求，请求端是客户端，客户端只包含一个用于通信的 Socket 对象。一旦建立 Socket 连接，就可以实现数据之间的双向传输。TCP Socket 通信流程如图 10.3 所示。

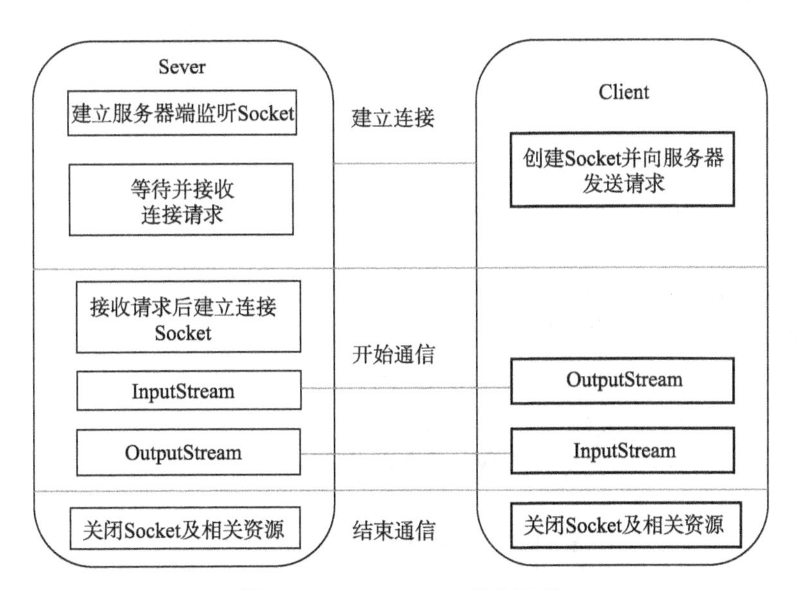

图 10.3　TCP Socket 通信流程

2. Socket 类和 ServerSocket 类

1) Socket 类

Socket 类的构造方法如下：

Socket(String host, int port)：以字符串 host 表示的主机地址和 prot 指定的端口创建对象。

Socket(InetAddress address, int port)：以 address 指定的 IP 地址和 port 指定的端口创建对象。

Socket(String host, int port, InetAddress localAddr, int localPort)：以字符串 host 表示的主机地址和 prot 指定的端口创建对象。

Socket(InetAddress address, int port, InetAddress localAddr)：以 address 指定的 IP 地址和 port 指定的端口创建对象。

Socket 类的常用方法如表 10.2 所示。

2) ServerSocket 类

创建服务器的过程就是创建在特定端口监听客户机请求的 ServerSocket 对象的过程。ServerSocket 只是监听进入的连接，为每个新的连接创建一个 Socket，它并不执行服务，数据之间的通讯由创建的 Socket 来完成。

表 10.2　Socket 类常用方法

方法	说明
InetAddress getInetAddress()	返回与该 Socket 连接的 InetAddress 对象
InetAddress getLocalAddress()	返回与该 Socket 绑定的本地的 InetAddress 对象
int getPort()	返回与该 Socket 连接的端口
int getLocalPort()	返回与该 Socket 绑定的本地端口
InputStream　getInputStream()	获得该 Socket 的输入流对象
OutputStream　getOutputStream()	获得该 Socket 的输出流对象
close()	关闭 Socket，断开连接

ServerSocket 类的构造方法如下：

ServerSocket()：创建一个无绑定的 ServerSocket 对象。

ServerSocket(int port)：创建一个被绑定到 port 指定端口的 ServerSocket 对象。

ServerSocket(int port, int backlog)：创建一个被绑定到 port 指定端口的 ServerSocket 对象。backlog 指定可接收连接的个数，即最大的连接数。

ServerSocket(int port, int backlog, InetAddress bindAddr)：创建一个被绑定到指定 IP 地址和端口的对象。backlog 指定可接收连接的个数。

ServerSocket 类的常用方法如表 10.3 所示。

表 10.3　ServerSocket 类常用方法

方法	说明
Socket accept()	该方法监听来自客户端的请求
void bind(SocketAddress endpoint)	与 endpoint 指定的 SocketAddress (IP 地址和端口号)绑定
Void close()	关闭该 socket
InetAddress getInetAddress()	获得 IP 地址
Int getLocalPort()	获得监听的端口号
Int getSoTimeout()	获得连接超时设置
Void　setSoTimeout(int timeout)	设置连接超时时间为毫秒
Boolean isBound()	获得对象的绑定状态
Boolean isClosed()	获得对象截止的状态

无论一个 Socket 通信程序的功能多么齐全、程序多么复杂，其基本结构都是一样的，都包括以下四个基本步骤：

(1)在客户方和服务器方创建 Socket/ServerSocket 实例；

(2)打开连接到 Socket 的 I/O 流；

(3)利用 I/O 流，按照一定的协议对 Socket 进行读/写操作；

(4)关闭 I/O 流和 Socket。

现在我们来看看怎样用 Java 编写客户端/服务器应用程序。下面给出了服务器端和客户端建立连接的关键代码：

```
ServerSocket s_socket=new  ServerSocket(6565);
Socket socket=s_socket.accept();
```

下面是等待客户端请求。Accept()方法在连接建立之前会一直阻塞。在接收到客户端请求时，Java 系统负责唤醒服务器使之响应客户的请求。

接下来，我们看看客户端和服务端建立连接的关键代码：

```
Socket socket=new Socket("127.0.0.1",6565);
```

这里的 IP 地址是本地机，说明本地机作为服务器，同时注意的是上面两个端口号应该一致，到此，客户端和服务器端已经建立了连接。

客户端和服务器端的区别在于客户端通过请求服务来初始化双工通信。

双方建立了连接后，现在我们来看看实际发生的双工通信。

服务器如果向客户端发送一句话，可用下面的代码:

```
DataOutputStream out=new DataOutputStream(socket.getOutputStream());
out.writeUTF("你好，我是服务器");
```

而客户端如果读取服务器端发来的信息可用如下代码：

```
DataInputStream in=new DataInputStream(socket.getInputStream());
String s=in.readUTF();
```

10.2.2 TCP Socket 通信示例

例 10.5　下面的例子演示服务器与客户之间的交互，服务器等待，客户访问，相互通一次信息。

```
Server.java
import java.io.*;
import java.net.*;
class Server{
public static void main(String[] args) {
    try{
    ServerSocket s_socket=new  ServerSocket(6565);
       Socket socket=s_socket.accept();
       DataInputStream in=new DataInputStream(socket.getInputStream());
       String s=in.readUTF();
       System.out.println(s);
      DataOutputStream out=new DataOutputStream(socket. getOutputStream());
       out.writeUTF("你好，我是服务器");
       socket.close();
       in.close();
       out.close();
       s_socket.close();
          }catch(Exception e){}
     }
 }
Client.java
import java.io.*;
import java.net.*;
class Client {
public static void main(String[] args) {
    try{
        Socket socket=new Socket("127.0.0.1",6565);
        DataOutputStream out=new DataOutputStream(socket.getOutputStream());
        out.writeUTF("你好");
        DataInputStream in=new DataInputStream(socket.getInputStream());
        String s=in.readUTF();
        System.out.println(s);
```

```
            socket.close();
            out.close();
        }catch(Exception e){}
        }
    }
```

程序运行结果如图 10.4 所示。

图 10.4　程序运行结果

服务器向客户端发送“你好，我是服务器”，客户端接收到，同时，客户端向服务器发送“你好！”，双方会话结束，关闭相应的 I/O 流。

10.3　UDP 数据报通信

前面介绍了基于 TCP 协议的网络编程，本节主要介绍基于 UDP(用户数据报协议)的网络编程。虽然 UDP 协议目前应用不如 TCP 协议广泛，但在一些实时性很强的应用场景中，如网络游戏、视频会议等，UDP 协议的快速更具有独特的魅力。

10.3.1　UDP 数据报通信原理

UDP 是一个无连接、不可靠、发送独立数据报的协议，因此，基于 UDP 编程不提供可靠性保证，即数据在传输时，用户无法知道数据能否正确到达目的主机，也不能确定数据到达主机的顺序是否和发送的顺序相同。但是有时人们需要快速传输信息，并能容忍小的错误，就可以考虑使用 UDP 协议。

在通信实例的两端各建立一个 Socket，但这两个 Socket 之间并没有虚拟链路，这两个 Socket 只是发送接收数据报的对象。Java 提供了 DatagramSocket 对象作为基于 UDP 协议的 Socket ，使用了 DatagramPacket 代表 DatagramSocket 发送、接收的数据报。

在 java.net 包中提供了两个类 DatagramPacke 和 DatagramSocket 用来支持数据报的通信，DatagramPacke 用来表示一个数据报，DatagramSocket 用于在程序之间建立传送数据报的通信连接。

1. DatagramPacket 类

DatagramPacket 类的构造方法如下：

DatagramPacket(byte[ ] buf, int length)

DatagramPacket(byte[ ] buf, int length, InetAddress address, int port)

DatagramPacket(byte[ ] buf, int offset, int length)

DatagramPacket(byte[ ] buf, int offset, int length, InetAddress address, int port)

DatagramPacket(byte[ ] buf, int offset, int length, SocketAddress address)

DatagramPacket(byte[ ] buf, int length, SocketAddress address)

其中：buf 存放数据报的数据；length 表示数据报的长度；offset 表示数据报的位移量。

2. DatagramSocket 类

DatagramSocket 类的构造方法如下：

DatagramSocket()

DatagramSocket(int prot)

DatagramSocket(int port, InetAddress address)

DatagramSocket(SocketAddress bindaddress)

DatagramSocket 类的常用方法如表 10.4 所示。

表 10.4 DatagramSocket 类常用方法

方法	说明
void receive(DatagramPacket p)	接收来自该 socket 的数据报
void send(DatagramPacket p)	从该 socket 发送数据报
void bind(SocketAddress addr)	将此 DatagramSocket 绑定到指定地址和端口
void close()	关闭对象
void connect(InetAddress address, int port)	将 socket 连接到远程 socket 的 IP 和端口

现在我们来看看怎样用 Java 编写 UDP 数据报通信的应用程序。

发送端关键代码如下：

```
DatagramPacket data_pack= new DatagramPacket(buffer,buffer.length,
   address,666);
DatagramSocket mail_data=new DatagramSocket();
mail_data.send(data_pack);
```

接收端关键代码如下：

```
byte data[]=new byte[8192];
DatagramPacket  pack=new DatagramPacket(data,data.length);
DatagramSocket  mail_data=new DatagramSocket(666);
mail_data.receive(pack);
String message=new String(pack.getData(),0,pack.getLength());
in_message.append("收到数据是: "+message+"\n");
```

注意：receive 方法可能会堵塞，直到收到数据包。数据包中的数据长度不要超过 8192KB。

由于发送的数据包不止一个，因此要设置循环接收数据：

```
while(true) {
   if(mail_data==null) break;
   else
   try{ mail_data.receive(pack);
         String message=new String(pack.getData(),0,pack.getLength());
         in_message.append("收到数据是: "+message+"\n");
         }
   catch(Exception e){}
}
```

下面的例子模拟两个主机互相发送和接收数据包，程序运行时“南京”主机的效果如图 10.5 所示，“北京”主机的效果如图 10.6 所示。

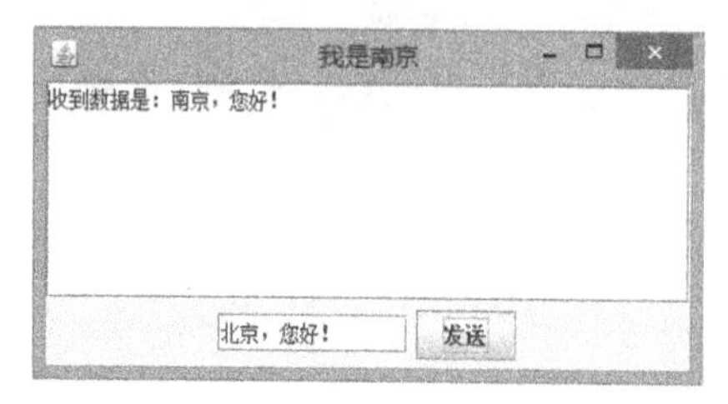

图 10.5 “南京”主机

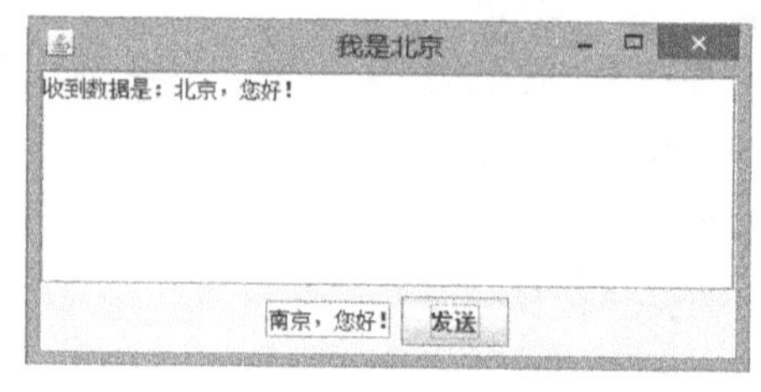

图 10.6 “北京”主机

10.3.2 UDP 数据报通信示例

例 10.6 UDP 数据报通信。

“北京”主机：

```
import java.net.*;
import java.awt.*;
import java.awt.event.*;
import javax.swing.*;
public class Beijing {
    public static void main(String args[]) {
        BeijingFrame beijingWin=new BeijingFrame();
    }
}
class BeijingFrame extends JFrame implements Runnable,ActionListener{
   JTextField out_message=new JTextField(6);
        JTextArea in_message=new JTextArea();
        JButton send=new JButton("发送");
        BeijingFrame() {
            setTitle("我是北京");
            setSize(400,200);
            setVisible(true);
            send.addActionListener(this);
            JPanel pSouth=new JPanel();
            pSouth.add(out_message);
            pSouth.add(send);
            add(pSouth,"South");
            add(new JScrollPane(in_message),"Center");
            validate();
            setDefaultCloseOperation(JFrame.EXIT_ON_CLOSE);
            Thread thread=new Thread(this);
            thread.start();//线程负责接收数据包
    }
public void actionPerformed(ActionEvent event) { //单击按扭发送数据包
    byte buffer[]=out_message.getText().trim().getBytes();
       try{
            InetAddress address=InetAddress.getByName("127.0.0.1");
            DatagramPacket data_pack=new DatagramPacket(buffer,buffer.length,
                 address,666);
            DatagramSocket mail_data=new DatagramSocket();
            mail_data.send(data_pack);
       }
       catch(Exception e){}
   }
   public void run() {    //接收数据包
```

```
        DatagramPacket pack=null;
        DatagramSocket mail_data=null;
        byte data[]=new byte[8192];
        try{  pack=new DatagramPacket(data,data.length);
              mail_data=new DatagramSocket(888);
    }
      catch(Exception e){}
      while(true) {
          if(mail_data==null) break;
          else
              try{ mail_data.receive(pack);
                    String message=new String(pack.getData(),0,pack.
                                   getLength());
                    in_message.append("收到数据是: "+message+"\n");
              }
              catch(Exception e){}
        }
    }
}
```

"南京"主机：

```
import java.net.*;
import java.awt.*;
import java.awt.event.*;
import javax.swing.*;
public class NanJing {
    public static void main(String args[]) {
        ShanghaiFrame shanghaiWin=new ShanghaiFrame();
    }
}
class ShanghaiFrame extends JFrame implements Runnable,ActionListener
{  JTextField out_message=new JTextField(10);
JTextArea in_message=new JTextArea();
JButton send=new JButton("发送");
ShanghaiFrame() {
    setTitle("我是南京");
    setSize(400,200);
    setVisible(true);
    send.addActionListener(this);
    JPanel pSouth=new JPanel();
    pSouth.add(out_message);
    pSouth.add(send);
    add(pSouth,"South");
    add(new JScrollPane(in_message),"Center");
    validate();
    setDefaultCloseOperation(JFrame.EXIT_ON_CLOSE);
    Thread thread=new Thread(this);
    thread.start();//线程负责接收数据包
}
public void actionPerformed(ActionEvent event) { //单击按扭发送数据包
    byte buffer[]=out_message.getText().trim().getBytes();
     try{  InetAddress address=InetAddress.getByName("127.0.0.1");
     DatagramPacket data_pack=
     new DatagramPacket(buffer,buffer.length, address,888);
     DatagramSocket mail_data=new DatagramSocket();
     mail_data.send(data_pack);
          }
     catch(Exception e){}
        }
public void run() {    //接收数据包
```

```
    DatagramPacket pack=null;
    DatagramSocket mail_data=null;
    byte data[]=new byte[8192];
    try{  pack=new DatagramPacket(data,data.length);
    mail_data=new DatagramSocket(666);
}
    catch(Exception e){}
    while(true) {
    if(mail_data==null) break;
    else
    try{ mail_data.receive(pack);
        String message=new String(pack.getData(),0,pack.getLength());
        in_message.append("收到数据是: "+message+"\n");
    }
    catch(Exception e){}
          }
       }
}
```

10.4 小　　结

本章重点介绍了 Java 网络编程的相关知识，简单介绍了 Java 提供的 URL，InetAddress，URLConnection 等工具类的使用，详细介绍了 ServerSocket 和 Socket 两个类，程序可以通过这两个类实现 TCP 服务端和 TCP 客户端，举例说明了一对一的 Socket 通信，最后简单介绍了 Java 中基于 UDP 的数据报通信的相关类及方法。

习　　题

一、选择题

1．URL 类属于（　　）包。

A. java.net　　B. java.util　　C. java.io　　D. java.lang

2．http 协议的缺省端口为（　　）。

A. 8888　　B. 23　　C. 96　　D. 80

3．Socket 是用来编写（　　）结构网络程序的。

A. B/S　　B. C/S　　C. C/C　　D. B/B

4．下面哪些类用于实现 TCP/IP 客户端和服务器？（　　）。

A. ServerSocket, DatagramSocket　　B. Server, Socket

C. Socket, ServerSocket　　D. DatagramPacket, DatagramSocket

5．下面正确的创建 Socket 的语句有（　　）。

A. Socket a=new Socket(1080);　　B. Socket a=new Socket(“130.3.4.5”,1080);

C. ServerSocket c=new Socket(1080);　　D. ServerSocket c=new Socket(“130.3.4.5”,1080);

二、编程题

1. 编写一个程序从某个 Web 服务器上读取文件的信息，将文件的信息打印到屏幕。

2. 使用 Socket 编写一个服务器程序，服务器端程序在端口 8888 监听，如果它接到客户端发来的“hello”请求，会回应一个“hello”，对客户端的其他请求不响应。

第 11 章　Java 数据库编程

在信息技术已高度发达的 2015 年，各种智能设备不断涌现，而数据库技术作为数据管理的一种重要技术，在今天的各个社会领域中发挥重要的作用，数据库技术影响人们的生活。在软件开发中针对数据库应用的编程有着广泛的应用，本章将介绍 Java 数据库编程技术，从关系数据库原理到 Java 数据库编程技术进行阐述。通过一个个例子来说明 Java 数据库编程时从数据设计环节开始到应用程序的实现的各个过程的主要工作及实现方法。

11.1　关系数据库原理

美国 IBM 公司的 E.F.Codd 在 1970 年提出关系数据模型，随后关系数据库技术得到很好的发展及广泛的应用。关系模型是关系数据库技术重要的表达方式，基于关系模型构建的数据库为关系数据库。现实世界的事物以及事物间的各种联系均用关系来表示，在用户的角度上看待这些问题变得简单，可以用二维表将现实世界的事物以及事物间的各种复杂联系清晰地表达出来。

11.1.1　关系

自 E.F.Codd 提出关系数据理论至今,可以采用关系模型对问题进行建模，数据在用户的角度是以二维表的形式存在,通常将这个二维表称为关系,如表 11.1 所示的学生成绩表。关系模型是建立在严格的数学理论基础上的。这个二维表必须是不能再分的一个二维表。

表 11.1　学生成绩表

学号	课程号	成绩
201500143	00001	89
201500142	00001	80
201500143	00002	75
201500142	00002	85

1. 关系的定义

该部分将从数学的角度给出关系的定义，关系形式化定义涉及集合中域及笛卡儿积等概念，下面将对这些概念进行阐述。

定义 11.1　(域)域是具有相同数据类型的一系列值的集合。一般可以用符号 D 来表示这个集合，即域。因为域本质是集合，所以其含有的元素个数即为域的基数，可以用 m 来表示。

例如，自然数、实数、{男，女}等都称为域。再如我们定义一个姓名域称为 D_1，D_1={黛玉，宝钗，湘云，迎春，探春}，在 D_1 这个域中基数 m_1=5。

定义 11.2　(笛卡儿积)给定一组域 D_1, D_2, …, D_n，允许其中某些域是相同的。D_1, D_2, …, D_n的笛卡儿积为：$D=D_1\times D_2\times\cdots\times D_n=\{(d_1, d_2, \cdots, d_n)|d_i\in D_i, i=1, 2, \cdots, n\}$。$D$ 中的元素是所有域的所有取值的一个组合，不能重复。

定义 11.3　(关系)$D=D_1\times D_2\times\cdots\times D_n$的子集叫做在域$D_1$, D_2, …, D_n上的关系,可以表示为 $R(D_1, D_2, \cdots, D_n)$，其中，R 在这里是表示关系，而 n 是表示关系的目或度。关系中的每个元素称为元组，即用户经常看见的二维表中的行，一行就是一个元组。

从关系的定义可以分析出，关系本质上是笛卡儿积的有限子集，因为关系反映的是现实中事物及事物之间的联系，一般表达的是有限群体。

例如：D_1={张月, 李密高, 陈米达}

　　　D_2={男, 女}

　　　D_3={1 班, 2 班, 3 班}

那么 D_1，D_2，D_3 的笛卡儿积为:

$D_1\times D_2\times D_3$={(张月, 男,1 班), (张月, 男,2 班), (张月, 男,3 班), (张月, 女,1 班), (张月, 女,2 班), (张月, 女,3 班), (李密高, 男,1 班), (李密高, 男,2 班), (李密高, 男,3 班), (李密高, 女,1 班), (李密高, 女,2 班), (李密高, 女,3 班), (陈米达, 男,1 班), (陈米达, 男,2 班), (陈米达, 男,3 班), (陈米达, 女,1 班), (陈米达, 女,2 班), (陈米达, 女,3 班)}。

从上面笛卡儿积的例子中我们可以很清晰地发现，在集合中有多个元素的值不是现实事物的真实反映，即并不是我们用关系来表达现实中事物及事物之间联系需要的信息，因此需要从该笛卡儿积中抽出能够反映现实需求的有限子集来反映现实世界，例如从上面的笛卡儿积中抽取如下的关系：

学生={(张月, 女,1 班),(李密高, 男,2 班), ((陈米达, 男,3 班)}

那么这个学生集合可以称为一个关系，在关系中根据需要可以给每个列取个属性名，将上面的关系改写为二维表的形式，如表 11.2 所示。

表 11.2　笛卡儿积

姓名	性别	班级
张月	女	1 班
李密高	男	2 班
陈米达	男	3 班

在关系中如果有某一些属性的组合的值能唯一地标识一个元组，则该属性组合为候选码。

对于关系有各种完整性约束条件，主要有如下三类完整性约束：

(1) 实体完整性约束，该约束主要是约束关系中主码中的任何属性不能为空，且每个元组的主码值不能重复。

(2) 参照完整性约束，指相互之间有参加关系中的外码值必须参照对应的主码值取值或取空值(对于取空值必须要求外码允许取空值的情况)。

(3) 用户定义的完整性，该类完整性主要由用户根据应用系统的需求来确定。

11.1.2　关系运算

关系的运算可以来表达查询，专门的关系运算包括选择、投影、连接、除等。

1. 选择(Selection)

选择运算符的含义是在关系 R 中选择满足给定条件的诸元组，形如：

$$\sigma_F(R)=\{t|t\in R\wedge F(t)=\text{'真'}\},$$

其中，F 表示选择条件，是一个逻辑表达式。

2. 投影(Projection)

投影运算符的含义是从 R 中选择出若干属性列组成新的关系，形如：

$$\pi_A(R)=\{t[A]|t\in R\}$$

其中，A 表示 R 中的属性列，投影操作主要是从列的角度进行运算。

3. 连接(Join)

连接运算符的含义是从两个关系的笛卡儿积中选取属性间满足一定条件的元组，形如：

$$R\underset{A\theta B}{\bowtie}S=\{\widehat{t_r\ t_s}\mid t_r\in R\wedge t_s\in S\wedge t_r[A]\theta t_s[B]\}$$

4. 除(Division)

给定关系 $R(X、Y)$ 和 $S(Y、Z)$，其中 $X、Y、Z$ 为属性组。R 中的 Y 与 S 中的 Y 可以有不同的属性名，但必须出自相同的域集。R 与 S 的除运算得到一个新的关系 $P(X)$，P 是 R 中满足下列条件的元组在 X 属性列上的投影：元组在 X 上分量值 x 的像集 Yx 包含 S 在 Y 上投影的集合，形如

$$R\div S=\{t_r[X]\mid t_r\in R\wedge\pi_y(S)\subseteq Y_x\}$$

其中，Yx 表示 x 在 R 中的像集，$x=t_r[X]$。

11.1.3　关系数据库设计

数据库的设计是一个复杂的工程，它需要设计者对应用领域的问题进行细致入微的分析，理清数据与数据的关系，以及关于数据的处理等各方面的要求。本节用一个应用领域较简单的问题给出一个设计的实例，可以从一个较直观的层次理解数据库设计的主要工程。在该例子中因为篇幅的缘故将从概念模型及数据模型设计部分进行阐述。

例如下面这个应用领域问题，我们在考虑问题如何解决时首先需要抽象出原问题表达的内容，然后采用数据库设计方法设计出数据模型。最后再放入计算机中进行应用程序的设计。现在通过下面的例子展示数据库设计过程及关键技术。

有个公司有若干工厂，每个工厂生产多种产品，且每一种产品可以在多个工厂生产，每个工厂按照固定的计划数量生产产品；客户和产品之间有销售关系，销售时有数量和价格，一个客户可以购买多个产品，一个产品可以卖给多个客户。工厂的属性有工厂号、厂名、地址，产品的属性有产品号、产品名、规格，客户的属性有客户号，名称，客户地址。

在设计时我们依据给出的问题，找出各个事物以及这些事物之间的相互联系来设计出的概念模型，在本例中涉及三个事物：工厂、客户、产品，工厂和产品之间因为生产活动存在多对多的联系，同样客户和产品之间因为销售活动也存在多对多的联系，通过分析我们可以用图 11.1 来表示该问题的概念模型，该图采用 UML 类图的形式来表达 E-R 图。

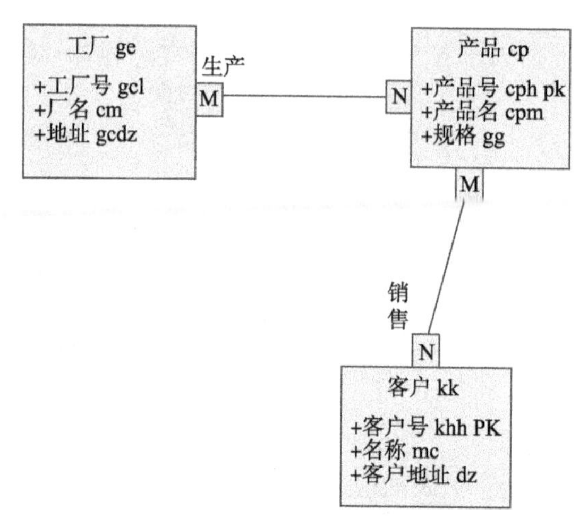

图 11.1　概念模型设计

将上面分析出的概念转换为数据模型，设计出来的结果一般可以有多种方案，需要进行合理的优化及评价，然后选择出较好的关系模式。该问题的设计的关系模式如下所示，其中的下划线表示各个关系模式的主键：

工厂(工厂号，厂名，地址)

产品(产品号，产品名，规格)

生产(工厂号，产品号，计划数量)

客户(客户号，名称，客户地址)

销售(产品号，客户号，数量，价格)

可以进一步地将上面的关系模式设计出每个数据库表的结构，所有的表结构如表 11.3～表 11.7 所示。

表 11.3　工厂表

名称	属性名	数据类型	是否为空	是否为主键
工厂号	gch	Char(8)	Not null	yes
厂名	cm	Char(20)	null	
地址	gcdz	Char(50)	null	

表 11.4　产品表

名称	属性名	数据类型	是否为空	是否为主键
产品号	cph	Char(8)	Not null	yes
产品名	cpm	Char(20)	null	
规格	gg	Char(50)	null	

表 11.5　生产计划表

名称	属性名	数据类型	是否为空	是否为主键
工厂号	gch	Char(8)	Not null	yes
产品号	cph	Char(8)	Not null	yes
计划数量	jhsl	int	null	no

表 11.6　客户表

名称	属性名	数据类型	是否为空	是否为主键
客户号	khh	Char(8)	Not null	yes
名称	mc	Char(20)	null	no
客户地址	khdz	Char(50)	null	no

表 11.7　销售表

名称	属性名	数据类型	是否为空	是否为主键
产品号	cph	Char(8)	Not null	yes
客户号	khh	Char(8)	Not null	yes
数量	sl	int	null	no
价格	jg	Decimal(10,0)	null	no

11.2　MYSQL 数据库

在关系数据库技术出现后，先后出现了一系列的关系数据库管理系统，其中有 SQL SERVER、DB2、Oracle、MYSQL 等，在该部分将对 MYSQL 数据库进行阐述。

MySQL 是一种关系型数据库管理系统(RDBMS)，它支持开放的源代码，正是由于其开放源代码的特性，使用者可以在 General Public License 的许可下下载且根据需要对其进行合理的修改。MYSQL 产生至今，经过不断发展，其性能优越，功能强大，便于安装使用，从而被越来越多的人使用。在 学习 MYSQL 数据库时可以从数据定义语言、数据操纵语言及数据控制语言等方面入手。

11.2.1　MYSQL 下载与安装配置

1. MYSQL 下载

大家知道 MYSQL 是由瑞典 MYSQL AB 公司开发，但目前属于 Oracle 旗下公司，MYSQL 数据库的安装软件可以登录 http://www.mysql.com/downloads，然后按要求点击网页上Download from Oracle eDelivery，这样可以按网站指示的要求下载到最新版的 MYSQL 数据库软件。

2. MYSQL 安装配置

对于初学者来说，大多会考虑如何去安装和配置 MYSQL 数据库，在安装 MYSQL 前需要确定安装的机器的硬件与软件是否符合安装的条件，本节示例安装是在 Windows 7 上进行安装，MYSQL 安装配置的问题，读者可以根据以下的图示(图 11.2～图 11.9)情况一步一步对照操作就可以完成该部分的工作。

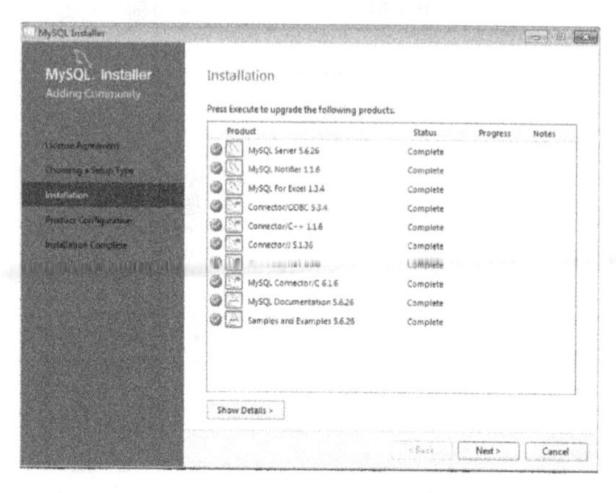

图 11.2　安装选项界面

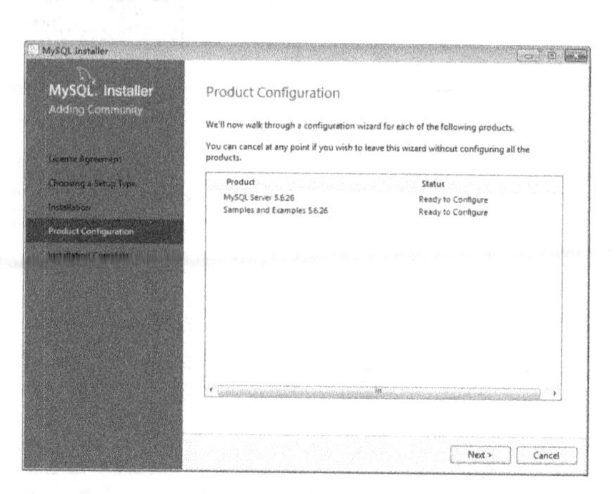

图 11.3　产品配置界面

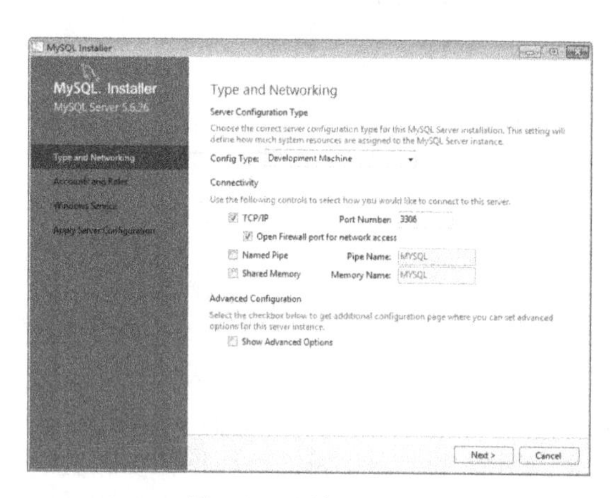

图 11.4　网络配置界面

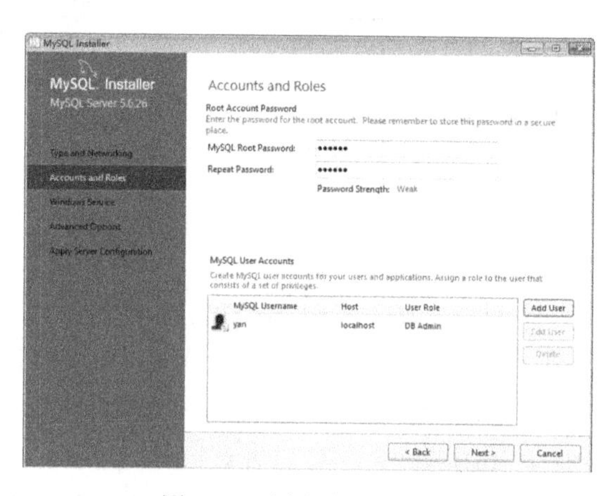

图 11.5　用户账号及密码设置

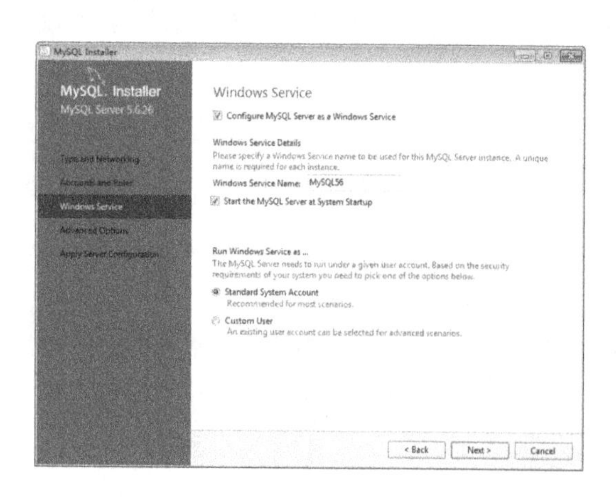

图 11.6　Windows Service 设置

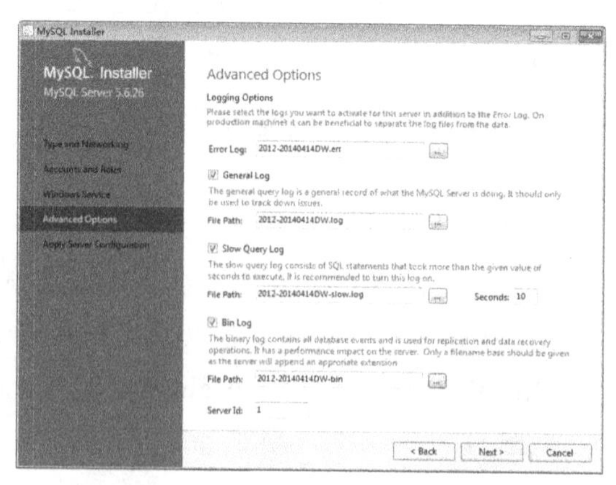

图 11.7　Advanced Options 设置

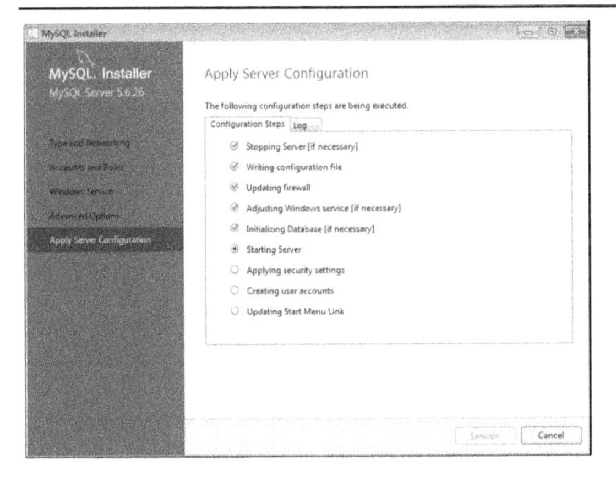

图 11.8　Apply Server Configuration 设置

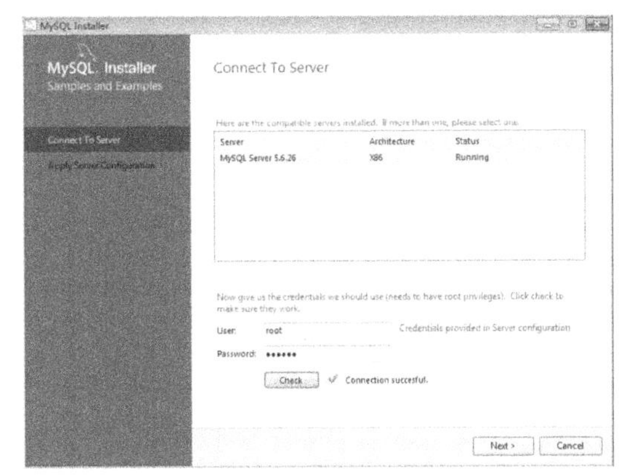

图 11.9　Connect To Server 设置

从以上的图示你也许会发现，在安装过程中也可以不需要做很多工作，每个环节都依据界面上的信息进行合适的选择与配置即可完成工作，在初次安装时对界面上的信息进行合理的理解与应用，并对关键内容进行记录，例如账号与密码的设置，安装者需要记录下来，因为接下来的登录，用户需要根据自己设置的用户名与密码进行登录，然后才可以使用 MYSQL。至此 MYSQL 数据库管理系统软件的安装与配置工作已完成。

11.2.2　创建数据库与表

1. 创建数据库命令

create　database <数据库名>;

例如：创建数据库 gcdb，操作如图 11.10 所示，命令为

create　database gcdb;

切换到刚才建立的数据库可以使用 use gcdb 命令，如图 11.10 所示。

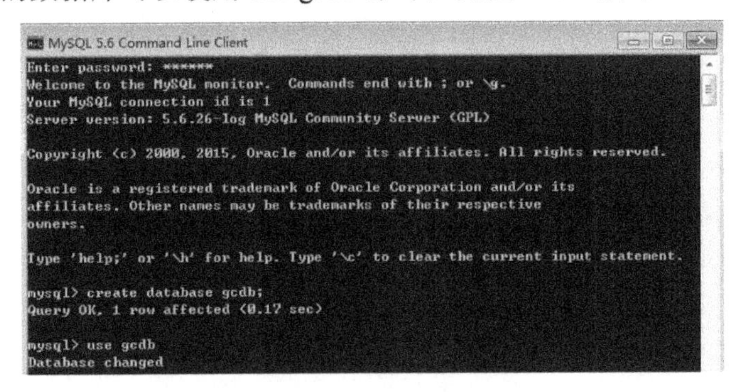

图 11.10　mysql 创建数据库

用户若要删除数据库可以使用

drop database<数据库名>;

如删除创建的 gcdb 数据库在命令窗口输入 drop database gcdb；该命令即可将刚刚创建的数据库删除掉。

在此提示读者注意，MYSQL 命令是可以一次输入多行的形式，一个命令的结束标记是“;”,当输入一个命令时没有输入“;”而按了 ENTER 键，那么在下行输入的内容将认为和前面输入的那行是一个命令中的内容。

2. 创建表命令

create　table <表名>(列名 1 数据类型（宽度）列约束条件, …, 表约束条件)；

例如，创建表 gc，操作如图 11.11 所示。命令为

```
create   table   gc(gch char(8) primary key,
                    Cm char(20),
                    Gcdz char(50));
```

```
mysql> create table gc(gch char(8) primary key,
    -> cm char(20),
    -> gcdz char(50));_
```

图 11.11　mysql 创建表

11.2.3　MYSQL 的数据操作命令

因为 MYSQL 是关系数据库管理系统，因此它的诸多操作命令都支持结构化查询语言即 SQL 语言的标准。如果读者已了解 SQL 语言，那么在阅读该小节时将变得非常轻松。

1. 查询

命令为 SELECT <目标列表达式> FROM <表名> WHERE <筛选条件> GROUP BY<分组> HAVING<组中筛选>;

例如：

```
mysql>select gc.gch,cm,cph,jhsl from gc,sc where gc.gch=sc.gch;
```

2. 插入

命令格式为：

insert into <表名>[列名 1，列名 2…] values (值 1，值 2…);

例如：

```
mysql>insert into gc(gch,cm,gcdz)values('030012','悦达 115','安徽合肥经济
                                        开发区');
```

3. 修改操作

命令格式为：

```
UPDATE   <表名>
     SET   <列名>=<表达式>[，<列名>=<表达式>]...
     [WHERE <条件>];
```

例如：

```
mysql> update gc set mc='悦达 116' where gch='030012';
```

4. 删除操作

命令格式为：

DELETE

FROM <表名>

[WHERE <条件>];

例如：

```
mysql> delete from  gc where gch='030012';
```

5. 显示数据库所在的存储位置

在前面的安装中提到，在 MYSQL 安装完成后，系统默认的数据库都在安装路径下的 data 文件夹中，用户自己建立的数据库没有指定路径时也在该文件下，若要知道自己所建立的数据库的存储位置还可以通过 show variables 命令来完成。

命令的使用方式是：

show variables like '%datadir%';

11.3 JDBC

JDBC 全称为 Java Data Base Connectivity，是 Java 的数据库连接，可以为多种数据库提供统一的访问，JDBC 是用 Java 语言编写的类及接口构成，它提供了访问数据库的 API。Java 编写的应用程序可以通过 JDBC 实现对关系型数据库中的数据的查询、修改及删除等操作。

11.3.1 什么是 JDBC

JDBC 是为 Java 提供的一个平台无关的数据库标准 API，它为 SQL 数据库提供了存取机制，这个机制为多数关系型 DBMS 提供统一接口。JDBC API 是一组 JDBC 类库。JDBC 中包含一系列丰富的类，这些类在 JDK 的 java.sql 包中。JDBC 的作用是人们使用 JDBC 来连接任何已提供了 JDBC 驱动程序的数据库系统，这样就使得应用程序开发人员无需对特定的数据库系统的特点有过多的了解，使程序开发人员可以关注应用的本身，提高程序开发的效率。JDBC 工作原理如图 11.12 所示。

图 11.12 反映了 JDBC 工作原理，它为应用程序使用数据库中的数据提供了联系方法。其工作过程为 JDBC 通过 JDBC 驱动连接数据库，从而实现对关系型数据库的使用。图 11.12 的工作原理也反映了 JDBC 的工作过程，即首先装载 JDBC 驱动程序，其次与数据库进行连接，在连接了数据库后即可执行 SQL 语句，执行完 SQL 语句后则需要进一步地对结果集数据进行处理以便应用程序反映出对 SQL 语句执行的结果。在使用完后需关闭与数据库的连接。

JDBC 工作一般可以分成四个步骤来完成：第一步是装载 JDBC 驱动程序,第二步为连接数据库，而第三步为执行 SQL 语句，最后一步是对执行的 SQL 语句的结果根据应用需要进行处理，尤其是对结果集的处理显得十分重要，如图 11.13 所示。

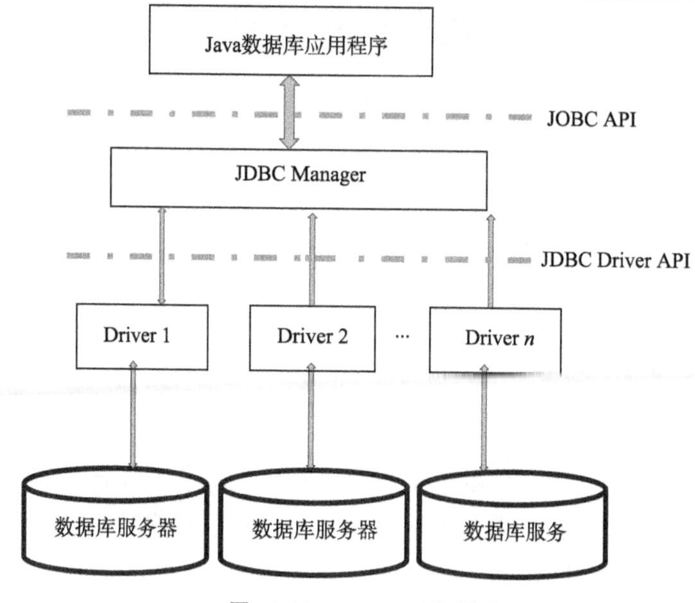

图 11.12　JDBC 工作原理

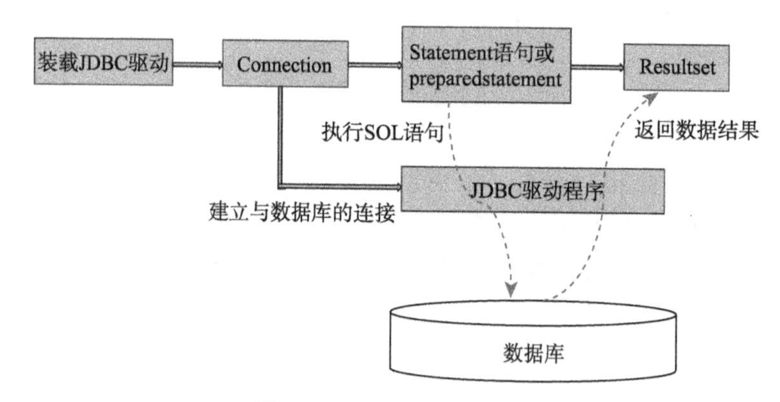

图 11.13　JDBC 工作过程

11.3.2　装载 JDBC 驱动

装载 JDBC 驱动程序是 JDBC 编程工作的第一步，可以用多种方法来加载驱动程序，在本章中将主要介绍利用 Class 类的静态方法 forName()实现加载。

在应用程序中可以使用Class类中的forName();使用方法是Class.forName(“jdbc.driver.数据库驱动”);

如装载与 MYSQL 数据库 JDBC 驱动为 Class.forName(“jdbc.driver.mysqlDriver”)。

11.3.3　连接数据库

在 Java 中提供了数据库连接接口 Connection，Connection 对象可以实现与数据库的连接，在已经加载了的 Driver 与数据库两者之间建立连接，实现与数据库的通信，从而可以访问数据库中的数据，达到对数据库中数据的操作等目的。在使用时编程者需要创建一个 Connection 类的实例。例如 Connection con;该语句创建了一个 Connection 的实例 con，接着需要实现与数据的连接，可以实现与一个或者多个数据库进行连接，利用 DriverManager 的 getConnection() 方法，将建立在 JDBC URL 中定义的数据库的 Connection 连接上，代码为：

```
con=DriverManager.getConnection(dbURL,userName,userPwd);
```

在该语句中 dbURL 为数据库名，含有数据库所在位置的地址，userName 为数据库用户名，userPwd 为数据库用户登录密码。

在使用完数据库后需要关闭连接，关闭连接时需要完成关闭 SQL 语句对象、关闭结果集对象，关闭连接等工作。例如：

rs.close()；　//关闭对象(结果集对象)

smt.close()；　//关闭对象(SQL 语句对象)

con.close()；　//关闭连接

注意：在编程中要注意使用完数据库后要及时关闭连接，释放对数据库的使用。

11.3.4　执行 SQL 语句

在上面的 Connection 主要负责实现 JAVA 应用程序和数据库之间的联系，那么接下来的工作需要在已经建立一条连接的情况来执行 SQL 语句。可以采用下面的三种常用的方法来实现执行 SQL 语句：第一种，Statement createStatement()创建一个 Statement 对象来将需要执行的 SQL 语句发送到数据库；第二种，采用 PreparedStatement PrepareStatement() 来创建 PrepareStatement 对象将 SQL 语句发送到数据库中，但 PrepareStatement 对象使用了预编译技术，在执行 SQL 语句之前已经对 SQL 语句做了预处理，因此执行效率要高些；第三种，CallableStatement prepareCall()使用时是通过创建 CallableStatement 对象调用数据库存储过程。在本节中将介绍第一种和第二种方法来执行 SQL 语句。

1. Statement createStatement()

在 JAVA 中可以执行 SQL 语句，因此可以执行创建表、查询数据、插入数据、修改数据及删除数据等 SQL 语句。

在执行一条 SQL 语句时，需要使用 java.sql.Statement 来在基层连接上运行 SQL 语句以及访问结果，Connection 接口提供了生成 Statement 的方法。它需要 Connection 的实例的 createStatement()方法来创建一个 Statement 实例，例如如下的代码段是一个查询操作：

```
ResultSet rs=NULL;
Statement smt=con.createStatement(ResultSet.TYPE_SCROLL_INSENSITIVE,
    ResultSet.CONCUR_READ_ONLY);
Rs=smt.executeQuery("select * from stu");
```

在以上的代码段中，smt 是创建的一个 Statement 实例。ResultSet 获得查询结果集，executeQuery(String sql)用来执行 SQL 语句。

而执行 SQL 中的 INSERT、UPDATE、DELETE 语句则需要使用 executeUpdate(String sql)，例如如下的代码段实现 INSERT，UPDATE，DELETE 操作：

```
String sqlinsert="insert into stu(sname,sno,ssex)values('李米','09009','
    男')"; //向表中插入一个记录
smt.executeUpdate(sqlinsert);//执行插入操作的SQL语句
String sqlupdate="update stu set sname='王米' where sno='09008'";
                //修改表中指定一个记录
```

```
smt.executeUpdate(sqlupdate); //执行修改操作的SQL语句
String sqldelete="delete from stu where sno='09008'";//删除表中指定一个记录
smt.executeUpdate(sqldelete); //执行删除操作的 SQL 语句
```

Java 同时还提供了更高效率的数据库操作机制，即使用 PreparedStatement 对象，该对象可以实现预处理的功能，从而实现数据库执行效率的提高。那么你一定会想到如何使用这样的预处理功能呢，下面的内容将解答这样的问题。

2. PrepareStatement PrepareStatement()

PrepareStatement 在执行 sql 语句时是采用的预处理方法，因为执行的 SQL 语句事先已经预编译了，因此它的执行效率较高。同样地，采用这种方法也可以实现对创建表、查询数据、插入数据、修改数据及删除数据等 SQL 语句的使用。

在执行一条 SQL 语句时，需要使用 java.sql. PrepareStatement 来创建一个 preparedstatement 对象，Connection 接口提供了创建 preparedstatement 对象方法，例如下面的语句即创建了一个 preparedstatement 对象：

```
preparedstatementpst = connection.preparestatement(sql 语句);
```

为了使读者较全面地认识该种处理方法，下面给出程序段来演示编程方法

```
PreparedStatement pst:
pst=con.prepareStatement("select * from gc");
                              //创建的一个prepareStatement实例
   rs=pst.executeQuery();//执行SQL查询语句
   while (rs.next()){
   System.out.println(rs.getString(1)+rs.getString(2));
                              //对查询结果进行处理，输出第1列和第2列的值
   }
   String sqlinsert="insert into gc(gch,cm,gcdz)values('030014','悦达110','
      安徽省合肥市经济开发区')";//向gc表中插入数据
   pst.executeUpdate(sqlinsert); //执行 SQL 插入操作
```

在本段程序中，查询及插入语句的执行都是和前面的 Statement 方法一样，区别主要在于采用了 PreparedStatement 创建的对象 pst 来处理 SQL 语句。

在预处理中，我们还可以对 SQL 语句使用通配符，例如下面的程序段在 select 语句中使用了两个通配符，在其后可以使用 setXXX()方法给出通配符值：

```
stringsql = "select * from gc where gch = ? and cm = ?";
preparedstatement pst = connection.preparestatement(sql);
pst.setint(1,56);
pst.setstring(2,"李米");
resultset rs = ps.executequery();
```

以上对执行 SQL 语句进行了阐述，在学习时主要注意采用的执行 SQL 语句的方法及处理过程。

11.3.5 结果集查询

执行 SELECT 语句后，ResultSet 对象就获得了满足查询条件的所有记录，在这里查询返回的结果一般是多条记录的集合，ResultSet 对象的 next()方法可以下移访问查询结果集行，在每行取得数据可以通过 get 中的多种方法来实现。

例如：在表 stu 中有多条记录，那么执行查询语句 select * from stu 后，则会返还查询

结果集，这个查询结果集存在 ResultSet 对象 rs 中，rs.getString(1)可以获取对应行中第 1 列的值，getString(1)中的 1 代表是表中属性列的序号。下面的代码段实现了对表中记录的查询，并对查询结果集中每行进行访问，同时输出第 1 属性列和第 3 属性列的值：

```
rs=smt.executeQuery("select * from stu");
while (rs.next()){
System.out.println(rs.getString(1)+rs.getString(3));
}
```

因为结果集一般是多条记录的集合，那么对其中的每个记录的访问是处理的关键，也可以采用游标的方式来完成对每条记录的访问。

11.3.6　数据库连接示例

在对数据库的操作中，用户需要实现的主要工作是对数据的查询、修改、插入及删除操作，下面的程序示例主要实现对上面提出的工厂管理的GCDB数据库中的gc表进行查询、修改、插入及删除操作。下面的程序p12使用Statement，而程序p13采用预处理preparedstatement来实现。你在学习的过程中可以比较这两种编程方法的异同点及其执行效率。

程序p12.java

```
import java.sql.Connection;
import java.sql.DriverManager;
import java.sql.ResultSet;
import java.sql.SQLException;
import java.sql.Statement;

public class p12 {
private static final ResultSet NULL = null;
publicstaticvoid main(String args[])  throws SQLException
{try {
    Class.forName("com.mysql.jdbc.Driver");
    }
catch(ClassNotFoundException e){}
try{
    String dbURL="jdbc:mysql://localhost/gcdb";//数据库地址

    String userName="root";
    String userPwd="123456";
    Connection con;
    con=DriverManager.getConnection(dbURL,userName,userPwd);
        //创建连接数据库对象
 ResultSet rs=NULL;
 Statement  smt=con.createStatement(ResultSet.TYPE_SCROLL_INSENSITIVE,
     ResultSet.CONCUR_READ_ONLY);// 创建的一个Statement实例
 rs=smt.executeQuery("select * from gc");//执行SQL查询语句
 while (rs.next()){
     System.out.println(rs.getString(1)+rs.getString(3));
                              //对查询结果进行处理，输出第1列和第3列的值
}
String sqlinsert="insert into gc(gch,mc,gcdz)values('030013','悦达110','
   安徽省合肥市经济开发区')";//向gc表中插入数据
smt.executeUpdate(sqlinsert); //执行SQL插入操作
String sqlupdate="update gc set mc='悦达111' where gch='030013'";
                              //修改gc表中数据
smt.executeUpdate(sqlupdate);  //执行SQL修改操作
```

```
    String sqldelete="delete from gc where gch='030013'";
                                        //删除gc表中指定的数据
    smt.executeUpdate(sqldelete); //执行SQL删除操作
    rs.close();
    smt.close();
    con.close();

}catch(SQLException e){System.out.println(e);}
    }
}
```

程序p13.java：

```
    import java.sql.Connection;
    import java.sql.DriverManager;
    import java.sql.ResultSet;
    import java.sql.SQLException;
    //import java.sql.Statement;
    import java.sql.PreparedStatement;;

    public class p13 {
    private static final ResultSet NULL = null;

    public static void main(String args[])  throws SQLException
    {try {
        Class.forName("com.mysql.jdbc.Driver");
        }
    catch(ClassNotFoundException e){}

    try{
        String dbURL="jdbc:mysql://localhost/gcdb";//数据库地址

        String userName="root";
        String userPwd="123456";
        Connection con;
        con=DriverManager.getConnection(dbURL,userName,userPwd);
                                        //创建连接数据库对象
        ResultSet rs=NULL;
        PreparedStatement pst;
        pst=con.prepareStatement("select * from gc");
                                        //创建的一个prepareStatement实例
        rs=pst.executeQuery();//执行SQL查询语句
        while (rs.next()){
            System.out.println(rs.getString(1)+rs.getString(2));
                                        //对查询结果进行处理，输出第1列和第2列的值
        }
        String sqlinsert="insert into gc(gch,cm,gcdz)values('030014','悦达
            110','安徽省合肥市经济开发区')";//向gc表中插入数据
        pst.executeUpdate(sqlinsert); //执行SQL插入操作
        String sqlupdate="update gc set cm='悦达111' where gch='030013'";
                                        //修改gc表中数据
        pst.executeUpdate(sqlupdate);//执行SQL修改操作
        String sqldelete="delete from gc where gch='030013'";
                                        //删除gc表中指定的数据

        pst.executeUpdate(sqldelete); //执行SQL删除操作
        rs.close();
```

```
        pst.close();
        con.close();

        }catch(SQLException e){System.out.println(e);}
        }
    }
```

11.4　小　　结

(1) 关系数据库是建立在严格的数学理论基础上的，关系模式在用户的角度来看即是一张二维表。

(2) 数据库管理系统是对数据库进行管理的系统软件，它可以实现对数据的定义、操纵以及维护等功能，MYSQL是一款数据库管理系统软件，对于小型数据库系统应用程序的开发是个不错的选择。

(3) 使用Java编写数据库应用程序，需要了解它们的工作原理及工作过程。

(4) 在Java中要实现对数据库中数据的访问与操作，首先要实现对Java数据库的连接，本章主要阐述了采用JDBC来连接数据库技术。

(5) JDBC工作原理是本章中一个重点，学习时从其工作原理来理解其中的各个环节，有利学习的进行。

(6) 在Java中执行SQL语句，可以通过Statement createStatement()，PreparedStatement PrepareStatement()，CallableStatement prepareCall()。在本节中介绍了前面两个的处理方法，在学习时要注意区别它们的异同点。

习　　题

一、选择题

1. 已知一个数据库中有以下表：员工表emp(empno,ename,job,sal)，其中empno 员工编号，ename 员工姓名，job员工的职位，sal员工的工资。查询工资sal大于2500职位为销售的员工的员工编号及姓名SQL语句为(　　)。

A. select mpno,ename from emp where sal >2500 or job='销售';

B. select mpno,ename from emp where sal >2500 and job='销售';

C. select mpno,ename from emp where sal >2500, job='销售';

D. select mpno,ename from emp where sal >2500 or job!= '销售';

2. 已知一个数据库中有以下表：员工表emp(empno,ename,job,sal)，其中empno 员工编号，ename 员工姓名，job员工的职位，sal员工的工资。下列SQL语句可以将员工编号为005的职位改为经理的SQL语句为(　　)。

A. update emp set job='经理' where empno='005';

B. delete emp set job='经理' where empno='005';

C. update set job='经理'from emp where empno='005';

D. update emp set job='经理';

3. 下列选项中可以实现对数据库连接的是(　　)。

A. Connection　　B. rs.close

C. statement　　D. executeUpdate

4. 下列选项不能实现对SQL语句执行的是(　　)。

A. Statement createStatement()　　B. PreparedStatement PrepareStatement()

C. CallableStatement prepareCall()　　D. String

二、简答题

1. 简述jdbc工作原理及工作过程。

2. 简述通过PreparedStatement执行SQL语句的优点。

三、程序填空题

如下程序段，请在空格填写语句

```
(1)String sqldelete="delete from gc where gch='040023'";
   smt.executeUpdate__________; //执行SQL删除操作
(2)Connection con;
   con=DriverManager.__________(dbURL,userName,userPwd);
                                   //创建连接数据库对象
(3)PreparedStatement pst;
   pst=con.__________("select*from gc");
   rs=pst.executeQuery__________;
```

四、编程题

已知一个数据库中有以下表：员工表emp(empno,ename,job,sal)，其中empno 员工编号，ename员工姓名，job员工的职位，sal表示员工的工资。

请编写程序完成以下功能，通过界面输入员工的编号，并根据该编号将该员工的信息删除。

第 12 章　集合类与泛型集合

在第 2 章中曾讲过，当需要处理多个相同数据类型的数据时，可以将它们定义成数组，然后通过循环来处理数组里的内容。比如，计算 50 个整数的平均数，我们可以定义一个长度为 50 的整数数组，循环求和后除以数组的长度，得到平均数。如果将题目需求稍加改动，要求计算所有输入整数的平均数(个数不确定)，这时该怎么办，还可以使用数组吗？如果使用数组，长度为多少？长度短了容易越界，长度太长浪费内存。一般情况下，确定元素个数时使用数组处理，不确定元素个数时使用集合类来处理，集合类可以很好地处理不限定个数的元素集合，比如做电子商务网站时，购物车的内容就可以用集合类存放。购物车涉及商品类和购物车类，其中商品类描述商品属性，而购物车类实现商品的增加、删除、修改、查询操作，它们之间的关系用 UML 类图描述如图 12.1 所示。

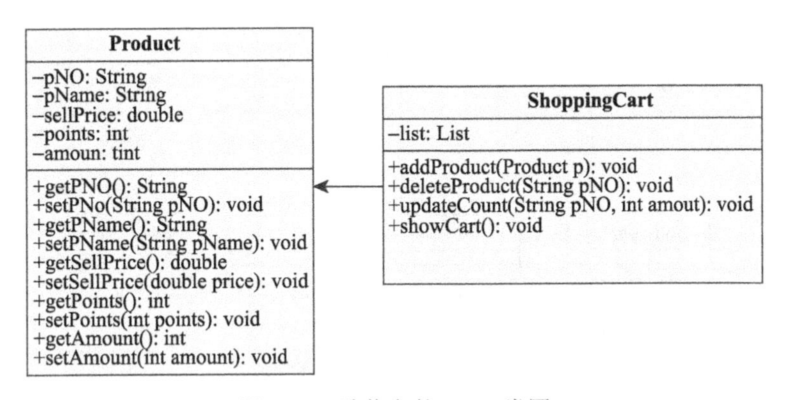

图 12.1　购物车的 UML 类图

12.1　使用集合类管理购物车信息

本章要实现一个类似于淘宝的购物车功能。购物车中存放的是商品列表，而商品的种类和数量是未知的，所以可以使用集合类去模拟购物车的功能。下面先介绍集合类及其用法。

12.1.1　集合类框架

为了使程序方便地存储和操纵数目不固定的一组数据，JDK 中提供了一系列集合类，所有 Java 集合类都位于 java.util 包中，与 Java 数组不同，Java 集合类不能存放基本数据类型数据，而只能存放类的对象。所谓框架就是类库的集合，集合框架就是一个用来表示和操作集合的统一的架构，包含了所有实现集合的接口与类。

Java 的集合类主要由两个接口派生而出：Collection 和 Map。Collection 和 Map 是 Java 集合框架的根接口，这两个接口又包含了一些接口或实现类，它们的派生图如图 12.2 和图 12.3 所示。

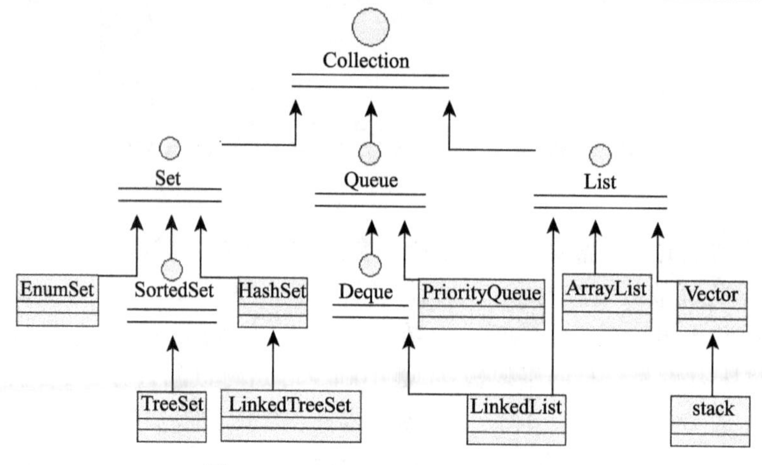

图 12.2 Collection 接口的派生图

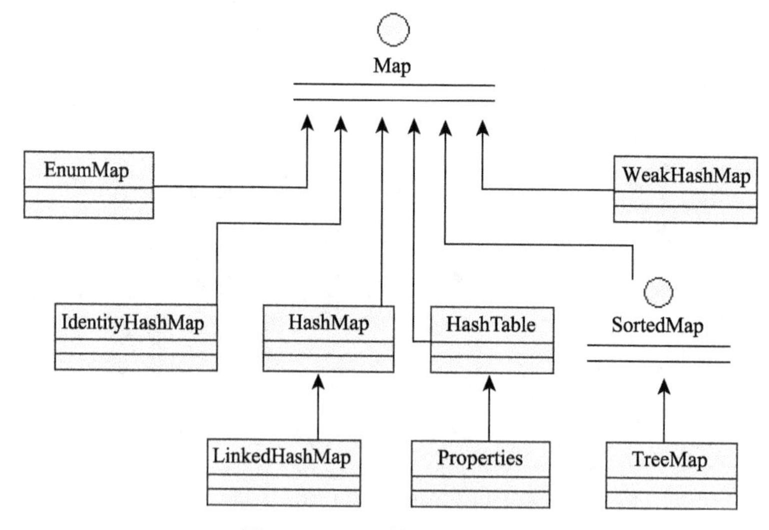

图 12.3 Map 接口的派生图

Java 集合类可以分为三大类：分别是 Set、List 和 Map。

Set 和 List 接口是 Collection 接口派生的两个子接口，Queue 是 Java 提供的队列实现，类似于 List。而 Map 接口用于保存具有映射关系的数据(key-value)。

1. Set 接口

Set 是最简单的一种集合，集合中的对象不按特定方式排序，并没有重复对象。Set 接口主要有两个实现类：HashSet 类和 TreeSet 类。HashSet 类还有一个子类 LinkedHashSet 类，它不仅实现了哈希算法，而且实现了链表数据结构，链表数据结构能提高插入，删除元素的性能。TreeSet 类实现了在 SortedSet 接口中，具有排序功能。

2. List 接口

List 的主要特征是其元素已先行方式存储，集合中允许存放重复对象。List 接口主要的实现类包括 ArrayList 类和 LinkedList 类。

ArrayList 代表长度可变的数组，允许对元素进行快速的随机访问，但是向 ArrayList 中插入与删除元素的速度较慢。

LinkedList 在实现中采用链表数据结构。对顺序访问进行了优化，向 List 中插入和删除元素的速度较快，随机访问速度则相对较慢。随机访问是指检索位于特定索引位置元素。

3. Map 接口

Map 是一种把键和值对象进行映射的集合。它的每一个元素都包含一对键对象和值对象。向 Map 集合中加入元素时，必须提供一对键对象和值对象，从 Map 集合上检索元素只要给出键对象，就会返回值对象。

对于 Set、List 和 Map 三种集合，最常用的实现类分别是 HashSet、ArrayList 和 HashMap 三个实现类。

12.1.2　Collection 接口

Collection 接口是一个根部接口。根据这些元素是否有序，是否允许重复，以及各种操作的特殊性，Collection 接口又派生出三个子接口：List、Set 和 Queue。

Collection 接口的常用方法如表 12.1 所示。

表 12.1　Collection 接口的常用方法

返回类型	方法名	功能说明
boolean	add(Object o)	添加指定元素
void	clear()	移除此 collection 中的所有元素
boolean	contains(Object o)	如果此 collection 包含指定的元素，则返回 true
boolean	remove(Object o)	从此 collection 中移除指定元素的单个实例(如果存在的话)
int	size()	返回此 collection 中的元素个数
Object[]	toArray()	返回包含此 collection 中所有元素的数组

12.1.3　集合框架中的实现类

1. ArrayList 类

ArrayList 类是 List 接口的典型实现。它采用可随需要而增长的动态数组结构来实现。在 Java 中，标准数组是定长的。在数组创建之后，它们不能被加长或缩短，这也就意味着只能在定义数组时确定它的容量。但实际应用中，一般在运行时才能知道需要多大的数组。

为了解决这个问题，集合框架定义了 ArrayList 类。在本质上，ArrayList 是一个变长的对象数组，所以，ArrayList 被称为数组列表。也就是说，ArrayList 能够动态地增加或减少其容量。数组列表以一个原始大小被创建，当要存放的元素超过了它的容量时，它会自动增大容量；当对象的列表被删除后，数组也会自动缩小。

ArrayList 使用索引来取出元素，具有最高的效率，因为它使用索引直接定位对象。

但是，ArrayList 对元素做删除或插入的速度很慢，因为它内部使用数组结构，删除某个位置的元素或在某个位置上插入元素时，要移动后面的所有元素以保持索引的连续。

ArrayList 保存元素的存放顺序，并允许有重复元素。ArrayList 类的常用方法如表 12.2 所示。

表 12.2　ArrayList 类的常用方法

返回类型	方法名	功能说明
bool	add(Object obj)	将指定的元素添加到此列表的尾部
void	add(int index, Object obj)	将指定的元素插入此列表中的指定位置
void	clear()	移除此列表中的所有元素
boolean	contains(Object obj)	如果此列表中包含指定的元素，则返回 true
Object	get(int index)	返回此列表中指定位置上的元素
int	indexOf(Object obj)	返回此列表中首次出现的指定元素的索引，如果此列表不包含元素，则返回-1
Object	remove(int index)	移除此列表中指定位置上的元素
void	remove (Object o)	移除此列表中首次出现的指定元素
Object	set(int index, Object obj)	用指定的元素替代此列表中指定位置上的元素
int	size()	返回此列表中的元素数
Object[]	toArray()	返回包含此列表中所有元素的数组

例 12.1　ArrayList 类常用方法练习。

```
package javaBook;
import java.util.ArrayList;
public class ArrayListTest {
    public static void main(String[] args) {
        ArrayList array = new ArrayList();
        array.add("我");
        array.add("爱");
        array.add("java");
        System.out.println(array);
        array.remove(1);
        System.out.println(array);
        if(array.contains("java"))
           array.remove("java");
        System.out.println(array);
        array.add(1,"爱");
        array.add(2,"C#");
        System.out.println(array);
        array.set(2, "java");
        System.out.println(array);
        System.out.println(array.size());
        array.clear();
        System.out.println(array.size());
    }
}
```

运行结果如图 12.4 所示。

2. LinkedList 类

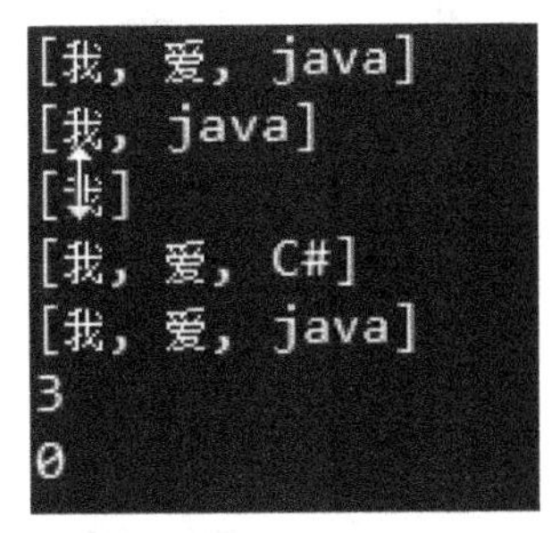

图 12.4　运行结果

LinkedList 是 List 接口的另一个实现类。它采用双向链表结构来保存对象。在双向链表的每个节点上，除了存放元素，还提供了两个变量来存放下一个节点的引用和上一个节点的引用。

LinkedList 针对频繁的插入和删除元素的操作时效率很高。但它不适合快速地随机访问某个位置的元素。

LinkedList 类的常用方法如表 12.3 所示。

表 12.3　LinkedList 类的常用方法

返回类型	方法名	功能说明
bool	add(Object obj)	将指定的元素添加到此列表的尾部
void	add(int index, Object obj)	将指定的元素插入此列表中的指定位置
void	addFirst(Object obj	将指定元素插入此列表的开头
void	addLast(Object obj)	将指定元素添加到此列表的结尾
void	clear()	移除此列表中的所有元素
boolean	contains(Object elem)	如果此列表中包含指定的元素，则返回 true
Object	get(int index)	返回此列表中指定位置上的元素
Object	getFirst()	返回此列表的第一个元素。
Object	getLast()	返回此列表的最后一个元素
int	indexOf(Object elem)	返回此列表中首次出现的指定元素的索引，如果此列表不包含元素，则返回-1
Object	remove(int index)	移除此列表中指定位置上的元素
void	remove (Object o)	移除此列表中首次出现的指定元素
Object	removeFirst()	移除并返回此列表的第一个元素
Object	removeLast()	移除并返回此列表的最后一个元素。
Object	set(int index, Object element)	用指定的元素替代此列表中指定位置上的元素
int	size()	返回此列表中的元素数
Object[]	toArray()	返回包含此列表中所有元素的数组

例 12.2　LinkedList 类常用方法练习。

```
package javaBook;
import java.util.LinkedList;
public class LinkedListTest {
    public static void main(String[] args) {
        LinkedList link = new LinkedList();
        link.add("爱");
        link.addFirst("我");
        link.addLast("java");
        System.out.println(link);
        link.removeFirst();
        link.removeLast();
        System.out.println(link);
```

```
        link.addFirst("他");
        link.addLast("C#");
        System.out.println(link);
        System.out.println(link.getFirst().toString()+link.get(1)+link.
            getLast());
        System.out.println(link.indexOf("爱"));
        System.out.println(link.indexOf("好"));
    }
}
```

运行结果如图 12.5 所示。

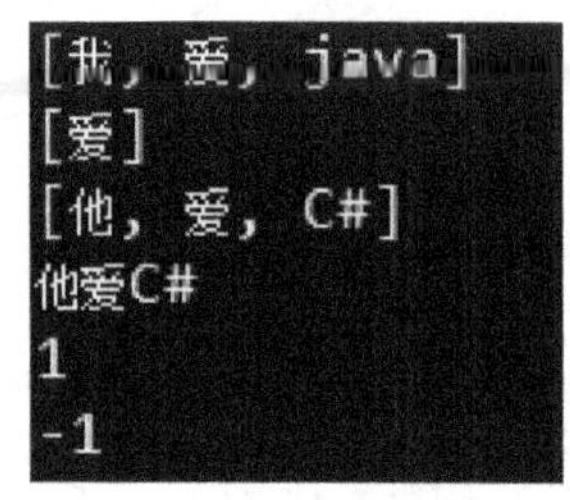

图 12.5　运行结果

3. HashSet 类

HashSet 类按照哈希算法存取集合中的对象，具有很好的存取和查找功能。当向集合中加入一个对象时，HashSet 对调用对象的 hashCode() 方法哈希码，然后根据这个哈希码进一步计算出对象在集合中的存放位置。

需要注意的是 HashSet 类中的元素没有次序之分。HashSet 类的常用方法如表 12.4 所示。

表 12.4　HashSet 类的常用方法

返回类型	方法名	功能说明
Boolean	add(Object obj)	如果此 set 中尚未包含指定元素，则添加指定元素
void	clear()	从此 set 中移除所有元素
boolean	contains(Object elem)	如果此 set 包含指定元素，则返回 true
void	remove (Object o)	如果指定元素存在于此 set 中，则将其移除
int	size()	返回此 set 中的元素的数量(set 的容量)

例 12.3　HashSet 类常用方法练习。

```
package javaBook;
import java.util.HashSet;
public class HashSetTest {
    public static void main(String[] args) {
        HashSet set = new HashSet();
        set.add("我");
        set.add("爱");
        set.add("java");
        System.out.println(set);
        //set.remove(1); //错误
        set.remove("爱");
        System.out.println(set);
        System.out.println(set.contains("我"));
        System.out.println(set.size());
    }
}
```

运行结果如图 12.6 所示。

图 12.6　运行结果

4. HashMap 类

HashMap 类是基于散列表的 Map 接口的实现，它是使用频率最高的一个映射，提供所有的映射操作方法，它内部对“键”用 Set 进行散列存放。所以根据“键”去取“值”的效率很高。并且允许 NULL 键和 NULL 值，但它不保证映射对存放的顺序。HashMap 类的常用方法如表 12.5 所示。

表 12.5　HashMap 类的常用方法

返回类型	方法名	功能说明
void	clear()	从此映射中移除所有映射关系
boolean	containsKey(Object key)	如果此映射包含对于指定键的映射关系，则返回 true
boolean	containsValue(Object value)	如果此映射将一个或多个键映射到指定值，则返回 true
Object	get(Object key)	返回指定键所映射的值
Object	put(Object key, Object value)	在此映射中关联指定值与指定键
Object	remove(Object key)	从此映射中移除指定键的映射关系
int	size()	返回此映射中的键-值映射关系数

例 12.4　HashMap 类常用方法练习。

```
package javaBook;
import java.util.HashMap;
public class HashMapTest {
     public static void main(String[] args) {
        HashMap map = new HashMap();
        map.put(1, "我");
        map.put(2, "爱");
        map.put(3, "java");
        System.out.println(map);
        System.out.println(map.get(1).toString()+map.get(2)+map.get(3));
        System.out.println(map.containsKey(0));
        System.out.println(map.containsValue("我"));
        map.remove("我");
        System.out.println(map);
        map.remove(1);
        System.out.println(map);
        System.out.println(map.size());
        map.put(null, "a");      //可以插入一个null键
        }
}
```

运行结果如图 12.7 所示。

```
{1=我, 2=爱, 3=java}
我爱java
false
true
{1=我, 2=爱, 3=java}
{2=爱, 3=java}
2
```

图 12.7　运行结果

5. Hashtable 类

Hashtable 是 Dictionary 类的子类，同时也实现了 Map 接口， Hashtable 类的作用与 HashMap 是相同的，它们拥有相同的接口，只是 Hashtable 的各个方法都是同步的。如果不需要同步，或者不需要与旧代码相兼容，应该

使用 HashMap 类。Hashtable 类的常用方法如表 12.6 所示。

表 12.6　Hashtable 类的常用方法

返回类型	方法名	功能说明
void	clear()	将此哈希表清空，使其不包含任何键
boolean	containsKey(Object key)	测试指定对象是否为此哈希表中的键
boolean	containsValue(Object value)	如果此 Hashtable 将一个或多个键映射到此值，则返回 true
Object	get(Object key)	返回指定键所映射的值
Object	put(Object key, Object value)	将指定 key 映射到此哈希表中的指定 value
Object	remove(Object key)	从哈希表中移除该键及其相应的值
int	size()	返回此哈希表中的键的数量

例 12.5　HashTable 类常用方法练习。

```
package javaBook;
import java.util.Hashtable;
    public class HashTableTest {
        public static void main(String[] args) {
        Hashtable map = new Hashtable();
        map.put(1, "我");
        map.put(2, "爱");
        map.put(3, "java");
        System.out.println(map);
        System.out.println(map.get(1).toString()+map.get(2)+map.get(3));
        System.out.println(map.containsKey(0));
        System.out.println(map.containsValue("我"));
        map.remove("我");
        System.out.println(map);
        map.remove(1);
        System.out.println(map);
        System.out.println(map.size());
        map.put(null, "a"); //不可以插入 null 键
    }
}
```

运行结果如图 12.8 所示。

```
{3=java, 2=爱, 1=我}
我爱java
false
true
{3=java, 2=爱, 1=我}
{3=java, 2=爱}
2
```

图 12.8　运行结果

HashMap 类和 Hashtable 类都实现 Map 接口，都是通过键值对保存信息，它们的区别如表 12.7 所示。

表 12.7　HashMap 类和 Hashtable 类的不同点

	HashMap	Hashtable
继承关系	Dictionary 的一个子类	Map 接口的一个实现类
线程同步性	方法是同步的	缺省情况下是非同步的
安全性	安全性高，有同步机制	安全性低
是否允许 null 键	null 可以作为键，这样的键只有一个	不能插入 null 键
允许效率	高于 Hashtable	低于 HashMap

6. Iterator 接口

Iterator 也是 Java 集合框架的成员，主要用于迭代方式逐个访问集合中各个元素，也称为迭代器。也能安全地从 Collection 中除去适当的元素。

Iterator 接口只提供的三种方法，如表 12.8 所示。

表 12.8　Iterator 接口的方法

返回类型	方法名	功能说明
boolean	hasNext()	如果仍有元素可以迭代，则返回 true
Object	next()	返回集合里下一个元素
void	remove()	删除集合里上一次 next 方法返回的元素

例 12.6　Iterator 接口常用方法练习。

```
package javaBook;
import java.util.ArrayList;
import java.util.Collection;
import java.util.Iterator;
import java.util.List;

public class IteratorTest {
    public static void main(String[] args) {
        List list=new ArrayList();
        list.add("这");
        list.add("是");
        list.add("ArrayList");
        printCol(list);
    }
    static void printCol(Collection col) {
        Iterator item=col.iterator();
        //迭代访问每个元素
        while(item.hasNext()){
            System.out.print((String)item.next()+"\n");
        }
        System.out.println();
    }
}
```

运行结果如图 12.9 所示。

图 12.9　运行结果

12.1.4　使用集合框架类实现购物车功能

第一步，新建一个名为 collectiontest 的包，在包中新建一个名为 Product 的商品类，用于描述商品信息，代码如下：

```
package collectiontest;
public class Product {
    private String pNO;          //商品编号
    private String pName;        //商品名称
    private Double sellPrice; //价格
    private int points;          //积分
    private int amount=0;        //数量
    public String getPNO() {
        return pNO;
    }
    public void setPNo(String pNO) {
        this.pNO = pNO;
    }
    public String getPName() {
        return pName;
    }
    public void setPName(String pName) {
        this.pName = pName;
    }
    public Double getSellPrice() {
        return sellPrice;
    }
    public void setSellPrice(Double sellPrice) {
        this.sellPrice = sellPrice;
    }
    public int getPoints() {
        return points;
    }
    public void setPoints(int points) {
        this.points = points;
    }
    public int getAmount() {
        return amount;
    }
    public void setAmount(int amount) {
        this.amount = amount;
    }
}
```

第二步，添加一个 ShoppingCart 类来实现购物车的功能。在类中定义一个 ArrayList 集合类对象用于保存 Product 对象，编写 addProduct 方法实现购物车的增加商品功能、编写 deleteProduct 方法实现购物车的删除商品功能，编写 updateCount 方法实现修改购物车中的商品数量功能，以及编写 showCart 方法实现浏览购物车内容的功能。读者也可以选择 LinkList 集合类来实现以上功能代码如下：

```
package collectiontest;

import java.util.ArrayList;
import java.util.Iterator;
import java.util.List;

public class ShoppingCart {
```

```
    //定义集合，模拟购物车
    private List list = new ArrayList ();
    //增加一个商品
    public void addProduct(Product p){
        //如果购物车(集合)里已经存在该种商品，将数量加1
        for(int i=0;i<list.size();i++){
           Object obj = list.get(i);
           Product product = (Product)obj;
           if(product.getPNO().equals(p.getPNO())){
              product.setAmount(product.getAmount()+1);
              return;
           }
        }
        //如果不存在，将该种商品的数量设置为1，加入购物车(集合)
        p.setAmount(1);
        list.add(p);
    }
    //删除一个商品
    public void deleteProduct(String pNO){
      //如果购物车(集合)里已经存在该种商品，判断数量是否为1
      for(int i=0;i<list.size();i++){
           Object obj = list.get(i);
           Product product = (Product)obj;
           if(product.getPNO().equals(pNO)){
               //商品数量大于1时将数量减去1，数量等于1时删除该商品
               if(product.getAmount() > 1){
                  product.setAmount(product.getAmount()-1);

               }
               else{
                   list.remove(i);
               }
               return;
           }
      }
      //如果不存在，提示出错
      System.out.println("购物车中不存在该商品");
    }
    //修改商品个数
    public void updateCount(String pNO,int amout){
      if(amout<=0){
           System.out.println("商品数量应大于0");
      }
      for(int i=0;i<list.size();i++){
           Object obj = list.get(i);
           Product product = (Product)obj;
           if(product.getPNO().equals(pNO)){
              product.setAmount(amout);
              return;
           }
      }
      //如果不存在，提示出错
      System.out.println("购物车中不存在该商品");
    }
    //显示购物车中的所有商品
    public void showCart(){
```

```
        System.out.print(String.format("%-16s","|商品编号"));
        System.out.print(String.format("%-121s","|商品名称"));
        System.out.print(String.format("%-16s","|价格"));
        System.out.print(String.format("%-16s","|积分"));
        System.out.print(String.format("%-10s","|数量"));
        System.out.print("\n");
        Iterator item=list.iterator();
        //迭代访问每个元素
        while(item.hasNext()){
            Product p =(Product) item.next();
            System.out.print(String.format("%-10s","|"+p.getPNO()));
            System.out.print(String.format("%-20s","|"+p.getPName()));
            System.out.print(String.format("%-8s","|"+p.getSellPrice()));
            System.out.print(String.format("%-8s","|"+p.getPoints()));
            System.out.print(String.format("%-12s","|"+p.getAmount()));
            System.out.print("\n");
        }
    }
}
```

第三步，新建 Test 类，编写 main 函数对购物车的功能进行测试，先创建一个 ShoppingCart 购物车对象，再增加或者删除 Product 商品后分别显示购物车中的商品信息。代码如下：

```
package collectiontest;

public class Test {
    public static void main(String[] args) {
        ShoppingCart cart = new ShoppingCart();
        //创建第一种商品
        Product p1 = new Product();
        p1.setPNo("234126789");
        p1.setPName("高露洁牙膏140g");
        p1.setSellPrice(12.9);
        System.out.println("1.增加一个新商品的购物车");
        p1.setPoints(1);
        cart.addProduct(p1);
        cart.showCart();
        System.out.println("\n2.增加一个已有商品的购物车");
        cart.addProduct(p1);
        cart.showCart();
        //创建第二种商品
        Product p2 = new Product();
        p2.setPNo("76124241212");
        p2.setPName("飘柔洗发水1000ml");
        p2.setSellPrice(23.12);
        p2.setPoints(2);
        System.out.println("\n3.再增加一个新商品的购物车");
        cart.addProduct(p2);
        cart.showCart();
        System.out.println("\n4.删除一个新商品的购物车");
        cart.deleteProduct("234126789");
        cart.showCart();
    }

}
```

第四步运行后的效果如图 12.10 所示。

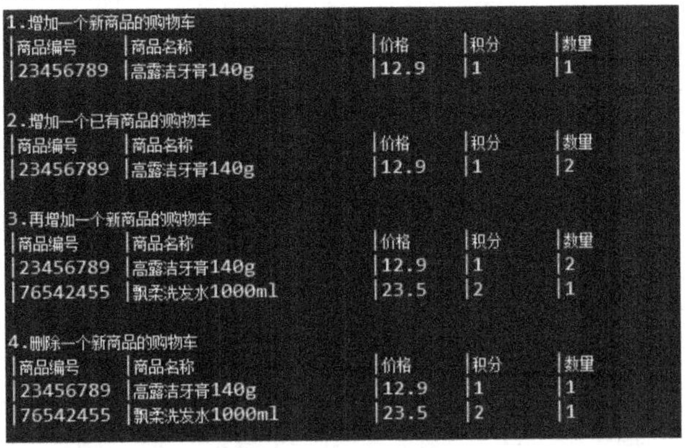

```
1.增加一个新商品的购物车
|商品编号    |商品名称                    |价格    |积分    |数量
|23456789   |高露洁牙膏140g              |12.9    |1       |1

2.增加一个已有商品的购物车
|商品编号    |商品名称                    |价格    |积分    |数量
|23456789   |高露洁牙膏140g              |12.9    |1       |2

3.再增加一个新商品的购物车
|商品编号    |商品名称                    |价格    |积分    |数量
|23456789   |高露洁牙膏140g              |12.9    |1       |2
|76542455   |飘柔洗发水1000ml            |23.5    |2       |1

4.删除一个新商品的购物车
|商品编号    |商品名称                    |价格    |积分    |数量
|23456789   |高露洁牙膏140g              |12.9    |1       |1
|76542455   |飘柔洗发水1000ml            |23.5    |2       |1
```

图 12.10　购物车运行效果

提示： 如何选择合适的集合类：

(1) 如果数据存放对顺序没有要求 ，那么首先选择 HashSet 集合。

(2) 如果数据存放对顺序有要求，那么首先选择 ArrayList 集合。

(3) 如果数据存放需要保存顺序，且需要频繁地增删元素，那就选择 LinkedList 集合。

(4) 如果数据需要以“键－值”对存放，就用 HashMap。

(5) 以 Hash 开头的集合类，元素的读取和修改效率最高。

(6) 以 Array 开头的集合类，元素的读取快但修改慢。

(7) 以 Linked 开头的集合类，元素的读取慢但修改快。

思考题

(1) 如何使用 LinkedList 或者 HashSet 集合类实现购物车功能？编写代码实现。

(2) 比较 Java 数组，ArrayList 和 LinkedList 在查询和存取元素方面的性能。

12.2　泛 型 集 合

所谓泛型就是允许在定义接口或者类的对象时指定形参的类型，这个类型形参将在声明变量、创建对象时确定。增加了泛型支持后的集合，可以记住集合中元素的类型，并可以在编译时检查集合中元素的类型，这样可以避免数据类型的强制转换，减少因强制类型转换而增加的安全风险，同时还可以让代码变得更加简洁。

12.2.1　为什么使用泛型集合

我们在集合类 ArrayList 中分别放入多个学生的考试成绩，在计算平均分时，需要将取出的元素强制转换为数字型才能相加。代码如下：

```
public class GenericListTest {
    public static void main(String[] args) {
        ArrayList array = new ArrayList();
        //添加整数元素
        array.add(81);
        array.add(91);
        array.add(78);
        array.add(86);
        array.add(92);
```

```
        //取出后需要强制转换成整数才能计算
        int total=0;
        for(int i=0;i<array.size();i++){
            total +=  Integer.parseInt(array.get(i).toString());
        }
        System.out.print("平均分为"+total/array.size());
    }
}
```

运行结果如图 12.11 所示。

程序员明明知道自己存储在 List 里面的对象是 Integer 类型，但是在取回集合中元素时，还是必须强制转换类型。当把一个对象放入集合中后，系统会把所有集合元素都当成 Object 类的实例进行处理。从 JDK1.5 以后，可以使用泛型来限制集合里元素的类型，并让集合记住所有集合元素的类型，取出后也无须强制转换。

图 12.11　运行结果

泛型(Generic type 或者 generics)是对 Java 语言的类型系统的一种扩展，以支持创建可以按类型进行参数化的类。可以把类型参数看作是使用参数化类型时指定的类型的一个占位符，就像方法的形式参数是运行时传递的值的占位符一样。

12.2.2　泛型的语法

泛形的基本语法为：

集合类<类型>

比如 ArrayList<int>，表示只能存放 int 数据类型的集合。本节开始处的代码可以优化为以下代码：

```
public class GenericListTest {
    public static void main(String[] args) {
        ArrayList<Integer> array = new ArrayList<Integer>();
        //添加整数元素
        array.add(85);
        array.add(95);
        array.add(78);
        array.add(86);
        array.add(92);
        //取出后还是整数，无须强制转换
        int total=0;
        for(int i=0;i<array.size();i++){
            total +=  array.get(i);
            }
        System.out.print("平均分为"+total/array.size());
    }
}
```

使用 ArrayList <T>是 List<T>的一个实现类，ArrayList<T>与 ArrayList 的对比如表 12.9 所示。

表 12.9　使用泛型与不使用泛型的异同点比较

<table>
<tr><th>异同点</th><th>ArrayList<T></th><th>ArrayList</th></tr>
<tr><td rowspan="2">不同点</td><td>增加元素时类型严格检查</td><td>可以增加任何类型</td></tr>
<tr><td>无需类型转换</td><td>需要类型转换</td></tr>
<tr><td rowspan="3">相同点</td><td colspan="2">通过索引访问集合的元素</td></tr>
<tr><td colspan="2">添加对象方法相同</td></tr>
<tr><td colspan="2">通过索引删除元素</td></tr>
</table>

对于 Map 接口，每一个元素需要定义 key 和 value 两个值，分别限制 key 和 value 的数据类型，可表达为 Map<K,V>，如：HashMap<String,Integer>。

Map<K,V>具有 List<T>相同的特性，<K,V>约束集合中元素类型，编译时检查类型约束，无需类型转换操作。

以下代码使用 Map 的泛型实现了计算平均分的功能。

```
public class GenericMapTest {
    public static void main(String[] args) {
        HashMap<String,Integer> map = new HashMap<String,Integer>();
        map.put("王星", 85);
        map.put("张三", 95);
        map.put("张春燕", 78);
        map.put("刘艳",86);
        map.put("朱红", 92);
        int total =map.get("王星")+map.get("张三")+map.get("张春燕")
                                  +map.get("刘艳")+map.get("朱红");
        System.out.println("平均分为"+total/12);
    }
}
```

12.2.3　泛型的优点

1. 类型安全

泛型的主要目标是提高 Java 程序的类型安全。通过知道使用泛型定义的变量的类型限制，编译器可以在一个高得多的程度上验证类型假设。没有泛型，这些假设就只存在于程序员的头脑中。

Java 程序中的一种流行技术是定义这样的集合，即它的元素或键是公共类型的，比如“String 列表”或者“String 到 String 的映射”。通过在变量声明中捕获这一附加的类型信息，泛型允许编译器实施这些附加的类型约束。类型错误现在就可以在编译时被捕获了，而不是在运行时当作 ClassCastException 展示出来。将类型检查从运行时移到编译时有助于你更容易找到错误，并可提高程序的可靠性。

2. 消除强制类型转换

泛型的一个附带好处是，消除源代码中的许多强制类型转换。这使得代码更加可读，并且减少了出错机会。

3. 潜在的性能收益

泛型为较大的优化带来可能。在泛型的初始实现中，编译器将强制类型转换(没有泛型的话，程序员会指定这些强制类型转换)插入生成的字节码中。但是更多类型信息可用于编译器这一事实，为未来版本的 JVM 的优化带来可能。

12.2.4 使用泛型集合实现购物车功能

修改 ShoppingCart 类，在创建 List 集合对象时，使用泛型约束存放的对象类型，这样在使用 Iterator 迭代器进行读取时就不需要进行强制转换。ShoppingCart 类修改后的代码如下所示，运行后的结果和未修改前的运行结果相同。

```
package collectiontest;

import java.util.ArrayList;
import java.util.Iterator;
import java.util.List;

public class ShoppingCart {
    //定义集合，模拟购物车
    private List<Product> list = new ArrayList<Product> ();
    //增加一个商品
    public void addProduct(Product p){
        //如果购物车(集合)里已经存在该种商品，将数量加1
        for(int i=0;i<list.size();i++){
            Object obj = list.get(i);
            Product product = (Product)obj;
            if(product.getPNO().equals(p.getPNO())){
               product.setAmount(product.getAmount()+1);
               return;
            }
        }
        //如果不存在，将该种商品的数量设置为1，加入购物车(集合)
        p.setAmount(1);
        list.add(p);
    }
    //删除一个商品
    public void deleteProduct(String pNO){
        //如果购物车(集合)里已经存在该种商品，判断数量是否为1
        for(int i=0;i<list.size();i++){
            Object obj = list.get(i);
            Product product = (Product)obj;
            if(product.getPNO().equals(pNO)){
                //商品数量大于1时将数量减去1，数量等于1时删除该商品
                if(product.getAmount() > 1){
                   product.setAmount(product.getAmount()-1);

                }
                else{
```

```
                list.remove(i);
            }
            return;
        }
    }
    //如果不存在，提示出错
    System.out.println("购物车中不存在该商品");
}
//修改商品个数
public void updateCount(String pNO,int amout){
    if(amout<=0){
        System.out.println("商品数量应大于0");
    }
    for(int i=0;i<list.size();i++){
        Object obj = list.get(i);
        Product product = (Product)obj;
        if(product.getPNO().equals(pNO)){
            product.setAmount(amout);
            return;
        }
    }
    //如果不存在，提示出错
    System.out.println("购物车中不存在该商品");
}
//显示购物车中的所有商品
public void showCart(){
    System.out.print(String.format("%-16s","|商品编号"));
    System.out.print(String.format("%-121s","|商品名称"));
    System.out.print(String.format("%-16s","|价格"));
    System.out.print(String.format("%-16s","|积分"));
    System.out.print(String.format("%-10s","|数量"));
    System.out.print("\n");
    Iterator<Product> item=list.iterator();
    //迭代访问每个元素
    while(item.hasNext()){
        Product p = item.next();
        System.out.print(String.format("%-10s","|"+p.getPNO()));
        System.out.print(String.format("%-20s","|"+p.getPName()));
        System.out.print(String.format("%-8s","|"+p.getSellPrice()));
        System.out.print(String.format("%-8s","|"+p.getPoints()));
        System.out.print(String.format("%-12s","|"+p.getAmount()));
        System.out.print("\n");
    }
}
}
```

12.3　小　　结

(1) Java 中的集合框架包括 Collection 和 Map 两大基本接口；其中 List、Set 继承 Collection 接口 。

(2) List 接口是有序的，允许有重复值，ArrayList 和 LinkedList 是 List 接口的实现类。

(3) Set 接口是无序的，不允许有重复值，HashSet 是 Set 接口常用的实现类。

(4) Map 接口是无序的，用于存放键值对，通过键来存取值，HashMap 和 Hashtable 是 Map 接口的常用实现类。

(5) 使用泛型对集合类中元素进行限制，可以避免数据类型的强制转换，减少因强制类型转换而增加的出错风险。

习　　题

一、选择题

1. 在 Java 中，(　　) 类可用于创建链表数据结构的对象。

　A. LinkedList　　B. ArrayList　　C. Collection　　D. HashMap

2. Java 中的集合类包括 ArrayList，LinkedList，HashMap 等类，下列关于集合类描述错误的是(　　)。

　A. ArrayList 和 LinkedList 均实现了 List 接口

　B. ArrayList 的访问速度比 LinkedList 快

　C. 添加和删除元素时，ArrayList 的表现更佳

　D. HashMap 实现 Map 接口，它允许任何类型的键和值对象，并允许将 null 用作键或值

3. Java 中，以下(　　) 接口以键值对的方式存储对象。

　A. Collection　　B. Map　　C. List　　D. Set

4. 如果希望数据有序存储并且便于修改，可以使用哪种 Collection 接口的实现类(　　)

　A. LinkedList　　B. ArrayList　　C. HashMap　　D. HashSet

5. 如果希望数据有序存储并且便于查询，应使用哪种 Collection 接口的实现类(　　)

　A. LinkedList　　B. ArrayList　　C. HashMap　　D. HashSet

6. 如果希望遍历 Set 中的全部元素，可以使用哪种方式(　　)。

　A. 普通 for 循环　　B. Foreach 循环　　C. Iterator　　D. SetIterator

7. 下列代码的运行结果是(　　)。

```
import java.util.*;
public class Test {
    public static void main(String[] args) {
        List<Integer> list = new ArrayList<Integer>();
        Iterator<Integer> it = list.iterator();
        System.out.println(it.next());
    }
}
```

　A. 0　　B. 抛出异常　　C. 编译错误　　D. 运行错误

二、阅读程序题

1. 填写以下代码的输出结果。

```
import java.util.*;
public class Test {
    public static void main(String[] args) {
        ArrayList<String> strings = new ArrayList<String>();
        strings.add("zhang");
        strings.add("ZHANG");
        strings.add("zgt");
        strings.add("ZGT");
```

```
        Collections.sort(strings);
        for (String s : strings) {
            System.out.print(s + " ");
        }
    }
}
```

输出结果：________________________________

2．填写以下代码的输出结果。

```
import java.util.*;
public class Test {
    private String s;
    public Test(String s) {
        this.s = s;
    }
    public static void main(String[] args) {
        HashSet<Object> hs = new HashSet<Object>();
        Test ws1 = new Test("java");
        Test ws2 = new Test("java");
        String s1 = new String("java");
        String s2 = new String("java");
        hs.add(ws1);
        hs.add(ws2);
        hs.add(s1);
        hs.add(s2);
        System.out.println(hs.size());
    }
}
```

输出结果：________________________________

三、程序填空题

阅读以下代码：

```
import java.util.*;
public class Test {
    public static int sum(List intList) {
        boolean flag;
        int sum = 0;
        for (Iterator iter = intList.iterator(); iter.hasNext();) {
            flag = true;
            int i = ((Integer) iter.next()).intValue();
            if(i<2)
                flag = false;
            for(int j=2;j<i;j++){
                if(i%j == 0){
                    flag = false;
                    break;
                }
            }
            if(flag)
                sum += i;
        }
        return sum;
    }
    public static void main(String[] args) {
        List list = new ArrayList();
        for(int i=2;i<=10;i++){
```

```
            list.add(i);
        }
        System.out.println(sum(list));
    }
}
```

上述代码实现了________________________功能，在上述代码中的sum 方法中使用泛型集合，代码修改为：

```
public static int sum(__________________) {
    boolean flag;
    int sum = 0;
    for (________________________; iter.hasNext();) {
        flag = true;
        int i = ____________________________
        if(i<2)
        flag = false;
        for(int j=2;j<i;j++){
            if(i%j == 0){
            flag = false;
            break;
            }
        }
        if(flag)
            sum += i;
    }
    return sum;
}
```

四、编程题

1. 编写一个程序，读取一系列名字，并将它们存储在 LinkedList 中，不能存储重复的名字，并允许用户查找一个名字。

2. 使用 HashMap 泛型集合实现从键盘输入一个字符串，统计字符串中每个字符的个数的功能。如输入“adbda”，结果为 d=2，b=1，a=2。

第 13 章　综合案例：宠物商店

宠物商店(JPetStore) 最初是 Sun Microsystems 公司基于 Java EE 平台开发的一个实现实例，它给出了一个完整的宠物商店实现。J2EE 平台的技术对系统硬件要求比较高，所以很多 Java 程序员对原始的 Java 宠物商店程序进行了修改，因此 Java 宠物商店在网上有很多版本。本章讲述如何编写代码实现宠物商店的部分功能，目的在于提高 Java 初学者的代码编写能力。本章内容涉及 Java 程序设计基础、面向对象基础知识、使用 JDBC 操作数据库、文件读写和异常处理。

为了提升读者的代码编写和程序控制能力，本章并未使用界面操作，而采用了纯代码的方式进行结构设计和程序流程控制。本章分为以下几个部分：项目需求分析、结构设计、数据库设计与实现、代码编写及运行效果。

13.1　宠物商店需求分析

宠物商店经常买卖各种类型的宠物(买入宠物、出售宠物)，这些类型包括狗、猫、兔、鱼虾、蛇。商店管理人员根据用户名和密码登录系统后(用户登录)，可以浏览全部宠物信息，也可以根据宠物名字、出生日期、主人姓名、出售日期查询相关信息(宠物信息查询)。

在宠物商店里，宠物一天天成长，一天天发生改变(修改宠物)，宠物可以自己繁殖(增加宠物)，也可能因为某种原因死亡或者消失(删除宠物)。

宠物在日常生活中需要进行各种保养，生病时需要治疗，对于这些保养和治疗也需要记录，以便日后查询分析(增删改查治疗信息)。

所有信息都保存至 MYSQL 数据库中，对于数据的增加、删除、修改涉及数据改动的操作除了要保存数据库外，还要单独记录到一个记录操作的日志文件中去(保存日志)。

因此，本项目将实现以下功能：

(1) 用户登录功能；

(2) 宠物的管理功能，包括宠物出售、宠物买入、增加宠物、删除宠物、修改宠物信息；

(3) 宠物查询功能，包括浏览所有宠物、根据宠物名称查询、根据宠物类别查询、根据宠物出生日期查询、根据宠物主人姓名查询以及根据出售日期查询；

(4) 宠物治疗记录管理功能，包括宠物治疗记录的增加操作、删除操作和修改操作；

(5) 宠物治疗记录查询功能，包括浏览所有治疗信息、根据日期查询、根据宠物名字查询、根据主人姓名查询；

(6) 销售记录查询功能，包括浏览所有宠物销售记录、根据销售时间查询。

(7) 所有更改数据库内容的操作保存至日志文件。

功能结构图如图 13.1 所示。

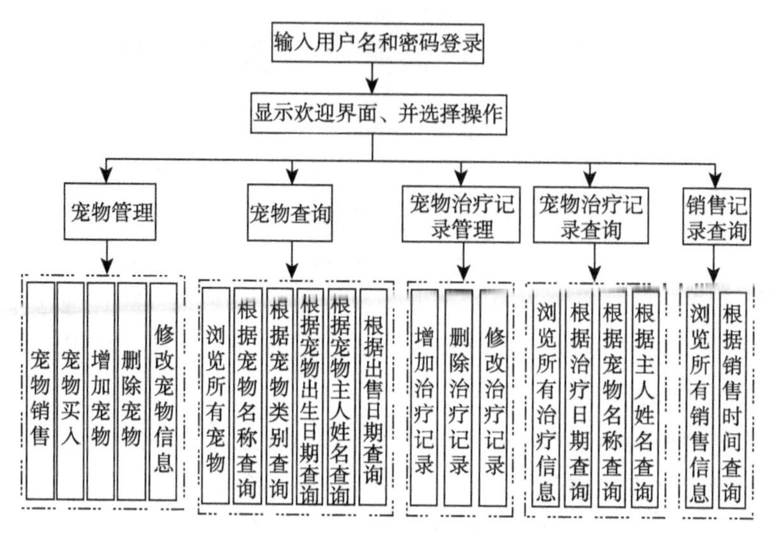

图 13.1　宠物商店功能结构图

13.2　宠物商店结构设计

根据项目需求分析，本项目将设计到如下九个类：

(1) RunPetStore 类：程序入口，包含 main 函数，控制程序的运行。

(2) PetStore 类：负责组织程序流程控制，向 RunPetStore 类提供函数调用。

(3) LoginService 类：负责用户登录服务，用于判断用户是否登录成功。

(4) PetTypeService 类：负责宠物类型数据的操作，向 PetStore 类提供宠物类型记录的增删改查服务。

(5) PetService 类：负责宠物数据的操作，向 PetStore 类提供宠物记录的增删改查服务。

(6) PetSale 类：负责宠物销售数据的操作，向 PetStore 类提供销售记录的增加和查询服务。

(7) Treatment 类：负责治疗数据的操作，向 PetStore 类提供治疗记录的增删改查服务。

(8) DBHelper 类：负责提供数据库连接并返回一个 PreparedStatement 对象。

(9) LogService 类：负责保存日志信息。

这九个类的调用关系如图 13.2 所示。

整个项目的结构类图如图 13.3 所示。

其中，各类包含的方法说明如表 13.1 所示。

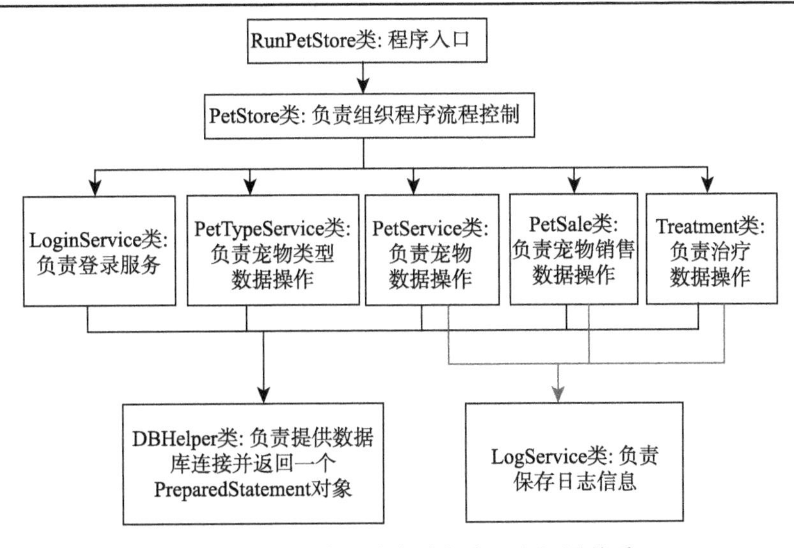

图 13.2 项目类的基本功能分工和调用关系

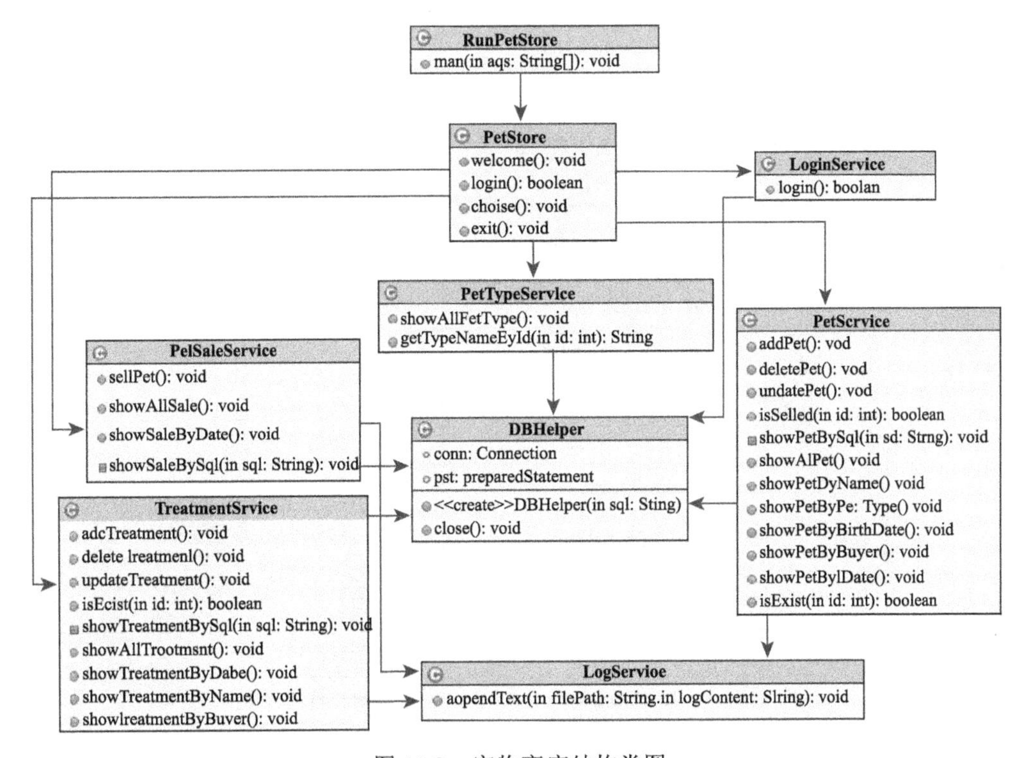

图 13.3 宠物商店结构类图

表 13.1 项目所用方法说明

类名	方法名	说明
RunPetStore	public static void main()	系统入口函数
PetStore	public boolean login()	循环控制用户多次登录
	public void welcome()	显示登录成功后的欢迎信息
	public void exit()	显示用户离开系统时的退出信息
	public void choise()	通过用户选择进行各种操作

续表

类名	方法名	说明
LoginService	public boolean login()	判断用户输入的用户名和密码是否登录成功
PetTypeService	public void showAllPetType()	显示所有宠物类型
	public String getTypeNameById(int id)	根据宠物类型 ID 获取宠物类型名称
PetService	public void addPet()	增加一个宠物记录
	public void deletePet()	删除一个宠物记录
	public void updatePet()	修改一个宠物记录
	public boolean isSelled(int id)	根据宠物 ID 判断该宠物是否已经出售
	public boolean isExist(int id)	根据宠物 ID 判断该宠物是否存在
	private void showPetBySql(String sql)	根据 SQL 语句显示宠物信息，供其他查询方法调用
	public void showAllPet()	显示所有宠物信息
	public void showPetByName()	根据宠物名字查询宠物信息
	public void showPetByPetType()	根据宠物类型查询宠物信息
	public void showPetByBirthDate()	根据出生日期查询宠物信息
	public void showPetByBuyer()	根据宠物主人查询宠物信息
	public void showPetBySellDate()	根据出售日期查询宠物信息
PetSale	public void sellPet()	出售一个宠物
	private void showSaleBySql(String sql)	根据 SQL 语句显示宠物出售信息，供其他查询方法调用
	public void showAllSale()	显示所有宠物出售信息
	public void showSaleByDate()	根据出售日期查询宠物出售信息
Treatment	public void addTreatment()	增加一条治疗记录
	public void deleteTreatment()	删除一条治疗记录
	public void updateTreatment()	修改一条治疗记录
	public boolean isExist(int id)	根据 ID 判断该治疗记录是否存在
	private void showTreatmentBySql(String sql)	根据 SQL 语句显示宠物治疗信息，供其他查询方法调用
	public void showAllTreatment()	显示所有治疗信息
	public void showTreatmentByDate()	根据治疗日期查询治疗信息
	public void showTreatmentByPetName()	根据宠物名字查询治疗信息
	public void showTreatmentByBuyer()	根据宠物主人查询治疗信息
DBHelper	public DBHelper(String sql)	数据操作类的构造函数
	public PreparedStatement pst	数据操作类的属性获得一个 PreparedStatement 对象
LogService	public void appendText(String filePath,String logContent)	在 filePath 所在的文件里追加 logContent 内容

13.3　数据库设计与实现

1. 数据库设计

数据库设计是系统设计中非常重要的一个环节，数据是设计的基础，直接决定系统的成败。如果数据库设计不合理、不完善，将在系统开发中，甚至到后期的维护时，引起严重的问题。根据项目的需求，至少需要五张表。分别为：宠物类别表、宠物表、宠物销售表、治疗记录表、登录用户信息表。

(1) 宠物类别表(PetType)：用于存放宠物类别。

(2) 宠物表(Pet)：用于存放各类宠物信息。

(3) 宠物销售表(PetSale)：用于存放宠物的销售记录。

(4) 治疗记录表(Treatment)：用于存放宠物的保养和治疗信息。

(5) 登录用户信息表(LoginUser)：用于存放登录用户信息。

其中，宠物类别表(PetType)的字段说明如表 13.2 所示。

表 13.2　宠物类别表(PetType)

字段名	类型	说明
Id	INT	编号，主键，自增
TypeName	VARCHAR (50)	用户名，非空

宠物表(Pet)的字段说明如表 13.3 所示。

表 13.3　宠物表(Pet)

字段名	类型	说明
Id	INT	编号，主键，自增
PetName	VARCHAR (50)	宠物名字
PetTypeID	INT	宠物类型，外键
BirthDate	DATE	出生日期
ComeDate	DATE	进店日期
IsSelled	TINYINT	是否已经出售，默认 0 表示未出售
Healthy	VARCHAR(30)	健康状况，分为优良中差，默认优
BuyPrice	DECIMAL(10,1)	购买价格，默认 0
Weight	DECIMAL(10,1)	重量，单位公斤，默认 0
Color	VARCHAR(30)	颜色
BodyLength	DECIMAL(10,1)	长度，单位厘米
Height	DECIMAL(10,1)	高度，单位厘米
Remark	VARCHAR(100)	备注

宠物销售表(PetSale)的字段说明如表 13.4 所示。

表 13.4　宠物销售表(PetSale)

字段名	类型	说明
Id	INT	编号，主键，自增
PetID	INT	宠物编号，外键
SellDate	DATE	出售日期
Buyer	VARCHAR(30)	购买者
SellPrice	DECIMAL(10,2)	出售价格

治疗记录表(Treatment)的字段说明如表 13.5 所示。

表 13.5　治疗记录表(Treatment)

字段名	类型	说明
Id	INT	编号，主键，自增
PetID	INT	宠物编号，外键
TreatContent	VARCHAR(300)	治疗内容
TreatDate	DATETIME	治疗日期
Doctor	VARCHAR(20)	操作医师

登录用户信息表(LoginUser)的字段说明如表 13-6 所示。

表 13.6　登录用户信息表(LoginUser)

字段名	类型	说明
Id	INT	编号，主键，自增
LoginID	VARCHAR(30)	登录名
Pwd	VARCHAR(30)	密码

2. 数据库的实现

数据库以及数据库中的数据表可以使用 SQL 语句创建。创建数据库的 SQL 语句如下：

```
CREATE DATABASE PetStore
CHARACTER SET 'utf8'
COLLATE 'utf8_general_ci'
```

创建各个表的 SQL 语句如下：

```
#表1宠物类型表
    CREATE TABLE PetType
    (
        ID INT PRIMARY KEY AUTO_INCREMENT,
        TypeName VARCHAR(50) NOT NULL
    )
#表2宠物表
CREATE TABLE Pet
(
    ID INT PRIMARY KEY AUTO_INCREMENT,
```

```
    PetName VARCHAR(50) NOT NULL,
    PetTypeID INT,
    BirthDate DATE,
    ComeDate DATETIME,
    IsSelled TINYINT  DEFAULT 0,
    Healthy VARCHAR(30) DEFAULT "优",
    BuyPrice DECIMAL(10,2) DEFAULT 0,
    Weight DECIMAL(10,2) DEFAULT 0,
    Color VARCHAR(30),
    BodyLength DECIMAL(10,2),
    Height DECIMAL(10,2),
    Remark VARCHAR(100),
    FOREIGN KEY(PetTypeID) REFERENCES PetType(ID)
)
#表3 宠物销售表
CREATE TABLE PetSale
(
    ID INT PRIMARY KEY AUTO_INCREMENT,
    PetID INT,
    SellDate DATETIME,
    Buyer VARCHAR(30),
    SellPrice DECIMAL(10,2),
    FOREIGN KEY(PetID) REFERENCES Pet(ID)
)
#表4 保养治疗记录表
CREATE TABLE Treatment
(
    ID INT PRIMARY KEY AUTO_INCREMENT,
    PetID INT,
    TreatContent VARCHAR(300),
    TreatDate DATETIME,
    Doctor VARCHAR(20),
    FOREIGN KEY(PetID) REFERENCES Pet(ID)
)
#表5 登录用户信息表
CREATE TABLE LoginUser
(
    ID INT PRIMARY KEY AUTO_INCREMENT,
    LoginID VARCHAR(30),
    Pwd VARCHAR(30)
)
```

13.4　代码编写及运行效果

1. 实现登录功能

(1) 新建一个名为 petstore 的包，在此包中添加两个类：类名分别为 PetStore 类和 RunPetStore 类。

(2) 再新建另一个名为的 petstore.service 包，在包中添加 DBHelper 类和 LoginService 类。

(3) 下载并导入 mysql 数据库的 jdbc 驱动。

(4) 编写代码：

首先编写 DBHelper 类，该类负责数据库的链接与关闭，并提供一个 PreparedStatement

对象供调用者执行 SQL 语句。DBHelper 类的代码如下：

```
package petstore.service;
import java.sql.Connection;
import java.sql.DriverManager;
import java.sql.PreparedStatement;
public class DBHelper {
    public Connection conn = null;
    public PreparedStatement pst = null;
    public DBHelper(String sql) {
      String url = "jdbc:mysql://localhost:3306/petstore";
      String name = "com.mysql.jdbc.Driver";
      String user = "root";
      String password = "123456";
      try {
        Class.forName(name);//指定连接类型
        conn = DriverManager.getConnection(url,user,password);
                                                        //获取连接
        pst = conn.prepareStatement(sql);//准备执行语句
      } catch (Exception e) {
        e.printStackTrace();
      }
    }
}
```

LoginService 类提供 login 方法用于判断用户输入的用户名和密码是否存在于数据量里，如果存在则登录成功，否则登录失败。全局变量 loginID 用于存储登录者的用户名，供保存日志文件时使用。LoginService 类的代码如下：

```
package petstore.service;
import java.sql.ResultSet;
import java.sql.SQLException;
import java.util.Scanner;
public class LoginService {
    //全局loginID
    public static String globalLoginId = "";
    private Scanner input = new Scanner(System.in);
    //用户登录
    public boolean login() {
        try {
            System.out.println("请输入登录名：");
            String loginId = input.nextLine();
            globalLoginId = loginId;
            System.out.println("输入密码：");
            String pwd = input.nextLine();
            String sql = "SELECT COUNT(*) FROM LoginUser  WHERE loginID = ?
                AND pwd =?";
            DBHelper db = new DBHelper(sql);
            db.pst.setString(1, loginId);
            db.pst.setString(2, pwd);
            ResultSet rs = db.pst.executeQuery();
            if (rs.next()) {
                if(rs.getInt(1)>0)
                    return true;
            }
        } catch(SQLException ce) {
```

```
            System.out.println(ce);
        }
        return false;
    }
}
```

接着编写 PetStore 类实现对登录状况的控制，代码如下：

```
package petstore;
import java.util.Scanner;
import petstore.service.LoginService;
public class PetStore {
    private Scanner input = new Scanner(System.in);
    private LoginService loginService = new LoginService();
    public boolean login(){
        while (true) {
            if(loginService.login()){
                System.out.println("------------恭喜您登录成功-----------");
                return true;
            }
            else {
                System.out.println("用户名或密码有误，是否继续登录？是(y),否(n)");
                String flag = input.nextLine();
                if (flag.equalsIgnoreCase("n"))
                    break;
            }
        }
        return false;
    }
}
public void welcome(){
        System.out.println("------------欢迎您来到宠物商店-------------");
        System.out.println("-------您必须先登录，才能进行相关操作-------");
    }
    public void exit(){
        System.out.println("---------您已经退出宠物商店，欢迎下次登录---------");
    }
```

最后编写RunPetStore类，在该类中添加main主函数，运行整个项目，RunPetStore类的代码如下：

```
package petstore;
public class RunPetStore {
    public static void main(String[] args) {
        PetStore store = new PetStore();
        store.welcome();
        store.login();
        store.exit();
    }
}
```

(5)运行效果：

登录的运行效果如图 13.4 所示。

2. 实现宠物管理功能

(1) 在 petstore.service 包中添加 PetTypeService 类，实现对数据库中的 PetType 表操

作。该类包含两个方法：一个方法用于显示所有宠物类型，另一个则是根据宠物类型编号获取类型名称。代码如下：

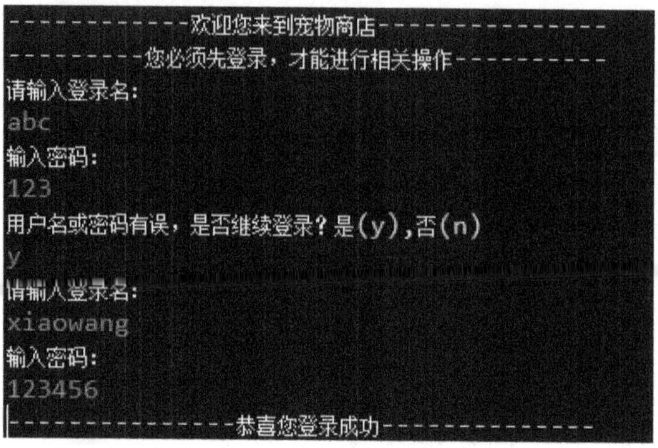

```
-------------欢迎您来到宠物商店--------------
---------您必须先登录，才能进行相关操作----------
请输入登录名：
abc
输入密码：
123
用户名或密码有误，是否继续登录？是(y),否(n)
y
请输入登录名：
xiaowang
输入密码：
123456
--------------恭喜您登录成功-------------
```

图 13.4　登录运行效果

```
package petstore.service;

import java.sql.ResultSet;
import java.sql.SQLException;

public class PetTypeService {
    //显示所有宠物类型
    public void showAllPetType() {
        try {
            String sql = "SELECT * FROM PetType";
            DBHelper db = new DBHelper(sql);
            ResultSet rs = db.pst.executeQuery();
            while (rs.next()) {
                System.out.print(rs.getString("ID") + "");
                System.out.print(rs.getString("TypeName") + "  ");
            }
        } catch (SQLException ce) {
            System.out.println(ce);
        }
    }
    //根据宠物类型ID获取宠物类型
    public String getTypeNameById(int id) {
        String name = "";
        try {
            String sql = "SELECT typeName FROM PetType where ID=?";
            DBHelper db = new DBHelper(sql);
            db.pst.setInt(1,ID);
            ResultSet rs = db.pst.executeQuery();
            if (rs.next())
                name = rs.getString("TypeName");
        } catch (SQLException ce) {
            System.out.println(ce);
        }
        return name;
    }
}
```

(2)在 petstore.service 包中继续添加 PetService 类，实现对数据库中的 Pet 表操作，涉及数据修改的操作要保存日志记录。这部分内容实现的功能较多，代码量较大，代码如下：

```
package petstore.service;

import java.sql.ResultSet;
import java.sql.SQLException;
import java.text.SimpleDateFormat;
import java.util.Date;
import java.util.Scanner;
import petstore.PetStore;

public class PetService {
    //格式化日期
    private SimpleDateFormat formatter2 = new SimpleDateFormat(
            "yyyy-MM-dd hh:mm:ss");
    private Scanner input = new Scanner(System.in);
    private PetTypeService petTypeService = new PetTypeService();
    private LogService logService = new LogService();

    //增加一个宠物记录
    public void addPet() {
        System.out.println("请输入宠物名字");
        String petName = input.next();
        System.out.println("请选择宠物类型：");
        petTypeService.showAllPetType();
        System.out.println();
        int typeId = input.nextInt();
        System.out.println("请输入出生日期(样式为YYYY-MM-DD)");
        String birthDate = input.next();
        System.out.println("请输入进店日期(样式为YYYY-MM-DD)");
        String comeDate = input.next();
        System.out.println("请选择健康状况：1优  2良  3中  4差");
        int he = input.nextInt();
        String healthy = "";
        if (he == 1)
            healthy = "优";
        else if (he == 2)
            healthy = "良";
        else if (he == 3)
            healthy = "中";
        else if (he == 4)
            healthy = "差";
        System.out.println("请输入购买价格");
        double buyPrice = input.nextDouble();
        System.out.println("请输入重量(单位：kg)");
        double weight = input.nextDouble();
        System.out.println("请输入颜色：");
        String color = input.next();
        System.out.println("请输入宠物长度(单位：cm)");
        double bodyLength = input.nextDouble();
        System.out.println("请输入宠物高度(单位：cm)");
        double height = input.nextDouble();

        String sql = "INSERT INTO Pet(PetName,PetTypeID,BirthDate,
                    ComeDate,Healthy,BuyPrice,Weight,Color,BodyLength,
                    Height) "+ "VALUES(?,?,?,?,?,?,?,?,?,?)";
        try {
            DBHelper db = new DBHelper(sql);
            db.pst.setString(1, petName);
```

```
            db.pst.setInt(2, typeId);
            db.pst.setString(3, birthDate);
            db.pst.setString(4, comeDate);
            db.pst.setString(5, healthy);
            db.pst.setDouble(6, buyPrice);
            db.pst.setDouble(7, weight);
            db.pst.setString(8, color);
            db.pst.setDouble(9, bodyLength);
            db.pst.setDouble(10, height);
            db.pst.executeUpdate();
            System.out.println("操作成功！");
            //保存日志
            String logContent = "操作人：" + LoginService.globalLoginId + ";
              操作时间："+ formatter2.format(new Date()) + "；操作内容：新
              增了一个名为" + petName + "的宠物。";
            logService.appendText(PetStore.logFilePath, logContent);
        } catch (SQLException ce) {
            System.out.println("操作失败！");
        }
    }
    //根据编号删除宠物
    public void deletePet() {
        System.out.println("请输入要删除的宠物编号：");
        int id = input.nextInt();
        String sql = "DELETE FROM pet WHERE id=?";
        //判断ID是否存在
        if (!isExist(id)) {
            System.out.println("不存在该ID的宠物编号，请查询后重新输入：");
            return;
        }
        try {
            DBHelper db = new DBHelper(sql);
            db.pst.setInt(1, id);
            int num = db.pst.executeUpdate();
            if (num > 0) {
                System.out.println("操作成功！,删除了" + num + "条数据！");
                //保存日志
                String logContent = "操作人：" + LoginService.globalLoginId
                      + "；操作时间：" + formatter2.format(new Date())
                      + "；操作内容：成功删除了一个编号为" + id + "的宠物。";
                logService.appendText(PetStore.logFilePath, logContent);
            } else
                System.out.println("不存在该类型该编号的宠物！");
        } catch (SQLException ce) {
            System.out.println("操作失败！");
        }
    }
    //修改宠物信息
    public void updatePet() {
        System.out.println("请输入要修改的宠物编号：");
        int id = input.nextInt();
        //判断ID是否存在
        if (!isExist(id)) {
            System.out.println("不存在该ID的宠物编号，请查询后重新输入：");
            return;
        }
        //显示修改前的记录信息
        String sql = "SELECT * FROM Pet where id=" + id;
```

```
showPetBySql(sql);
System.out.println("请输入新的请输入宠物名字(不需要修改请输入no): ");
String petName = input.next();
System.out.println("请选择新的宠物类型: (不需要修改请输入0): ");
petTypeService.showAllPetType();
System.out.println();
int typeId = input.nextInt();
System.out.println("请输入出生日期(样式为YYYY-MM-DD)(不需要修改请输
    入no)");
String birthDate = input.next();
System.out.println("请输入进店日期(样式为YYYY-MM-DD)(不需要修改请输
    入no)");
String comeDate = input.next();
System.out.println("请选择健康状况: 1优  2良  3中  4差(不需要修改请输入0)");
int he = input.nextInt();
String healthy = "";
if (he == 1)
    healthy = "优";
else if (he == 2)
    healthy = "良";
else if (he == 3)
    healthy = "中";
else if (he == 4)
    healthy = "差";
System.out.println("请输入购买价格(不需要修改请输入0): ");
double buyPrice = input.nextDouble();
System.out.println("请输入重量(单位: kg)(不需要修改请输入0)");
double weight = input.nextDouble();
System.out.println("请输入颜色(不需要修改请输入no): ");
String color = input.next();
System.out.println("请输入宠物长度(单位: cm)(不需要修改请输入0)");
double bodyLength = input.nextDouble();
System.out.println("请输入宠物高度(单位: cm)(不需要修改请输入0)");
double height = input.nextDouble();
//根据指定的字段是否需要修改编写SQL语句
String temp = "";
if (!petName.equalsIgnoreCase("no")) {
    temp = "petName='" + petName + "'";
}
if (typeId != 0) {
    if (temp != "")
        temp += ",";
    temp += "petTypeId=" + typeId;
}
if (!birthDate.equalsIgnoreCase("no")) {
    if (temp != "")
        temp += ",";
    temp += "birthDate='" + birthDate + "' ";
}
if (!comeDate.equalsIgnoreCase("no")) {
    if (temp != "")
        temp += ",";
    temp += "comeDate='" + comeDate + "'";
}
if (healthy != "") {
    if (temp != "")
        temp += ",";
    temp += "healthy='" + healthy + "'";
}
```

```
        if (buyPrice != 0) {
            if (temp != "")
                temp += ",";
            temp += "buyPrice=" + buyPrice;
        }
        if (weight != 0) {
            if (temp != "")
                temp += ",";
            temp += "weight=" + weight;
        }
        if (!color.equalsIgnoreCase("no")) {
            if (temp != "")
                temp += ",";
            temp += "color='" + color + "'";
        }
        if (bodyLength != 0) {
            if (temp != "")
                temp += ",";
            temp += "bodyLength=" + bodyLength;
        }
        if (height != 0) {
            if (temp != "")
                temp += ",";
            temp += "height=" + height;
        }
        if (temp == "") {
            System.out.println("您没有修改任何信息！");
            return;
        }
        //执行修改操作
        try {
            String sql2 = "update pet set  " + temp + " where id=" + id;
            DBHelper db = new DBHelper(sql2);
            db.pst.executeUpdate();
            System.out.println("修改成功！");
            //保存日志
            String logContent = "操作人：" + LoginService.globalLoginId + ";
                操作时间："+ formatter2.format(new Date()) + "; 操作内容：
                修改了一个编号为" + id+ "的宠物信息。";
            logService.appendText(PetStore.logFilePath, logContent);
        } catch (SQLException e) {
            System.out.println("操作失败！");
        }
    }
    //根据宠物ID判断是否已经出售，销售宠物时需要被调用
    public boolean isSelled(int id) {
        String sql = "SELECT isSelled FROM pet WHERE id=?";
        try {
            DBHelper db = new DBHelper(sql);
            db.pst.setInt(1, id);
            ResultSet rs = db.pst.executeQuery();
            if (rs.next()) {
                int num = rs.getInt("isSelled");
                if (num > 0)
                    return true;
            }

        } catch (SQLException ce) {
            System.out.println(ce.getMessage());
        }
```

```
            return false;
        }
        //根据宠物ID判断是否存在
        public boolean isExist(int id) {
         String sql = "SELECT count(*) as num FROM pet WHERE id=?";
         try {
             DBHelper db = new DBHelper(sql);
             db.pst.setInt(1, id);
             ResultSet rs = db.pst.executeQuery();
             if (rs.next()) {
                 int num = rs.getInt("num");
                 if (num > 0)
                     return true;
             }

          } catch (SQLException ce) {
             System.out.println(ce.getMessage());
          }
         return false;
    }
}
```

(3) 在 petstore.service 包中继续添加 PetSaleService 类，实现对数据库中的 PetSale 表操作，在该类中编写一个方法实现宠物销售记录的增加。代码如下：

```
package petstore.service;

import java.sql.ResultSet;
import java.sql.SQLException;
import java.text.SimpleDateFormat;
import java.util.Date;
import java.util.Scanner;
import petstore.PetStore;

public class PetSaleService {
     //格式化日期
    private SimpleDateFormat formatter = new SimpleDateFormat("yyyy-MM-dd");
    private SimpleDateFormat formatter2 = new SimpleDateFormat(
            "yyyy-MM-dd hh:mm:ss");
    private Scanner input = new Scanner(System.in);
    private PetService petService = new PetService();
    private LogService logService = new LogService();
    //出售宠物
    public void sellPet() {
        System.out.println("请输入要出售的宠物编号：");
        int petId = input.nextInt();
        //判断该宠物是否存在
        if (!petService.isExist(petId)) {
            System.out.println("不存在该ID的宠物，请查询后重新输入：");
            return;
        }
        //判断该宠物是否已经出售
        if (petService.isSelled(petId)) {
            System.out.println("该宠物已经出售，请浏览宠物信息后重新操作：");
            return;
        }
        System.out.println("请输入新主人姓名：");
        String buyer = input.next();
        System.out.println("请输入出售价格：");
        double price = input.nextDouble();
```

```
        String sql1 = "INSERT INTO petSale(petId,SellDate,buyer,SellPrice)
            VALUES(?,?,?,?)";
        String sql2 = "UPDATE pet SET IsSelled = 1 WHERE Id=?";
        try {
            //1.销售表中增加一条记录;
            DBHelper db = new DBHelper(sql1);
            db.pst.setInt(1,petId);
            Date date = new Date();
            db.pst.setString(2,formatter.format(date));
            db.pst.setString(3,buyer);
            db.pst.setDouble(4,price);
            db.pst.executeUpdate();
            //2修改宠物表的IsSelled状态值。
            db = new DBHelper(sql2);
            db.pst.setInt(1,petId);
            db.pst.executeUpdate();
            //保存日志
            String logContent = "操作人: " + LoginService.globalLoginId + ";
                操作时间: "+ formatter2.format(new Date()) + "; 操作内容: 出
                售了一个编号为" + petId + "的宠物。";
            logService.appendText(PetStore.logFilePath, logContent);
        } catch (SQLException e) {
            System.out.println("操作失败! ");
        }
        System.out.println("操作成功! ");
    }
}
```

(4) 修改 PetStore 类，在该类中添加一个 choise 方法，实现对宠物商店的业务流程控制。修改后的代码如下：

```
package petstore;

import java.util.Scanner;
import petstore.service.LoginService;
import petstore.service.PetSaleService;
import petstore.service.PetService;
import petstore.service.TreatmentService;

public class PetStore {
    public static String logFilePath = "D:/PetStoreLog.txt";
    private Scanner input = new Scanner(System.in);
    private PetService petService = new PetService();
    private PetSaleService petSaleService = new PetSaleService();
    private TreatmentService treatmentService = new TreatmentService();
    private LoginService loginService = new LoginService();
    //控制用户登录
    public boolean login(){
        while (true) {
            if(loginService.login()){
                System.out.println("------------恭喜您登录成功-------------");
                return true;
            }
            else {
                System.out.println("用户名或密码有误，是否继续登录? 是(y),否(n)");
                String flag = input.nextLine();
                if (flag.equalsIgnoreCase("n"))
                    break;
            }
        }
```

```
        return false;
    }
    //显示登录后的欢迎信息
    public void welcome(){
        System.out.println("------------欢迎您来到宠物商店----------------");
        System.out.println("---------您必须先登录，才能进行相关操作------");
    }
    //显示程序结束时的退出信息
    public void exit(){
        System.out.println("--------您已经退出宠物商店，欢迎下次登录---------");
    }
    //实现宠物商店的业务流程控制
    public void choise(){
        while(true){
            System.out.println("您可以进行以下操作：");
            System.out.println("1：宠物管理");
            System.out.println("2：宠物查询");
            System.out.println("3：宠物治疗记录管理");
            System.out.println("4：宠物治疗记录查询");
            System.out.println("5：销售记录查询");
            System.out.println("请根据需要执行的操作，选择序号输入，退出请输入
                零(0)");
            int c1 = input.nextInt();
            if(c1==0)
                break;
            else if(c1 == 1){
                while(true){
                    System.out.println("请选择宠物管理操作类型：");
                    System.out.println("1：宠物销售");
                    System.out.println("2：宠物买入");
                    System.out.println("3：增加宠物");
                    System.out.println("4：删除宠物");
                    System.out.println("5：修改宠物信息");
                    System.out.println("0：返回上层");
                    int c2 = input.nextInt();
                    if(c2 == 0)
                        break;
                    if(c2==1){
                        petSaleService.sellPet();
                    }
                    else if(c2==2||c2==3){
                        petService.addPet();
                    }
                    else if(c2==4){
                        petService.deletePet();
                    }
                    else if(c2==5){
                        petService.updatePet();
                    }
                    else{
                        System.out.println("选择有误，请重新选择");
                    }
                    System.out.println("是否继续？1 继续；0 返回上层");
                    int c3 = input.nextInt();
                    if(c3 == 0)
                        break;
                }
            }
```

```
else if(c1 == 2){
    while(true){
        System.out.println("请选择宠物查询类型：");
        System.out.println("1：浏览所有宠物");
        System.out.println("2：根据宠物名称查询");
        System.out.println("3：根据宠物类别查询");
        System.out.println("4：根据宠物出生日期查询");
        System.out.println("5：根据宠物主人姓名查询");
        System.out.println("6：根据出售日期查询");
        System.out.println("0：返回上层");
        int c2 = input.nextInt();
        if(c2 == 0)
            break;
        if(c2==1){
            petService.showAllPet();
        }
        else if(c2==2){
            petService.showPetByName();
        }
        else if(c2==3){
            petService.showPetByPetType();
        }
        else if(c2==4){
            petService.showPetByBirthDate();
        }
        else if(c2==5){
            petService.showPetByBuyer();
        }
        else if(c2==6){
            petService.showPetBySellDate();
        }
        else{
            System.out.println("选择有误，请重新选择");
        }
        System.out.println("是否继续？1 继续；0 返回上层");
        int c3 = input.nextInt();
        if(c3 == 0)
            break;
    }
}
else if(c1 == 3){
    while(true){
        System.out.println("请选择宠物治疗记录管理操作：");
        System.out.println("1：增加治疗记录");
        System.out.println("2：删除治疗记录");
        System.out.println("3：修改治疗记录");
        System.out.println("0：返回上层");
        int c2 = input.nextInt();
        if(c2 == 0)
            break;
        if(c2==1){
            treatmentService.addTreatment();
        }
        else if(c2==2){
            treatmentService.deleteTreatment();
        }
        else if(c2==3){
            treatmentService.updateTreatment();
        }
```

```
                else{
                    System.out.println("选择有误，请重新选择");
                }
                System.out.println("是否继续？1 继续；0 返回上层");
                int c3 = input.nextInt();
                if(c3 == 0)
                    break;
            }
        }
        else if(c1 == 4){
            while(true){
                System.out.println("请选择宠物治疗记录查询类型：");
                System.out.println("1：浏览所有治疗信息");
                System.out.println("2：根据宠物名称查询");
                System.out.println("3：根据治疗日期查询");
                System.out.println("4：根据主人姓名查询");
                System.out.println("0：返回上层");
                int c2 = input.nextInt();
                if(c2==0)
                    break;
                if(c2==1){
                    treatmentService.showAllTreatment();
                }
                else if(c2==2){
                    treatmentService.showTreatmentByPetName();
                }
                else if(c2==3){
                    treatmentService.showTreatmentByDate();
                }
                else if(c2 == 4){
                    treatmentService.showTreatmentByBuyer();
                }
                else{
                    System.out.println("选择有误，请重新选择");
                }
                System.out.println("是否继续？1 继续；0 返回上层");
                int c3 = input.nextInt();
                if(c3 == 0)
                    break;
            }
        }
        else if(c1 ==5){
            while(true){
                System.out.println("请选择销售记录查询类型：");
                System.out.println("1：浏览所有销售记录");
                System.out.println("2：根据销售时间查询");
                System.out.println("0：返回上层");
                int c2 = input.nextInt();
                if(c2==0)
                    break;
                if(c2==1){
                    petSaleService.showAllSale();
                }
                else if(c2==2){
                    petSaleService.showSaleByDate();
                }
                else{
                    System.out.println("选择有误，请重新选择");
                }
```

```
                    System.out.println("是否继续？1 继续；0 返回上层");
                    int c3 = input.nextInt();
                    if(c3 == 0)
                        break;
                }
            }
            else{
                System.out.println("输入有误，请重新选择");
            }
        }
    }
}
```

注意：以上代码是项目完成后 PetStore 类，部分代码所调用的功能方法暂时还未编写，读者可以先注释掉这部分代码，后继内容将陆续介绍这些功能的实现方法。

(5)运行效果。

登录成功后操作的选择如图 13.5 所示，宠物管理选择页面如图 13.6 所示，增加宠物信息如图 13.7 所示。

由于篇幅有限，宠物管理的其他功能的运行效果不再表述，读者可以自己尝试编写代码后编译执行。

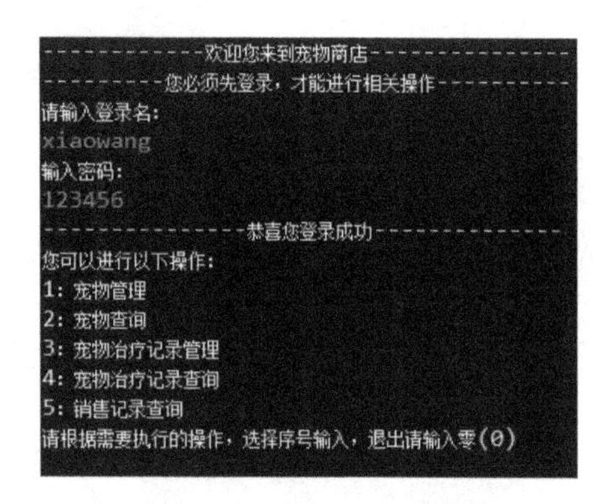

图 13.5　登录成功后的选择页面

```
请根据需要执行的操作，选择序号输入，退出请输入零(0)
1
请选择宠物管理操作类型:
1: 宠物销售
2: 宠物买入
3: 增加宠物
4: 删除宠物
5: 修改宠物信息
0: 返回上层
```

图 13.6　宠物管理选择页面

```
请输入宠物名字
小花
请选择宠物类型:
2犬 3猫 4鼠 5鱼虾 6龟 7兔
2
请输入出生日期(样式为YYYY-MM-DD)
2013-4-1
请输入进店日期(样式为YYYY-MM-DD)
2015-5-3
请选择健康状况: 1优 2良 3中 4差
1
请输入购买价格
0
请输入重量(单位: kg)
2.8
请输入颜色:
白色
请输入宠物长度(单位: cm)
45
请输入宠物高度(单位: cm)
28
操作成功!
是否继续? 1 继续; 0 返回上层
```

图 13.7　添加宠物页面

3. 实现宠物查询功能

(1)在 PetService 类中继续添加查询宠物功能,代码如下：

```
//根据SQL语句显示宠物信息(SQL不能带参数)
private void showPetBySql(String sql) {
    System.out.println("|宠物编号\t|宠物名字\t|宠物类型\t|出生日期\t\t|进店
      时间\t\t|健康状况\t|购买价格\t|重量(kg)\t|颜色\t|长度(cm)\t|高度(cm)\t");
    try {
```

```
            DBHelper db = new DBHelper(sql);
            ResultSet rs = db.pst.executeQuery();
            while (rs.next()) {
                System.out.print("|" + rs.getString("Id") + "\t");
                System.out.print("|" + rs.getString("PetName") + "\t");
                System.out.print("|"+ petTypeService.getTypeNameById(rs
                                        .getInt("PetTypeID")) + "\t");
                System.out.print("|" + rs.getString("BirthDate") + "\t");
                System.out.print("|" + rs.getDate("ComeDate") + "\t");
                System.out.print("|" + rs.getString("Healthy") + "\t");
                System.out.print("|" + rs.getString("BuyPrice") + "\t");
                System.out.print("|" + rs.getString("Weight") + "\t");
                System.out.print("|" + rs.getString("Color") + "\t");
                System.out.print("|"+ (rs.getString("BodyLength") == null ?
                                  "--" : rs.getString("BodyLength")) + "\t");
                System.out.print("|"+ (rs.getString("Height") == null ? "--" :
                                  rs.getString("Height")) + "\t");
                System.out.print("\n");
            }

        } catch (SQLException ce) {
            System.out.println(ce);
        }
    }
    // 查询所有宠物信息
    public void showAllPet() {
        String sql = "SELECT * FROM Pet";
        showPetBySql(sql);
    }
    // 根据宠物名称查询
    public void showPetByName() {
        System.out.println("请输入宠物名字：");
        String petName = input.next();
        String sql = "SELECT * FROM Pet WHERE petName = '" + petName + "'";
                    showPetBySql(sql);
    }
    // 根据宠物类别查询
    public void showPetByPetType() {
        System.out.println("请选择宠物类型：");
        petTypeService.showAllPetType();
        System.out.println();
        int typeId = input.nextInt();
        String sql = "SELECT * FROM Pet WHERE petTypeId=" + typeId;
        showPetBySql(sql);
    }
    // 根据宠物出生日期查询
    public void showPetByBirthDate() {
        System.out.println("请输入查询起始日期(样式为YYYY-MM-DD)：");
        String fromDate = input.next();
        System.out.println("请输入查询结束日期(样式为YYYY-MM-DD)：");
        String toDate = input.next();
        String sql = "SELECT * FROM Pet WHERE BirthDate BETWEEN  '" + fromDate
                + "' AND  '" + toDate + "'";
        showPetBySql(sql);
    }
    // 根据宠物主人姓名查询
    public void showPetByBuyer() {
        System.out.println("请输入宠物主人姓名：");
        String buyer = input.next();
        String sql = "SELECT p.* FROM Pet p,petSale ps WHERE p.ID=ps.PetID AND
```

```
                    Buyer='"+ buyer + "'";
        showPetBySql(sql);
    }
    // 根据出售日期查询
    public void showPetBySellDate() {
        System.out.println("请输入查询起始日期(样式为YYYY-MM-DD): ");
        String fromDate = input.next();
        System.out.println("请输入查询结束日期(样式为YYYY-MM-DD): ");
        String toDate = input.next();
        String sql = "SELECT p.* FROM Pet p,petSale ps WHERE p.ID=ps.PetID AND
            sellDate  BETWEEN '"+ fromDate + "' AND  '" + toDate + "'";
        showPetBySql(sql);
    }
}
```

(2)运行效果。

宠物查询选择操作页面和浏览所有宠物信息页面如图 13.8 和图 13.9 所示。

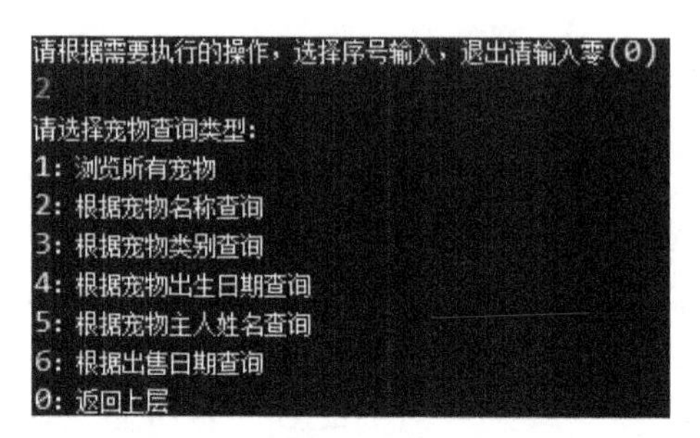

图 13.8　宠物查询选择页面

1

宠物编号	宠物名字	宠物类型	出生日期	进店时间	健康状况	购买价格	重量(kg)	颜色	长度(cm)	高度(cm)
1	喵喵	猫	2001-01-01	2016-06-06	差	1.0	2.0	hong	3.0	4.0
8	小花	犬	2013-04-01	2015-05-03	优	0.0	2.8	白色	45.0	28.0

是否继续? 1 继续: 0 返回上层

图 13.9　浏览所有宠物页面

4. 宠物治疗记录管理和宠物治疗记录查询

(1)在 petstore.service 包中添加 TreatmentService 类，实现对数据库中的 Treatment 表操作。代码如下：

```
package petstore.service;

import java.sql.ResultSet;
import java.sql.SQLException;
import java.text.SimpleDateFormat;
import java.util.Date;
import java.util.Scanner;
import petstore.PetStore;

public class TreatmentService {
    //格式化日期
    private SimpleDateFormat formatter2 = new SimpleDateFormat("yyyy-MM-dd
            hh:mm:ss");
    private SimpleDateFormat formatter = new SimpleDateFormat("yyyy-MM-dd");
    private Scanner input = new Scanner(System.in);
    private LogService logService = new LogService();
    //增加一个治疗记录
```

```
public void addTreatment() {
    System.out.println("请输入宠物编号");
    int petID = input.nextInt();
    //判断ID是否存在
    if (!new PetService().isExist(petID)) {
        System.out.println("不存在该ID的宠物编号，请查询后重新输入：");
        return;
    }
    System.out.println("请输入治疗内容");
    String content = input.next();
    System.out.println("请输入治疗医师姓名");
    String doctor = input.next();
    String sql = "INSERT INTO treatment(PetID,TreatContent,TreatDate,
      Doctor) "+ "VALUES(?,?,?,?)";
    try {
        DBHelper db = new DBHelper(sql);
        db.pst.setInt(1, petID);
        db.pst.setString(2, content);
        db.pst.setString(3, formatter.format(new Date()));
        db.pst.setString(4, doctor);
        db.pst.executeUpdate();
        System.out.println("操作成功！");
        String logContent = "操作人：" + LoginService.globalLoginId
            + "；操作时间："+ formatter2.format(new Date()) + "；操作
            内容：新增了一个对编号为" + petID + "的宠物治疗记录。";
        logService.appendText(PetStore.logFilePath, logContent);
    } catch (SQLException ce) {
        System.out.println("操作失败！");
    }
}
// 根据编号删除治疗记录
public void deleteTreatment() {
    System.out.println("请输入要删除的治疗记录编号：");
    int id = input.nextInt();
    //判断ID是否存在
    if (!isExist(id)) {
        System.out.println("不存在该ID的治疗记录，请查询后重新输入：");
        return;
    }
    String sql = "DELETE FROM treatment WHERE id=?";
    try {
        DBHelper db = new DBHelper(sql);
        db.pst.setInt(1, id);
        int num = db.pst.executeUpdate();
        if (num > 0) {
            System.out.println("操作成功！,删除了" + num + "条数据！");
            //保存日志
            String logContent = "操作人：" + LoginService.globalLoginId
                + "；操作时间：" + formatter2.format(new Date())+ "；
                操作内容：成功删除了一个编号为" + id + "的治疗记录。";
            logService.appendText(PetStore.logFilePath, logContent);
        } else
            System.out.println("不存在该类型该编号的治疗记录！");
    } catch (SQLException ce) {
        System.out.println("操作失败！");
    }
}
//修改治疗记录
```

```
public void updateTreatment() {
    System.out.println("请输入要修改的治疗记录编号：");
    int id = input.nextInt();
    //判断ID是否存在
    if (!isExist(id)) {
        System.out.println("不存在该ID的治疗记录，请查询后重新输入：");
        return;
    }
    //显示修改前的记录信息
    String sql = "SELECT t.id,p.petName,t.treatContent,t.treatDate,t.
        Doctor FROM treatment t,pet p "+ " WHERE t.petId = p.Id and t.id=
        " + id;
    showTreatmentBySql(sql);
    System.out.println("请输入新的治疗内容(不需要修改请输入no)：");
    String content = input.next();
    System.out.println("请输入新的主治医生(不需要修改请输入no)：");
    String doctor = input.next();
    //根据指定的字段是否需要修改编写SQL语句
    String temp = "";
    if (!content.equalsIgnoreCase("no")) {
        temp = "treatContent='" + content + "'";
    }
    if (!doctor.equalsIgnoreCase("no")) {
        if (temp != "")
            temp += ",";
        temp += "Doctor='" + doctor + "'";
    }
    if (temp == "") {
        System.out.println("您没有修改任何信息！");
        return;
    }
    //执行修改操作
    try {
        String sql2 = "update treatment set  " + temp + " where id=" + id;
        DBHelper db = new DBHelper(sql2);
        db.pst.executeUpdate();
        System.out.println("修改成功！");
        //保存日志
        String logContent = "操作人：" + LoginService.globalLoginId
            + "; 操作时间："+ formatter2.format(new Date()) + "; 操作内
            容：修改了一个编号为" + id + "的治疗信息。";
        logService.appendText(PetStore.logFilePath, logContent);
    } catch (SQLException e) {
        System.out.println("操作失败！");
    }
}
//根据ID判断是否存在
public boolean isExist(int id) {
    String sql = "SELECT count(*) as num from treatment WHERE id=?";
    try {
        DBHelper db = new DBHelper(sql);
        db.pst.setInt(1, id);
        ResultSet rs = db.pst.executeQuery();
        if (rs.next()) {
            int num = rs.getInt("num");
            if (num > 0)
                return true;
        }
    } catch (SQLException ce) {
```

```
            System.out.println(ce.getMessage());
        }
        return false;
    }
    //根据SQL语句显示治疗信息(SQL不能带参数)
    private void showTreatmentBySql(String sql) {
        System.out.println("|治疗编号\t|宠物名字\t|主治医生\t|治疗日期\t\t|
            治疗内容");
        try {
            DBHelper db = new DBHelper(sql);
            ResultSet rs = db.pst.executeQuery();
            while (rs.next()) {
                System.out.print("|" + rs.getString("Id") + "\t");
                System.out.print("|" + rs.getString("PetName") + "\t");
                System.out.print("|" + rs.getString("Doctor") + "\t");
                System.out.print("|" + rs.getDate("treatDate") + "\t");
                System.out.print("|" + rs.getString("treatContent") + "\t");
                System.out.print("\n");
            }
        } catch (SQLException ce) {
            System.out.println(ce);
        }
    }
    //查询所有治疗记录
    public void showAllTreatment() {
        String sql = "SELECT t.id,p.petName,t.treatContent,t.treatDate,t.
            Doctor FROM treatment t,pet p WHERE t.petId = p.Id";
        showTreatmentBySql(sql);
    }
    //根据治疗日期查询
    public void showTreatmentByDate() {
        System.out.println("请输入查询起始日期(样式为YYYY-MM-DD): ");
        String fromDate = input.next();
        System.out.println("请输入查询结束日期(样式为YYYY-MM-DD): ");
        String toDate = input.next();
        String sql = "SELECT t.id,p.petName,t.treatContent,t.treatDate,t.
                    Doctor FROM treatment t,pet p " + " WHERE t.petId = p.Id
                    and  treatDate BETWEEN'" + fromDate + "' AND'" + toDate
                    + "'";
        showTreatmentBySql(sql);
    }
    //根据宠物名称查询
    public void showTreatmentByPetName() {
        System.out.println("请输入宠物名字: ");
        String petName = input.next();
        String sql = "SELECT t.id,p.petName,t.treatContent,t.treatDate,t.
                    Doctor FROM treatment t,pet p " + " WHERE t.petId = p.Id
                    and p.petName='" + petName + "'";
        showTreatmentBySql(sql);
    }
    //根据主人姓名查询
    public void showTreatmentByBuyer() {
        System.out.println("请输入宠物主人姓名: ");
        String buyer = input.next();
        String sql = "SELECT t.id,p.petName,t.treatContent,t.treatDate,t.
                    Doctor FROM treatment t,pet p ,petSale s" + " WHERE
```

```
                    t.petId = p.Id AND s.petId=p.id AND s.buyer ='" + buyer
                    + "'";
        showTreatmentBySql(sql);
    }
}
```

(2)运行效果。

宠物治疗记录管理选择操作如图 13.10 所示，宠物治疗记录查询选择操作如图 13.11 所示，增加宠物治疗信息如图 13.12 所示，浏览所有治疗信息如图 13.13 所示。

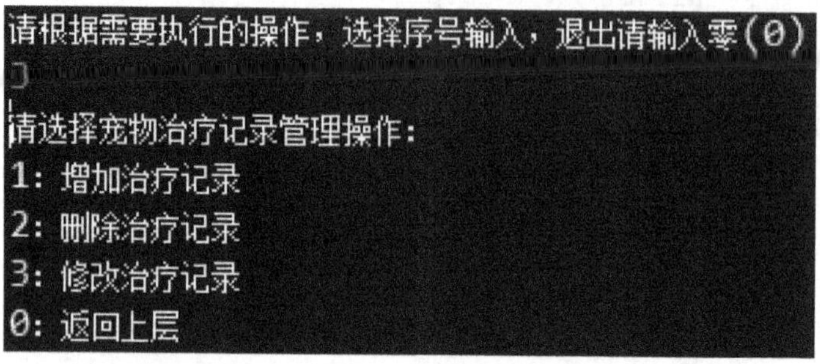

```
请根据需要执行的操作，选择序号输入，退出请输入零(0)
3
请选择宠物治疗记录管理操作:
1: 增加治疗记录
2: 删除治疗记录
3: 修改治疗记录
0: 返回上层
```

图 13.10　治疗记录管理选择页面

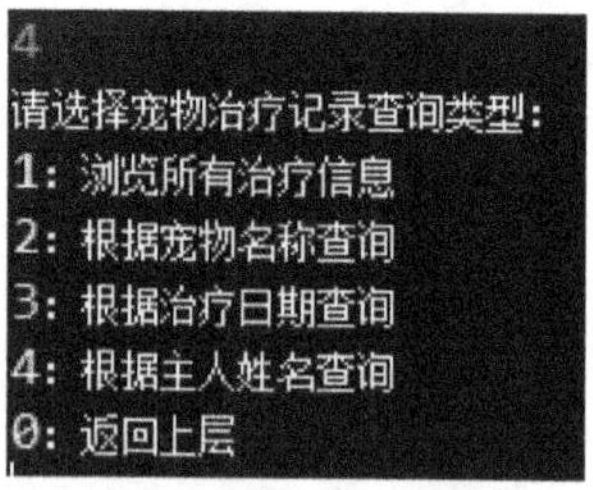

```
4
请选择宠物治疗记录查询类型:
1: 浏览所有治疗信息
2: 根据宠物名称查询
3: 根据治疗日期查询
4: 根据主人姓名查询
0: 返回上层
```

图 13.11　治疗记录查询选择页面

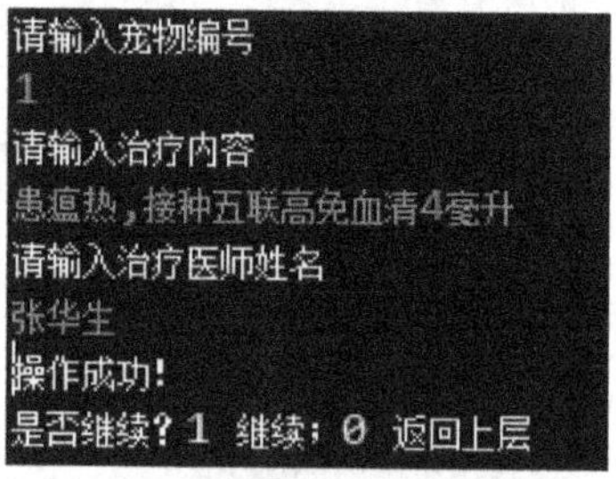

```
请输入宠物编号
1
请输入治疗内容
患瘟热,接种五联高免血清4毫升
请输入治疗医师姓名
张华生
操作成功!
是否继续? 1 继续; 0 返回上层
```

图 13.12　增加宠物治疗记录

```
|治疗编号   |宠物名字   |主治医生   |治疗日期        |治疗内容
|4          |喵喵       |张医生     |2015-11-01      |进行某某疫苗注射
|7          |喵喵       |张华生     |2015-11-01      |患瘟热,接种五联高免血清4毫升
是否继续? 1 继续; 0 返回上层
```

图 13.13　浏览所有治疗信息

5. 销售记录查询

(1)在 PetSaleService 类中添加方法实现对宠物销售记录的查询，代码如下：

```
//浏览所有销售记录
    public void showAllSale() {
        String sql = "SELECT s.ID,p.petName,s.buyer,s.sellDate,s.
                SellPrice FROM petsale s,pet p WHERE s.petID=p.ID";
        showSaleBySql(sql);
    }
    //根据销售时间查询
    public void showSaleByDate() {
        System.out.println("请输入查询起始日期(样式为YYYY-MM-DD): ");
```

```
        String fromDate = input.next();
        System.out.println("请输入查询结束日期(样式为YYYY-MM-DD): ");
        String toDate = input.next();
        String sql = "SELECT s.ID,p.petName,s.buyer,s.sellDate,s.
                     SellPrice FROM petsale s,pet p "+ " WHERE s.
                     petID=p.ID  and  s.sellDate BETWEEN'" + fromDate
                      + "' AND  '" + toDate + "'";
        showSaleBySql(sql);
    }
    // 根据SQL语句显示治疗信息(SQL不能带参数)
    private void showSaleBySql(String sql) {
        System.out.println("|编号\t|宠物名字\t|宠物主人\t|出售日期\t\t|出售
                           价格");
        try {
            DBHelper db = new DBHelper(sql);
            ResultSet rs = db.pst.executeQuery();
            while (rs.next()) {
                System.out.print("|" + rs.getString("Id") + "\t");
                System.out.print("|" + rs.getString("PetName") + "\t");
                System.out.print("|" + rs.getString("buyer") + "\t");
                System.out.print("|" + rs.getDate("SellDate") + "\t");
                System.out.print("|" + rs.getString("SellPrice") + "\t");
                System.out.print("\n");
            }
        } catch (SQLException ce) {
            System.out.println(ce);
        }
    }
```

(2)运行效果。

宠物销售记录查询选择操作和浏览所有销售记录页面如图 13.14 和图 13.15 所示。

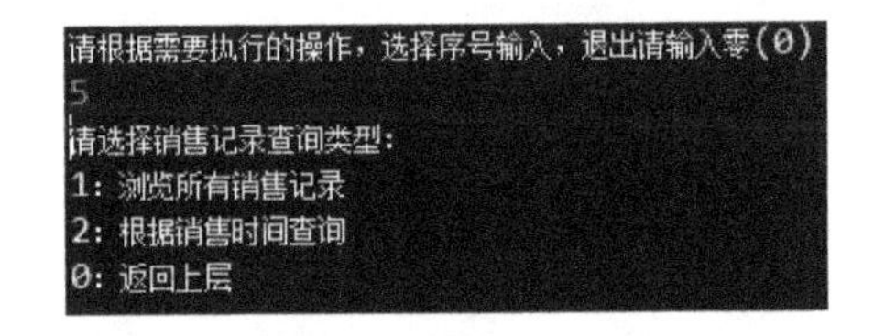

图 13.14　销售记录查询选择页面

图 13.15　浏览所有销售记录页面

13.5　小　　结

本章实现一个简单的宠物商店系统，介绍了系统的总体设计思想，从宠物商店的需求分析入手，分析出系统需要实现的功能，从而进行系统的结构设计，抽象出系统的各个功能类以及类中所需要编写的方法。接下来根据系统功能进行数据库设计与实现，编写代码实现数据的各种操作与查询。代码系统主要通过 JDBC 技术对关系数据库进行操作。

参 考 文 献

北京阿博泰克北大青鸟信息技术有限公司. 2011. 使用 Java 实现面向对象编程. 北京：科学技术文献出版社.

董小园. 2011. Java 面向对象程序设计. 北京：清华大学出版社.

冯洪海. 2012. UML 面向对象需求分析与建模教程. 北京：清华大学出版社.

耿祥义，张跃平. 2012. Java2 实用教程. 4 版，北京：清华大学出版社.

胡荷芬，高斐，等. 2012. UML 面向对象分析与设计教程. 北京：清华大学出版社.

李刚. 2014. 疯狂 Java 讲义. 3 版. 北京：电子工业出版社.

莫雷利，等. 2008. Java 面向对象程序设计. 3 版. 瞿中，金文标，李伟生译. 北京：清华大学出版社.

秦凤梅，等. 2014. MySQL 网络数据库设计与开发. 北京：电子工业出版社.

邵斐，董军，刘晶. 2010. JAVA 程序设计. 南京：东南大学出版社.

苏守宝. 2014. JAVA 面向对象程序设计课程网站, http: //it. jit. edu. cn/courses/joop.

孙卫琴. 2014. Java 面向对象编程. 北京：电子工业出版社.

王国辉，宋禹蒙. 2013. Java 项目开发全程实录. 3 版. 北京：清华大学出版社.

王鹏. 2009. JavaSwing 图形界面开发与案例详解. 北京：清华大学出版社.

严悍. 2014. UML2 软件建模：概念、规范与方法. 北京：国防工业出版社.

叶核亚. 2013. Java 程序设计实用教程. 4 版. 清华大学出版社.

叶乃文，王丹，等. 2012. Java 面向对象程序设计. 2 版. 北京：清华大学出版社.

IBM DeveloperWorks. 2015. 在线文档库， Java technology 专区. 北京: IBM 中国公司.

Oracle. 2015. 在线 API 文档 http: //docs. oracle. com/javase/7/docs/api. 甲骨文公司.